单片机技术与项目训练

韦龙新 主 编

王志泉 陈梅芬 林 励 副主编

电子工业出版社

Publishing House of Electronics Industry

北京·BEIJING

内 容 简 介

单片机作为一种微型控制器，在工业设备、家用电器、医疗设备、物联网设备等中经常使用。本书的主要知识点是 8051 单片机的内部结构及工作原理、单片机开发工具、I/O 口工作原理及应用、中断系统原理、定时/计数器技术、串口通信技术、液晶显示接口技术、A/D 转换接口技术、串行总线通信技术等。为了加强学生对单片机知识的理解和掌握，书中部分章节配有相应的应用案例和项目训练。前后应用案例和项目训练在程序算法设计上衔接紧密，目的是巩固和加强所学的理论和方法。同时，本书对同一个技术问题采用多种算法实现，以拓宽学生的编程思路。

本书配有完整的教学资源供学生使用，包含电子课件、程序代码、仿真原理图、演示视频、练习题等。

本书不仅可供电子信息、自动化、通信技术、物联网应用、智能产品技术等专业的学生使用，还可供相关专业的工程技术人员参考。

未经许可，不得以任何方式复制或抄袭本书之部分或全部内容。
版权所有，侵权必究。

图书在版编目（CIP）数据

单片机技术与项目训练 / 韦龙新主编. —北京：电子工业出版社，2023.9
ISBN 978-7-121-46606-9

Ⅰ.①单… Ⅱ.①韦… Ⅲ.①单片微型计算机 Ⅳ.①TP368.1

中国国家版本馆 CIP 数据核字（2023）第 214147 号

责任编辑：王　花
印　　刷：三河市良远印务有限公司
装　　订：三河市良远印务有限公司
出版发行：电子工业出版社
　　　　　北京市海淀区万寿路 173 信箱　邮编：100036
开　　本：787×1092　1/16　印张：18　字数：484 千字
版　　次：2023 年 9 月第 1 版
印　　次：2024 年 1 月第 2 次印刷
定　　价：56.00 元

凡所购买电子工业出版社图书有缺损问题，请向购买书店调换。若书店售缺，请与本社发行部联系，联系及邮购电话：(010) 88254888，88258888。

质量投诉请发邮件至 zlts@phei.com.cn，盗版侵权举报请发邮件至 dbqq@phei.com.cn。

本书咨询联系方式：(010) 88254173，qiurj@phei.com.cn。

前　言

单片机在人们生活的各个领域应用得越来越广泛，无论是工业控制、物联网数据采集，还是家电产品控制，均能看到其身影。随着单片机技术的发展，目前逐渐形成了 8 位和 32 位单片机"两极鼎立"的局面。低成本产品主要使用 8 位单片机，中高档产品多使用 32 位单片机。在 8 位单片机中，MCS-51 内核单片机占有较大的市场，特别是国内新推出的单片机，基本都是以 MCS-51 内核单片机为基础，加上一些外设资源构建而成的。因此，在成本优势的推动下，MCS-51 内核单片机得到了广泛应用，占据了 50%以上的 8 位单片机市场。

本书以 8051 单片机为例进行介绍，采用项目化的教学形式组织内容，在介绍基本原理的基础上，为每种单片机内部资源配备了相应的应用案例和项目训练，突出"学中做、做中学"的教学理念，确保学生在学习之后能够领会和掌握。本书内容按照循序渐进的方式编排，前后章节的衔接考虑了学生的认知规律和学习需求，注重技术的延续和拓展，让学生更容易学习和掌握；项目训练兼顾初学和实用两方面，将相关知识和职业技能结合在一起，把知识、技能的学习融入项目训练中；采用贴近实际的应用案例，通过项目训练将单片机知识和实践应用相结合，为单片机初学者提供了合适的学习用书。

本书是在编者多年的教学和产品开发经验中进行总结、提炼和完善之后编写的，从多年教学试用情况来看，相比于其他教材，学生更易于理解和接受本书内容。

本书采用学生易于接受的 C51 语言进行单片机程序的编写，采用 Keil 软件进行编程调试，通过 Proteus 软件仿真和与硬件电路结合的方式进行项目化的实践与训练，培养学生的单片机技术应用能力。本书的主要特点如下。

（1）对应用案例和项目训练进行精心筛选，选取的应用案例和项目训练能够为今后的课程教学与设计所使用，确保学生能学以致用。

（2）由浅入深地组织所选取的应用案例和项目训练，应用案例和项目训练之间的编程方法有延续，后面的应用案例和项目训练使用的编程方法是前面的应用案例和项目训练所使用的编程方法的继承与拓展，以此来强化学生对编程方法的掌握。

（3）将实际产品设计的编程理念（如程序的复用性、实时性、安全性、可维护性等）融入书中，确保学生能够学到高质量的编程方法。

（4）采用规范的编程方法编写程序，通过应用案例和项目训练培养学生进行规范编程的习惯。

本书第 1、3、5 章由韦龙新编写，第 2、8 章由王志泉编写，第 4 章由罗伟华编写，第 6

章由林励编写，第 7 章由林春木编写，第 9 章由陈梅芬编写。全书由韦龙新统稿，由陈晓文主审。

感谢所有参与编写、审核的人员对本书所做的贡献。

本书在编写过程中还得到了陈文印、杨庆庆、王吉祥、陆锐、钟佳城、余思信、林炜煌、陈家鹏、姚俊杰等人的支持与帮助，在此表示衷心的感谢。

由于编者水平有限，书中难免有疏漏之处，敬请读者批评指正。

编者
2023 年 6 月

目 录

第1章 单片机初步认识 ... 1
1.1 单片机概述 ... 1
1.1.1 单片机简介 ... 1
1.1.2 单片机的发展历史 ... 2
1.1.3 单片机的发展趋势 ... 3
1.1.4 主流的单片机产品 ... 5
1.2 单片机的内部结构 ... 7
1.2.1 8051单片机的内部资源 ... 7
1.2.2 存储器的结构 ... 10
1.2.3 SFR ... 13
1.3 单片机的引脚及其功能 ... 16
1.3.1 引脚功能 ... 16
1.3.2 时钟和复位 ... 18
1.4 本章小结 ... 21
1.5 本章习题 ... 21

第2章 单片机开发语言及工具的使用 ... 22
2.1 单片机C51语言与标准C语言的区别 ... 22
2.2 C51程序实例 ... 25
2.2.1 程序架构 ... 25
2.2.2 一个简单的单片机程序 ... 26
2.3 Proteus软件 ... 27
2.3.1 Proteus 8软件界面及功能 ... 28
2.3.2 单片机最小系统仿真图的绘制 ... 29
2.4 Keil软件 ... 37
2.4.1 Keil软件界面及功能 ... 37
2.4.2 单个LED控制程序设计 ... 38
2.4.3 Keil软件的调试 ... 43
2.5 本章小结 ... 48
2.6 本章习题 ... 49

第3章 单片机I/O口的应用 ... 50
3.1 I/O口的内部结构原理 ... 50

3.2 项目训练一：LED 流水灯控制 ················· 54
3.2.1 项目要求 ················· 54
3.2.2 项目分析 ················· 54
3.2.3 硬件电路设计 ················· 54
3.2.4 控制程序设计 ················· 57
3.3 项目训练二：LED 数码管显示 ················· 61
3.3.1 项目要求 ················· 61
3.3.2 项目分析 ················· 61
3.3.3 相关知识 ················· 61
3.3.4 数码管的显示方法 ················· 63
3.3.5 多位数码管的显示方法 ················· 66
3.4 项目训练三：按键输入扫描 ················· 72
3.4.1 项目要求 ················· 72
3.4.2 项目分析 ················· 72
3.4.3 相关知识 ················· 72
3.4.4 独立按键的检测方法 ················· 73
3.4.5 矩阵键盘的检测方法 ················· 77
3.5 项目训练四：简易电子计算器设计 ················· 82
3.5.1 项目要求 ················· 82
3.5.2 项目分析 ················· 82
3.5.3 原理图设计 ················· 82
3.5.4 程序设计 ················· 83
3.6 本章小结 ················· 90
3.7 本章习题 ················· 91

第4章 单片机中断系统 ················· 92
4.1 中断概述 ················· 92
4.1.1 中断的概念 ················· 92
4.1.2 8051 单片机中断系统及与中断有关的 SFR ················· 93
4.1.3 中断处理过程 ················· 96
4.1.4 中断响应时间 ················· 98
4.1.5 C 语言中断服务程序结构 ················· 98
4.2 外部中断的应用 ················· 99
4.2.1 外部中断应用步骤 ················· 99
4.2.2 外部中断应用举例 ················· 100
4.2.3 外部中断源的扩展 ················· 103
4.3 本章小结 ················· 103
4.4 本章习题 ················· 104

目录

第5章 定时/计数器 105

5.1 定时/计数器概述 105
- 5.1.1 与定时/计数器有关的SFR 105
- 5.1.2 定时/计数器的工作方式 106
- 5.1.3 定时/计数器的使用方法 110

5.2 定时/计数器的基础应用 113
- 5.2.1 输出矩形波 114
- 5.2.2 频率测量 118
- 5.2.3 脉冲宽度及周期测量 120
- 5.2.4 超声波测距应用 122

5.3 定时/计数器的高级应用 126
- 5.3.1 多个时间的延时 126
- 5.3.2 无阻塞延时 128
- 5.3.3 多任务的管理、调度 130

5.4 项目训练：数字电子钟设计 135
- 5.4.1 项目要求 135
- 5.4.2 项目分析 135
- 5.4.3 原理图设计 135
- 5.4.4 程序设计 136

5.5 本章小结 144

5.6 本章习题 145

第6章 单片机串口数据通信 146

6.1 串行通信基础知识 146
- 6.1.1 串行通信与并行通信的比较 146
- 6.1.2 串行通信的制式 147
- 6.1.3 同步串行通信与异步串行通信 147
- 6.1.4 串行通信的校验方式 148
- 6.1.5 传输速率与传输距离 149

6.2 单片机的串口及其寄存器 149
- 6.2.1 单片机串口的内部结构 149
- 6.2.2 与单片机的串口相关的寄存器 150

6.3 单片机串口的应用 152
- 6.3.1 方式0 152
- 6.3.2 方式1 156
- 6.3.3 方式2和方式3 157
- 6.3.4 波特率的计算 157

6.4 串行通信接口RS-232标准 159

		6.4.1 RS-232 引脚定义	160
		6.4.2 RS-232 的基本接线原则	160
		6.4.3 RS-232 的三线连接方式	161
	6.5	项目训练一：单片机双机通信	161
		6.5.1 项目要求	161
		6.5.2 项目分析	162
		6.5.3 原理图设计	162
		6.5.4 程序设计	163
		6.5.5 拓展训练	168
	6.6	项目训练二：ESP8266 无线网络透传	168
		6.6.1 项目要求	168
		6.6.2 项目分析	168
		6.6.3 通信连接设计	169
		6.6.4 程序设计	169
		6.6.5 拓展训练	172
	6.7	本章小结	172
	6.8	本章习题	173
第 7 章	液晶显示接口设计		174
	7.1	SMC1602 的基础应用	174
		7.1.1 SMC1602 概述	174
		7.1.2 SMC1602 与单片机的接口	177
		7.1.3 SMC1602 内部寄存器介绍	179
		7.1.4 SMC1602 基础应用仿真	181
		7.1.5 SMC1602 温度显示的仿真	184
	7.2	SMC1602 温度快速显示和忙状态判断	186
		7.2.1 任务要求	186
		7.2.2 任务分析	186
		7.2.3 原理图设计	186
		7.2.4 SMC1620 温度快速显示的程序设计	186
		7.2.5 SMC1602 忙状态判断	191
	7.3	SMC1602 汉字显示与 4 位数据总线	196
		7.3.1 SMC1602 汉字显示	196
		7.3.2 SMC1602 4 位数据总线	200
	7.4	OCM12864 使用基础	203
		7.4.1 OCM12864 概述	203
		7.4.2 OCM12864 与单片机的接口	204
		7.4.3 OCM12864 的控制指令	206

7.4.4　OCM12864 的基础显示 ··· 207
7.5　OCM12864 温度显示 ··· 216
　　　7.5.1　任务要求 ·· 216
　　　7.5.2　任务分析 ·· 216
　　　7.5.3　原理图设计 ·· 216
　　　7.5.4　OCM12864 温度显示的程序设计 ··· 217
7.6　本章小结 ·· 218
7.7　本章习题 ·· 218

第 8 章　单片机 A/D 转换接口设计 ··· 220

8.1　A/D 转换器的工作原理 ·· 220
　　　8.1.1　A/D 转换器概述 ·· 220
　　　8.1.2　A/D 转换器的主要技术指标 ·· 220
　　　8.1.3　A/D 转换器分类 ·· 221
　　　8.1.4　A/D 转换器与单片机接口 ·· 222
8.2　A/D 转换芯片及接口设计 ·· 223
　　　8.2.1　ADC0809 及接口设计 ··· 223
　　　8.2.2　ADC0804 及接口设计 ··· 229
8.3　项目训练：数字电压表设计 ·· 231
　　　8.3.1　项目要求 ·· 231
　　　8.3.2　项目分析 ·· 231
　　　8.3.3　项目设计过程 ·· 232
8.4　本章小结 ·· 236
8.5　本章习题 ·· 237

第 9 章　单片机串行总线通信设计 ·· 238

9.1　单片机 I/O 口时序控制方法 ·· 238
　　　9.1.1　并行数据转串行数据 ·· 238
　　　9.1.2　串行数据转并行数据 ·· 242
9.2　DS18B20（数字温度传感器）通信 ··· 245
　　　9.2.1　DS18B20 基本知识 ·· 245
　　　9.2.2　单片机与计算机的串行通信 ·· 250
9.3　项目训练一：温度采集系统设计 ·· 251
　　　9.3.1　项目要求 ·· 251
　　　9.3.2　项目分析 ·· 252
　　　9.3.3　原理图设计 ·· 252
　　　9.3.4　编写单片机与计算机串行通信的程序 ·· 253
　　　9.3.5　调试程序 ·· 259
　　　9.3.6　拓展训练 ·· 260

9.4 DS1302（时钟芯片）通信 ·· 260
   9.4.1 DS1302 基本知识 ·· 260
   9.4.2 DS1302 的控制字节 ·· 261
   9.4.3 DS1302 的寄存器 ·· 261
   9.4.4 DS1302 的读/写时序 ·· 262
9.5 项目训练二：精准数字钟设计 ·· 263
   9.5.1 项目要求 ·· 263
   9.5.2 项目分析 ·· 263
   9.5.3 原理图设计 ·· 263
   9.5.4 编写精准数字钟的程序 ·· 264
   9.5.5 调试程序 ·· 273
9.6 本章小结 ·· 275
9.7 本章习题 ·· 275

附录 A ASCII 码表 ·· 276

第 1 章　单片机初步认识

1.1　单片机概述

1.1.1　单片机简介

单片微型计算机（Single Chip Microcomputer，SCM）简称单片机，也叫微控制器（Microcontroller Unit，MCU），它不是一台机器，而是一块集成电路芯片，如图 1-1 所示。它是采用超大规模集成电路制造工艺，把中央处理器（CPU）、随机存储器（RAM）、只读存储器（ROM）、中断系统、定时/计数器、A/D 转换器、通信接口和普通 I/O 口等集成到一块硅片（晶体芯片）上构成的一个微型的、完整的计算机系统。这样，一块集成电路芯片就构成了一台计算机，与计算机相比，单片机只缺少了键盘、鼠标等 I/O 设备。

图 1-1　单片机外形图

单片机有体积小、功能强、价格便宜等优点，主要体现如下。

（1）高集成度、小体积、高可靠性。单片机将各功能部件集成在一块晶体芯片上，集成度较高，体积自然较小。晶体芯片是按工业测控环境要求设计的，内部布线的长度很短，其抗工业噪声性能优于一般的通用 CPU。单片机程序指令、常数和表格等固化在 ROM 中，不易被破坏，许多信号通道均集成在一块晶体芯片内，故可靠性高。

（2）控制功能强。为了满足对象控制的要求，一般单片机的指令系统中均有极丰富的转移指令，I/O 口的逻辑操作和位处理能力非常适用于专门的控制功能。

（3）低电压、低功耗、便于生产便携式产品。为了满足广泛应用于便携式产品的要求，许多单片机内的工作电压仅为 1.8～3.6V，而工作电流仅为数百微安。

（4）易扩展。片内具有计算机正常运行所必需的部件，片外有许多可供扩展的三总线（数据、地址和控制总线）及并行、串行输入/输出引脚，很容易构成各种规模的计算机应用系统。

（5）高性价比。单片机的性能极高，单片机的广泛使用使其销量极好，各大公司的商业竞争更使其价格十分低廉，故其性价比非常高。

单片机广泛应用于工业控制、仪器仪表、家用电器、医用设备、航空航天、专用设备的智能化管理等领域。此外，单片机在工商、金融、科研、教育、国防等领域也都有着十分广泛的应用。目前，单片机已经渗透到人们生活的各个领域，如飞机、汽车上各种仪表的控制，计算机的网络通信与数据传输，工业自动化过程的实时数据采集，智能家电的控制，以及各种玩具、电子宠物等都离不开单片机。

1.1.2　单片机的发展历史

单片机的发展经历了探索、完善、MCU 化（过渡）、百花齐放 4 个阶段。

1. 芯片化的探索阶段（1976—1978 年）

20 世纪 70 年代，美国仙童半导体公司首先推出了第一款单片机 F-8；随后，英特尔公司推出了影响面更大、应用更广的 MCS-48 系列单片机。MCS-48 系列单片机的推出标志着单片机在工业控制领域进入智能化嵌入式应用的芯片形态计算机的探索阶段。参与这一阶段探索的还有 Motorola、Zilog 和德州仪器等公司，它们都获得了令人满意的探索效果，确立了单片机在嵌入式应用中的地位。这个阶段为 SCM 的诞生年代，单片机一词由此而来。在这个阶段，单片机的性能低、品种少，只保证了基本控制功能。

这个阶段的单片机的特点是片内集成了 8 位的 CPU，1KB 或 2KB 的 ROM，64B 或 128B 的 RAM；只有并行接口，无串行接口；有 1 个 8 位的定时/计数器，有 2 个中断源；片外寻址范围为 4KB，芯片引脚为 40 个。

2. 结构体系的完善阶段（1978—1982 年）

英特尔公司很快在 MCS-48 系列单片机探索成功的基础上推出了完善的、典型的 MCS-51 系列单片机。MCS-51 系列单片机的推出标志着 SCM 体系结构的完善，它成为 SCM 的经典体系结构。

MCS-51 系列单片机的特点是片内包括 8 位的 CPU，4KB 或 8KB 的 ROM，128B 或 256B 的 RAM，4 个 8 位的并口，1 个全双工串口，2 个或 3 个 16 位的定时/计数器，5～7 个中断源；片外寻址范围可达 64KB，芯片引脚为 40 个。这个阶段的代表产品有英特尔公司的 MCS-51 系列单片机、Motorola 公司的 MC6805 系列单片机、德州仪器的 TMS7000 系列单片机、Zilog 公司的 Z8 系列单片机等。

3. 从 SCM 向 MCU 过渡的阶段（1982—1990 年）

尽管 8 位单片机的应用已十分普及，但为了更好地满足测控系统的嵌入式应用的要求，单片机集成的外围接口电路有了更大的扩充。1982 年，英特尔公司推出了 16 位的 MCS-96 单片机，将一些用于测控系统的模数转换器（ADC）、程序运行监视器（WDT）、脉宽调制器

（PWM）、高速 I/O 口纳入片内。与此同时，英特尔公司将 MCS-51 系列单片机的内核结构开放，允许其他公司采用此内核结构进行单片机的设计，这些单片机统称为 8051 单片机（之后由于 CMOS 工艺的改进而称为 80C51 单片机）。许多半导体公司和生产厂家纷纷推出了满足各种嵌入式应用要求的多种类型和型号的单片机，如恩智浦公司（前身为飞利浦公司成立的半导体事业部）着力发展 80C51 的控制功能和外围单元，将 MCS-51 内核 SCM 推进到 MCU 时代。随着单片机片内、片外功能电路的增强，强化了智能控制器特征，MCU 成为单片机较为准确的表达名词。

MCU 的主要技术发展如下。

（1）外围功能集成：具备让模拟量直接输入的 ADC 接口，具备伺服驱动输出的 PWM，具备保证程序可靠运行的 WDT（俗称"看门狗电路"）。

（2）出现了为满足串行外围扩展要求的串行扩展总线和接口，如 SPI、I2C、单总线（1-Wire）等。

（3）出现了为满足分布式系统要求，突出控制功能的现场总线接口，如 CAN Bus 等。

（4）在程序存储器方面广泛使用了片内程序存储器技术，即在单片机内部集成 EPROM、EEPROM、Flash ROM、Mask ROM、OTP ROM 等，以满足不同产品的开发和生产需要。

在此阶段，也有公司推出了 16 位单片机，如 Motorola 公司的 MC68HC16 系列、TI 公司的 TMS9900 系列、NEC 公司的 783×× 系列等。因此，该阶段也称为单片机从 8 位向 16 位迈进的阶段。

4．MCU 的百花齐放阶段（1990—至今）

20 世纪 90 年代，随着嵌入式领域对单片机的性能和功能的要求越来越高，以往的单片机无论在运行速度还是系统集成度等多方面都不能满足新的设计需要。单片机在集成度、功能、运行速度、可靠性、应用领域等方面向更高水平发展。1990 年，英特尔公司推出了 i960 系列的 32 位单片机，引起计算机界的轰动，成为单片机发展史上一个重要的里程碑。2000 年，Cygnal 公司推出了 C8051F 系列单片机，采用单周期指令运行方式，其单周期指令的运行速度相比于 8051 提高了 12 倍。C8051F 采用与 MCS-51 完全兼容的 CIP51 内核，将模拟和数字电路混合集成设计，包含 ADC、DAC 电路，成为最早的 SoC（System on Chip，片上系统/片内系统）的典型代表。C8051F 的推出标志着单片机迈进了 SoC 时代。

单片机发展到这一阶段，表明其已成为工业控制领域普遍采用的智能化控制工具，小到玩具，大到车载、舰船电子系统，遍及计量测试、工业过程控制、机械电子、金融电子、商用电子、办公自动化、工业机器人、军事和航空航天等领域。为满足不同的要求，出现了高速、大寻址范围、强运算能力和多机通信能力的 8 位、16 位、32 位通用型单片机，小型、廉价型单片机，外围系统集成的专用型单片机，以及各具特色的现代单片机。可以说，单片机的发展进入百花齐放的时代，为用户提供了更多的选择空间。

1.1.3 单片机的发展趋势

目前，单片机正朝着高性能和多品种方向发展，其趋势是进一步向着 CMOS 化、低功耗、大容量、高性能、外围电路内装等方向发展。

1. CMOS 化

近年来，CHMOS 技术的进步大大促进了单片机的 CMOS 化。CMOS 芯片除具有低功耗特性外，还具有功耗的可控性，使单片机可以工作在功耗精细管理状态。这也是 80C51 取代 8051 成为标准 MCU 芯片的原因，单片机芯片多数是采用 CMOS 半导体工艺生产的。CMOS 电路的特点是低功耗、高密度、低速度、低价格。采用双极型半导体工艺的 TTL 电路的工作速度快，但功耗较高、芯片面积较大。随着技术和工艺水平的提高，出现了 HMOS（高密度、高速度 MOS）和 CHMOS 工艺，以及 HMOS 和 CHMOS 工艺的结合。目前生产的 CHMOS 电路已达到了 LSTTL 电路的工作速度，传输延迟小于 2ns，其综合优势已超过 TTL 电路。因而，在单片机领域，CMOS 电路正在逐渐取代 TTL 电路。

2. 低功耗

单片机的电流已达微安级，甚至能在 1μA 以下，如 STM8L101 系列单片机的最小工作电流为 0.3μA。低功耗化的效应不仅是功耗低，还带来了产品的高可靠性、强抗干扰能力，以及产品的便携性。

3. 低电压

几乎所有的单片机都有 WAIT、STOP 等省电运行方式，其允许的电压范围越来越大，低电压供电的单片机电源下限已达 1V 以下，如 TMS430L092 的工作电压为 0.9～1.5V（工作频率为 1MHz 时）。

4. 低噪声与高可靠性

为增强单片机的抗电磁干扰能力，使产品能适应恶劣的工作环境，满足电磁兼容性方面更高标准的要求，各单片机生产厂家在单片机内部电路中都采用了新的技术措施。

5. 大容量

以往单片机内的 ROM 的存储容量为 1～4KB，RAM 的存储容量为 64～128B。但在需要复杂控制的场合，该存储容量是不够的，必须进行外接扩充。为了符合这种场合的要求，必须运用新的工艺，使片内存储器大容量化。目前，单片机内的 ROM 的存储容量最大可达 512KB，RAM 的存储容量最大可达 8KB。

6. 高性能

这里的性能主要是指 CPU 的性能，对其进行改进，提高指令运算速度和系统控制的可靠性。采用精简指令集（RISC）结构和流水线技术可以大幅度提高 CPU 的运行速度。现在，单片机的指令运算速度最高已达 100MIPS（Million Instruction Per Seconds，兆指令每秒），并加强了位处理功能、中断和定时控制功能。这类单片机的指令运算速度比标准单片机高 10 倍以上。由于这类单片机有极高的指令运算速度，因此可以用软件模拟其 I/O 功能，由此引入了虚拟外设的新概念。

7. 外围电路内装

随着单片机集成度的不断提高，有可能把众多的外围功能部件集成在片内。除了一般必须具有的 CPU、ROM、RAM、定时/计数器等，片内集成的部件还有 ADC、DAC、PWM、DMA 控制器等。

8．串行扩展技术

在很长一段时间里，通用型单片机通过三总线结构扩展外围功能部件成为单片机应用的主流结构。低价位 OTP（One Time Programmable）和各种类型的片内程序存储器的发展，以及外围接口不断进入片内，推动了单片机"单片"应用结构的发展。特别是 I2C、SPI、USB、CAN 等串行总线的引入，可以使单片机的引脚更少，单片机系统结构更加简化及规范化。

9．指令集开源

目前的单片机公司多数采用购买知识产权（Intellectual Property，IP）内核的方式进行单片机的设计，技术上受制于 IP 内核的提供商。随着开源技术的不断发展，CPU 的内核指令集也逐渐走向开源化。比较知名的就是 RISC-V，它基于精简指令集计算原理建立了开放指令集架构（ISA），其中，V 表示第五代，由加利福尼亚大学伯克利分校于 2010 年启动。RISC-V 是完全开源的，它采用 BSD（Berkeley Software Distribution）开源协议，任何公司都可以采用该指令集进行设计。我国近几年新推出的 32 位单片机多数采用的就是 RISC-V，如兆易创新的 GD32V103、沁恒微电子的 CH32V103、乐鑫信息科技（上海）股份有限公司（以下简称"乐鑫科技"）的 ESP32-C3 等。可以预见，今后会出现越来越多采用 RISC-V 的单片机。

1.1.4 主流的单片机产品

8051 单片机最早由英特尔公司推出，随后英特尔公司将 80C51 内核的使用权以专利互换形式或出让给芯片制造公司，如恩智浦、NEC、Atmel、AMD、Dallas、Siemens、Fujutsu、OKI、华邦、LG、STC 等。在保持与 8051 单片机兼容的基础上，这些公司融入了自身的优势，扩展了针对满足不同测控对象要求的外围电路，开发出了上百种功能各异的新产品。因此，8051 单片机被众多芯片制造公司支持，统称 8051 系列单片机，人们习惯用 8051 来称呼 MCS-51 系列单片机。已应用的单片机品种繁多，现选择几种主要的单片机进行介绍。

1．AT89S 与 AVR 单片机

Atmel 公司生产的具有 Flash ROM 的增强型 51 系列单片机在市场上仍然十分流行，其中，AT89S 系列单片机十分活跃，AT89S 系列单片机是 8 位 Flash 单片机，与 8051 系列单片机兼容，采用静态时钟模式。AT90 系列单片机是 Atmel 公司在 20 世纪 90 年代推出的单片机，是增强精简指令集（RISC）结构、全静态工作方式、内载在线可编程 Flash 的单片机，也叫 AVR 单片机，与 PIC 单片机类似，其显著特点为高性能、高速度、低功耗。AVR 单片机的型号较多，有 3 个档次：低档 Tiny 系列 AVR 单片机，主要有 Tiny11/12/13/15/26/28 等；中档 AT90S 系列 AVR 单片机，主要有 AT90S1200/2313/8515/8535 等（正在淘汰或转型为 Mega）；高档 ATmega 系列 AVR 单片机，主要有 ATmega8/16/32/64/128（存储容量为 8/16/32/64/128，单位为 KB）和 ATmega8515/8535 等。开源电子原型平台 Arduino 采用的是 AVR Mega 系列单片机。

2. PIC 单片机

MicroChip 单片机的主要产品是 PIC 16F 系列、18F 系列的 8 位单片机,其突出特点是体积小、功耗低、精简指令集(RISC)、运行速度高、抗干扰性好、可靠性高、有较强的模拟接口、代码保密性好、价格低、大部分芯片有兼容的 Flash ROM,适用于用量大、档次低、价格敏感的产品。

3. STC 单片机

STC 单片机是宏晶科技有限公司设计的 51 内核单片机,目前在国内 8 位单片机市场的占有率很高。STC 单片机指令为复杂指令集,其优点是加密性强,很难解密或破解,具有超强的抗干扰能力,功耗低,价格低,适用于各领域的设备控制。它的下载程序简单,在学校的教学中使用非常广泛,基本上取代了 Atmel 公司的 AT89/90 系列单片机。

4. 恩智浦单片机

恩智浦单片机有两个系列,一个是原飞利浦的 51LPC 系列,是基于 80C51 内核的单片机,嵌入了掉电检测、模拟及片内 RC 振荡器等功能,使之在高集成度、低成本、低功耗的应用设计中可以满足多方面的性能要求;另一个系列是飞思卡尔单片机,于 2015 年并入恩智浦。飞思卡尔单片机源于摩托罗拉半导体,主要应用在汽车、网络、工业、消费电子领域,尤其在汽车电子领域占有较大的市场份额。单片机种类从 8 位到 32 位都有。

5. 德州仪器单片机

德州仪器提供了 TMS370 和 MSP430 两大系列的通用型单片机。TMS370 系列单片机是 8 位 CMOS 单片机,具有多种存储模式和外围接口模式,适用于复杂的实时控制场合;MSP430 系列单片机是一种功耗超低、功能集成度较高的 16 位单片机,特别适用于要求低功耗的场合。

6. STM 单片机

STM 单片机是意法半导体推出的系列单片机,拥有众多品种,从稳健的低功耗 8 位单片机 STM8 系列到基于 ARM Cortex-M0 和 M0+、Cortex-M3、Cortex-M4、Cortex-M7 内核的 32 位闪存微控制器 STM32 系列,为嵌入式产品开发人员提供了丰富的 MCU 选择资源。同时,意法半导体还在不断扩大,并拓展其产品线,包括各种超低功耗单片机系列。

7. 英飞凌单片机

英飞凌的前身是西门子集团的半导体部门。英飞凌 8 位单片机能实现高性能的电机驱动控制,在严酷环境下(高温、EMI、振动)具有极高的可靠性。英飞凌 8 位单片机主要有 XC800 系列、XC886 系列、XC888 系列、XC82x 系列、XC83x 系列等。英飞凌的 MCU 多用于汽车、工业类,消费类方面的应用较少。

8. 瑞萨单片机

瑞萨是由瑞萨、NEC、三菱这 3 家公司组成的公司,其单片机在汽车电子市场占有较大的市场份额,而消费类占比很小。

9. 其他国内的单片机

国内的 8 位单片机多数是采用 MCS-51 内核设计的，部分采用 RISC 结构，其设计厂家众多，如我国台湾的合泰半导体（Holtek）、新唐科技（Nuvoton）、义隆电子（Emc）、松翰科技（Sonix）、凌阳科技（Sunplus）等，我国大陆的中颖电子、兆易创新、华润微电子、沁恒微电子、乐鑫科技、芯海科技、华大半导体等。

1.2 单片机的内部结构

MCS-51 系列单片机分为 51 子系列和 52 子系列，同一子系列不同型号单片机的主要差别是片内存储器的配置不同。MCS-51 系列单片机都是以英特尔公司的典型产品 8051 为核心，并增加了一定的功能部件构成的，因此，本章以 8051 为主介绍单片机的内部结构。

1.2.1 8051 单片机的内部资源

8051 单片机由 CPU（进行运算、控制）、RAM（数据存储器）、ROM（程序存储器）、I/O口（串口、并口）、定时/计数器、内部总线和中断系统等组成，如图 1-2 所示。

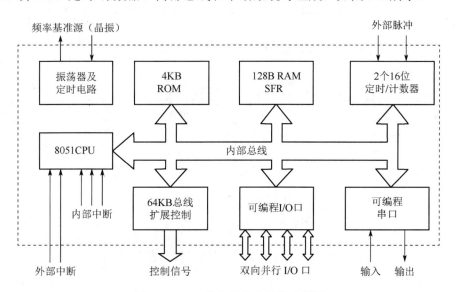

图 1-2 8051 单片机的内部组成框图

8051 单片机的内部资源总结如下。

（1）1 个 8 位的 CPU。

（2）1 个 128B 的片内 RAM，21 个专用寄存器。

（3）1 个 4KB 的内部掩膜 ROM。

（4）2 个 16 位的可编程定时/计数器。

（5）32 个（4×8 位）可独立寻址的双向并行 I/O 口。

（6）1 个全双工 UART（异步串口）。

（7）5 个中断源（由具有两级中断优先级的中断控制器来管理）。

（8）时钟电路，外接晶振和电容，可产生 3.5～12MHz 的时钟频率。
（9）可寻址的具有 64KB 片外 RAM 和 64KB 片外 ROM 空间的控制电路。
（10）布尔代数处理器，具有位寻址能力。

单片机内部各功能部件通常都挂在内部总线上，它们之间通过内部总线来传送地址信息、数据信息和控制信息。图 1-3 所示为 8051 单片机的内部结构图。

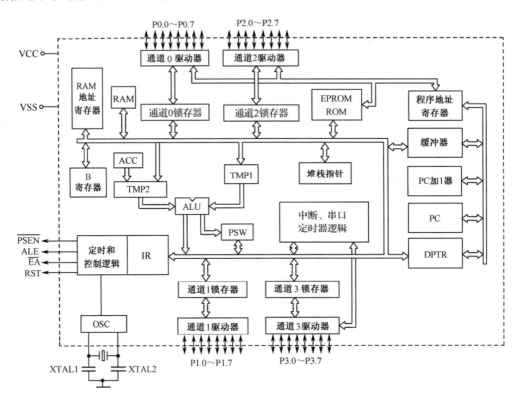

图 1-3　8051 单片机的内部结构图

对 8051 单片机主要功能部件的作用简述如下。

1. CPU

CPU 是单片机的核心部件。它由运算器和控制器等部件组成。

（1）运算器。

运算器由 8 位算术逻辑运算单元（ALU，Arithmetic Logic Unit）、8 位累加器（ACC，Accumulator）、8 位 B 寄存器、程序状态字寄存器（PSW，Program Status Word）、8 位暂存器 TMP1 和 TMP2 等组成。

运算器的功能是进行二进制数的算术运算和逻辑运算，可以对半字节（4 位）、单字节等数据进行操作。例如，它能完成加、减、乘、除、BCD 码十进制调整、比较等算术运算，以及与、或、异或、求补、循环等逻辑操作，操作结果的状态信息发送至 PSW。

运算器包含一个布尔处理器，用来处理位操作。它以进位标志位 C 为累加器，可执行置位、复位、取反、等于 1 转移、等于 0 转移、等于 1 转移且清零，以及进位标志位与其他可寻址位之间进行数据传送、逻辑与、逻辑或等操作。

（2）控制器。

控制器接收来自 ROM 的指令，并对指令进行译码，发出指令功能所需的各种控制命令，控制各部分协调工作。控制器包括程序计数器（Program Counter，PC）、指令寄存器（Instruction Register，IR）、指令译码器（Instruction Decoder，ID）、堆栈指针（SP）、数据指针（DPTR）、定时和控制逻辑、振荡器（OSC）等电路。

指令执行过程：CPU 根据 PC 中的地址从 ROM 中读取指令代码送入 IR，经 ID 译码后，定时和控制逻辑电路在 OSC 的配合下对译码后的信号进行分时，发出相应的控制信号，完成指定的操作。

PC 用来存储即将要执行的指令地址，是一个 16 位的专用寄存器，可对 64KB ROM 进行直接寻址。执行指令时，PC 中内容的低 8 位经 P0 口输出、高 8 位经 P2 口输出。PC 不可寻址，用户无法对它进行读/写操作，取出 1B 的指令后有自动加 1 的功能。CPU 要执行的每条指令都必须由 PC 提供指令的地址。对于一般顺序执行的指令，PC 中的内容自动指向下一条指令；而对于控制类指令，则是通过转移、调用、返回等指令来改变 PC 中的内容，进而改变指令的执行顺序的。

2．片内 RAM

片内 RAM 包括内部 RAM 和特殊功能寄存器（SFR）。内部 RAM 主要用于存储运算的中间结果；SFR 主要用于控制、管理和存储单片机的工作方式、状态结果。

3．ROM

ROM 为单片机内部程序存储器，主要用于存储程序、原始数据和表格等信息。

4．并行 I/O 口

P0～P3 口是 4 个 8 位并行 I/O 口，单片机在与外部存储器及 I/O 口设备交换信息时，必须由 P0～P3 口完成。这些端口既可作为输入，又可作为输出。但通常将 P0 口作为 8 位数据总线/低 8 位地址总线复用，P2 口用作高 8 位地址总线，而 P3 口的各个引脚多以第二功能输入或第二功能输出形式出现。因此，一般将 P1 口的 8 个引脚作为普通 I/O 口。

5．定时/计数器

定时/计数器用于定时和对外部事件进行计数，以实现定时或计数功能。当它对具有固定时间间隔的单片机内部时钟电路提供的机器周期信号进行计数时，它是定时器；当它对外部事件数字化后所产生的脉冲进行计数时，它是计数器。

6．中断系统

8051 单片机有 5 个中断源，即 2 个外部中断源、2 个定时/计数器中断源和 1 个串口中断源。全部中断源可设定为高、低 2 个优先级。中断处理系统灵活、方便，使单片机处理问题的灵活性和实时性大大提高。

7．串口

8051 单片机有 1 个全双工异步通信串口，用以实现单片机与其他设备之间的串行数据传送，既可以异步通信，又可以同步移位传送数据。

8．时钟电路

CPU 执行指令的一系列动作都是在时序电路的控制下一拍一拍地有序进行的，时钟电路用于产生单片机中最基本的时间单位。8051 单片机内置时钟电路，可外接频率为 3.5～12MHz 的晶振。

1.2.2 存储器的结构

8051 单片机把 RAM 和 ROM 严格区分开，各自占用不同的存储空间。ROM 和 RAM 的结构分别如图 1-4、图 1-5 所示。

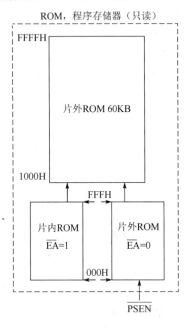

图 1-4 ROM 的结构

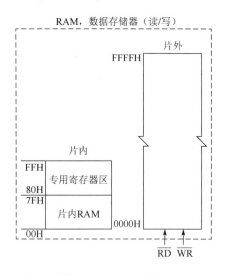

图 1-5 RAM 的结构

从物理地址空间看，8051 单片机有 4 个存储器地址空间，即片内 ROM 和片外 ROM，以及片内 RAM 和片外 RAM。

从逻辑上划分，8051 单片机有 3 个存储器地址空间，即统一编址的 64KB 的内/外 ROM 地址空间、256B 的片内 RAM 地址空间、64KB 的片外 RAM 地址空间。

1．ROM

标准 8051 单片机的 ROM 地址范围是 0000H～FFFFH，共 64KB 的地址空间，用指令 MOVC 进行访问。

8051 单片机 ROM 的 0000H 单元是特殊的地址单元。单片机复位后，PC 的内容为 0000H，故系统必须从 0000H 单元开始取指令并执行程序。它是系统程序的起始地址，用户程序的第一条指令应放置在其中。

低 4KB 程序可存储在片内 ROM 中，也可存储在片外 ROM 中。片外 ROM 的低 4KB 地址与片内 ROM 重叠，执行选择由 $\overline{EA}$ 引脚来控制，如图 1-4 所示。当 $\overline{EA}$ =0（低电平）时，复位后，从片外 ROM 中的 0000H 单元开始执行程序，且只能执行片外 ROM 中的程序；当

$\overline{EA}$=1（高电平）时，复位后，从片内 ROM 的 0000H 单元开始执行程序，当（PC）>0FFFH（4KB）时，自动转到片外 ROM 中执行程序。

在 64KB 的 ROM 中，0000H～002AH（地址向量区）区域有特殊用途，是保留给系统使用的。0000H 是单片机的入口地址（启动地址），一般在 0000H～0002H 单元中存储一条绝对跳转指令，用来使程序跳过中断服务程序的入口地址区。

除 0000H 单元外，0003H、000BH、0013H、001BH 和 0023H 特殊单元分别对应 5 个中断源的中断服务程序的入口地址。

0003H～000AH：外部中断 0（$\overline{INT0}$）的中断地址区。
000BH～0012H：定时/计数器 0（T0）的中断地址区。
0013H～001AH：外部中断 1（$\overline{INT1}$）的中断地址区。
001BH～0022H：定时/计数器 1（T1）的中断地址区。
0023H～002AH：串口（TI，RI）中断地址区。

2. RAM

一般将随机存储器用作 RAM，其可寻址空间为 64KB。前面提到，8051 单片机的 RAM 可分为片内和片外两部分。

（1）片内 RAM。

片内 RAM 的大小为 256B，地址范围是 00H～FFH，用指令 MOV 进行访问。它又分为两部分：低 128B（00H～7FH）为真正的片内 RAM 区，高 128B（80H～FFH）为 SFR 区。低 128B 包括 3 部分：00H～1FH，共 32B，由 4 个通用工作寄存器区组成；20H～2FH 为位寻址区，包含 128 个可寻址位；30H～7FH 为数据缓冲区（或堆栈区），如图 1-6 所示。

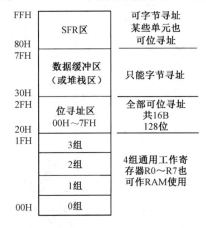

图 1-6 片内 RAM 分区

① 工作寄存器区。

00H～1FH 是工作寄存器区，按地址由低到高分为 4 组，即 0 组、1 组、2 组、3 组，具体分布如表 1-1 所示。每组有 8 个 8 位寄存器，地址由低到高依次命名为 R0～R7，即 R0 的地址为 00H、R1 的地址为 01H，依次类推，R7 的地址为 07H。当前工作寄存器只能选用一组，至于选用哪组，由 PSW 中的 RS0 和 RS1 位确定，这两位可由指令设置。单片机复位时，初始化值 RS0=0、RS1=0，即选用的是 0 组，为默认工作寄存器组。需要注意的是，虽然工作寄存器区划分了 4 个组，分别占用不同的地址单元，但是它们的名称都是 R0～R7，即同一个 R0 工作寄存器可能处于不同的地址单元中。

表 1-1 工作寄存器区的具体分布

地 址 范 围	工作寄存器组别
18H～1FH	3 组（R0～R7）工作寄存器组
10H～17H	2 组（R0～R7）工作寄存器组
08H～0FH	1 组（R0～R7）工作寄存器组
00H～07H	0 组（R0～R7），默认工作寄存器组

在程序不是很复杂的情况下，一般只使用工作寄存器区的 0 组，不使用的另外 3 组可用来存储数据。

② 位寻址区。

工作寄存器区上面的 16 个单元（20H～2FH）构成固定的位寻址区。每个单元有 8 位，16 个单元共有 128 位，每位都有 1 个位地址，如表 1-2 所示。该区域有位操作指令，可进行位寻址、位操作。注意：位操作指令中的地址是位地址，而不是字节地址。

表 1-2 位寻址区地址分布

字节地址（地址单元）	位 地 址							
	MSB							LSB
	D7	D6	D5	D4	D3	D2	D1	D0
2FH	7F	7E	7D	7C	7B	7A	79	78
2EH	77	76	75	74	73	72	71	70
2DH	6F	6E	6D	6C	6B	6A	69	68
2CH	67	66	65	64	63	62	61	60
2BH	5F	5E	5D	5C	5B	5A	59	58
2AH	57	56	55	54	53	52	51	50
29H	4F	4E	4D	4C	4B	4A	49	48
28H	47	46	45	44	43	42	41	40
27H	3F	3E	3D	3C	3B	3A	39	38
26H	37	36	35	34	33	32	31	30
25H	2F	2E	2D	2C	2B	2A	29	28
24H	27	26	25	24	23	22	21	20
23H	1F	1E	1D	1C	1B	1A	19	18
22H	17	16	15	14	13	12	11	10
21H	0F	0E	0D	0C	0B	0A	09	08
20H	07	06	05	04	03	02	01	00

若程序中没有位操作指令，则该区的地址单元可作他用。

③ 数据缓冲区。

在片内 RAM 中，30H～7FH 单元一般可当作数据缓冲区用，用于存储各种数据和中间结果。但要注意，没有被使用的工作寄存器区中的地址单元和位寻址区中的地址单元都可用作数据缓冲区。

④ 堆栈区。

堆栈区是在片内 RAM 中开辟的一片特殊数据存储区，是 CPU 暂时存储数据的特殊"仓库"。用堆栈指针指向堆栈的栈顶。堆栈的最低地址叫栈底。堆栈区的特殊性在于栈底可根据片内 RAM 的使用情况由指令设定，堆栈存取数据遵守"先进后出"的原则，在此过程中，栈顶地址也相应变化，即堆栈指针内容相应变化。复位后栈底为 07H 单元，因为这时堆栈内还未存储数据，所以指向栈顶的堆栈指针的内容与栈底同为 07H，即（SP）=07。用户也可根据需要与程序设计情况设置堆栈指针的初值。

（2）片外 RAM。

若片内 RAM 不够用，则可扩展片外 RAM，最大扩展范围为 0000H～FFFFH，共 64KB。

从图 1-5 中可看出，片外 RAM 有部分地址（00H～FFH）与片内 RAM 是重叠的。在单片机的汇编语言中，片内、外 RAM 以不同的指令操作码进行区分，即片内 RAM 传送指令用 MOV 表示，片外 RAM 传送指令用 MOVX 表示。

1.2.3 SFR

SFR 也称专用寄存器，是单片机各功能部件对应的寄存器，是用来存储相应功能部件的控制命令、状态或数据的区域。8051 单片机内的端口锁存器、PSW、定时/计数器、ACC、堆栈指针、数据指针，以及其他控制寄存器等都是 SFR。它们离散地分布在片内 RAM 的高 128B（80H～FFH）中，共 21 个（字节）。SFR 的分布情况如表 1-3 所示。其中有些 SFR 既可字节寻址又可位寻址，有些只可字节寻址。凡是地址能被 8 整除（地址末位为 0 或 8）的 SFR 既可字节寻址又可位寻址；否则，只可字节寻址。可位寻址的 SFR 的每一位都有位地址，有的还有位名称。对于 ACC 和 PSW，SFR 还可对其位编号进行操作。例如，ACC.7 是位编号，代表 ACC 的最高位，其位地址是 E7H；PSW.0 是位编号，代表 PSW 的最低位，其位地址是 D0H，位定义名为 P，编程时三者都可使用。有的 SFR 有位定义名，却无位地址，不可进行位寻址、位操作，如 TMOD。不可进行位寻址的 SFR 只有字节地址，无位地址，如 SBUF。

表 1-3 SFR 的分布情况

SFR 符号名称	MSB			位地址与位名称				LSB	字节地址
	D7	D6	D5	D4	D3	D2	D1	D0	
P0：P0 口	P0.7	P0.6	P0.5	P0.4	P0.3	P0.2	P0.1	P0.0	80H
	87H	86H	85H	84H	83H	82H	81H	80H	
SP：堆栈指针									81H
DPL：数据指针低字节									82H
DPH：数据指针高字节									83H
PCON：电源控制	SMOD	/	/	/	GF1	GF0	PD	IDL	87H
TCON：定时/计数器控制	TF1	TR1	TF0	TR0	IE1	IT1	IE0	IT0	88H
	8FH	8EH	8DH	8CH	8BH	8AH	89H	88H	
TMOD：定时/计数器方式控制	GATE	C/$\overline{T}$	M1	M0	GATE	C/$\overline{T}$	M1	M0	89H
TL0：定时/计数器 0 低字节									8AH
TL1：定时/计数器 1 低字节									8BH
TH0：定时/计数器 0 高字节									8CH
TH1：定时/计数器 1 高字节									8DH

续表

SFR 符号名称	MSB D7	D6	D5	位地址与位名称 D4	D3	D2	D1	LSB D0	字节地址
P1：P1 口	P1.7	P1.6	P1.5	P1.4	P1.3	P1.2	P1.1	P1.0	90H
	97H	96H	95H	94H	93H	92H	91H	90H	
SCON：串口控制	SM0	SM1	SM2	REN	TB8	RB8	TI	RI	98H
	9FH	9EH	9DH	9CH	9BH	9AH	99H	98H	
SBUF：串口数据缓冲器									99H
P2：P2 口	P2.7	P2.6	P2.5	P2.4	P2.3	P2.2	P2.1	P2.0	A0H
	A7H	A6H	A5H	A4H	A3H	A2H	A1H	A0H	
IE：中断允许控制器	EA	/	ET2	ES	ET1	EX1	ET0	EX0	A8H
	AFH	AEH	ADH	ACH	ABH	AAH	A9H	A8H	
P3：P3 口	P3.7	P3.6	P3.5	P3.4	P3.3	P3.2	P3.1	P3.0	B0H
	B7H	B6H	B5H	B4H	B3H	B2H	B1H	B0H	
IP：中断优先级控制	/	/	PT2	PS	PT1	PX1	PT0	PX0	B8H
	/	/	BDH	BCH	BBH	BAH	B9H	B8H	
PSW：程序状态字	Cy	AC	F0	RS1	RS0	OV	F1	P	D0H
	D7H	D6H	D5H	D4H	D3H	D2H	D1H	D0H	
ACC：累加器	ACC.7	ACC.6	ACC.5	ACC.4	ACC.3	ACC.2	ACC.1	ACC.0	E0H
	E7H	E6H	E5H	E4H	E3H	E2H	E1H	E0H	
B：寄存器	B.7	B.6	B.5	B.4	B.3	B.2	B.1	B.0	F0H
	F7H	F6H	F5H	F4H	F3H	F2H	F1H	F0H	

（1）ACC：助记符（含义：帮助记忆的符号）为 A，是一个最为常用的 SFR。许多指令的操作数都取自它，许多运算的结果也存储在其中。

（2）B 寄存器（B Register）：在乘、除法指令中使用，也可作为一般寄存器使用。

（3）PSW：8 位的标志寄存器，用来存储指令执行后的有关状态，其各位定义如表 1-4 所示。

表 1-4 PSW 各位定义

PSW.7	PSW.6	PSW.5	PSW.4	PSW.3	PSW.2	PSW.1	PSW.0
C	AC	F0	RS1	RS0	OV	未定义位	P

① 进位标志位 C（Carry，也可用 Cy 表示）：用于表示加、减运算过程中最高位 ACC.7（累加器最高位）有无进位或借位。在进行加法运算时，若 ACC.7 有进位，则 C=1；否则 C=0。在进行减法运算时，若 ACC.7 有借位，则 C=1。此外，CPU 在进行移位操作时也会影响它。在布尔（位）处理器中，它被认为是位累加器，其重要性相当于 CPU 中的 ACC。

② 辅助进位 AC（Auxiliary Carry）：用于表示加、减运算过程中低 4 位（A3）有无向高 4 位（A4）进位或借位。若 AC=0，则表示在加、减运算过程中 A3 没有向 A4 进位或借位；否则表示有进位或借位。

③ 用户标志位 F0（Flag0）：供用户定义的标志位。

④ RS1 和 RS0：工作寄存器组别选择位。如表 1-5 所示，它们用于设定当前使用的工作寄存器的组别。复位后，RS1 和 RS0 初始化为 0，即选择的是 0 组。这时，R0~R7 的地址分别为 00H~07H。

表 1-5　工作寄存器组别选择表

RS1 RS0	工作寄存器组别	R0～R7 地址
0　0	0	00H～07H
0　1	1	08H～0FH
1　0	2	10H～17H
1　1	3	18H～1FH

⑤ 溢出标志位 OV（Overflow）：指示运算过程中是否发生溢出。在执行过程中，其状态自动形成。

⑥ 未定义位：用户不能使用。

⑦ 奇偶标志位 P（Parity）：表明 ACC（用二进制数表示）中"1"的个数的奇偶性，奇数个置"1"，偶数个置"0"。

（4）堆栈指针（SP，Stack Pointer）。

堆栈区是在片内 RAM 中开辟的一片特殊数据存储区。系统复位后，SP 的初始值为 07H，使得堆栈区存储数据的地址由 08H 开始。由于 08H～1FH 单元分属于工作寄存器区的 1 组～3 组。若程序设计中这些组全被用到，则要把 SP 的值设置为 1FH 或更大的值。因此堆栈区在片内 RAM 中的位置比较灵活。SP 的初始值越小，堆栈区深度就可以越深。当单片机调用子程序或响应中断时，将自动发生数据的入、出栈操作。为了防止其他区域的数据在子程序调用时被覆盖，一般将堆栈区设在 30H～7FH 之间，以避开工作寄存器区和位寻址区。

（5）数据指针（DPTR，Data Pointer）。

DPTR 是一个 16 位的 SFR，由两个 8 位寄存器 DPH（高 8 位）和 DPL（低 8 位）组成。因此，它既可作为一个 16 位寄存器 DPTR，又可作为两个独立的 8 位寄存器 DPH 和 DPL。DPTR 主要用来存储 16 位地址。

（6）串行数据缓冲器（SBUF）（串口内部的器件）。

串行通信都是由 SBUF 发送和接收数据的。实际上，SBUF 有两个独立的寄存器，一个是发送缓冲器，另一个是接收缓冲器。

（7）定时/计数器寄存器。

两对寄存器(TH0,TL0)和(TH1,TL1)分别为定时/计数器 T0、T1 的 16 位计数寄存器。它们也可单独作为 4 个 8 位计数寄存器使用。

SFR 数量较多，但它们总是和一些功能部件有关。各功能部件对应的 SFR 如下。

① CPU：ACC、B 寄存器、PSW。

② 存储器：SP、DPTR。

③ I/O 口：P0～P3 口。

④ 中断系统：IP、IE。

⑤ 定时/计数器：TMOD、TCON、TH0、TL0、TH1、TL1。

⑥ 串口：SCON、SBUF。

⑦ 电源：PCON。

从表 1-3 中可以看出，MCS-51 系列单片机内部寄存器的地址并不是连续编排的，中间有一部分空余的地址未被使用。这主要是为了确保可位寻址的 SFR 的字节地址与其最低位地址保持一致，如 P0 口的字节地址为 80H，其最低位 P0.0 的地址也是 80H。这样，位地址的编排就比较有规律了，也便于人们查找和记忆。此外，未被使用的地址也可以留给后面新推出的单片机使用，如 STC 单片机用来设定定时器工作速度的 AUXR 就使用了 8EH 地址。这样的非连续的地址编排为单片机的更新换代预留了设计空间，这也是 MCS-51 系列单片机能够长盛不衰的原因之一。

1.3 单片机的引脚及其功能

1.3.1 引脚功能

8051 单片机最常见的封装类型是标准型 DIP（双列直插）40 脚。凡封装类型相同的 51 系列单片机，其引脚定义和功能均与 8051 单片机基本兼容，使用时绝大部分器件可以互换。图 1-7（a）、（b）所示分别为标准型 DIP 40 脚封装的逻辑功能图与实际引脚排列图。8051 单片机引脚的功能描述如表 1-6 所示。引脚分为端口线、电源线和控制线 3 类。

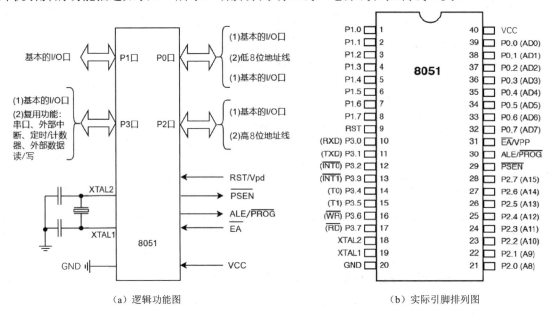

图 1-7　8051 单片机引脚配置图

表 1-6　8051 单片机引脚的功能描述

引脚名称	引脚号	功能描述
VCC	40	+5V 电源端（+4.5～+5.5V）
GND	20	接地端
P0.0～P0.7	39～32	①P0 口是一个 8 位漏极开路的双向 I/O 口，能够吸收 8 个 LSTTL 低电平负载的灌电流；②被写入"1"的那些 P0 口引脚将处于悬浮状态，即这些引脚为高阻抗输入状态；③在使用外部存储器时，低 8 位的地址和数据总线复用 P0 口，在这种应用中，当其输出"1"时，它使用了负载能力很强的提升电路，用于提高上升速度（当配合 $\overline{PSEN}$ 信号时，访问片外 ROM；而当配合 $\overline{RD}$、$\overline{WR}$ 信号时，访问片外 RAM）；④P0 口在作为普通 I/O 口（基本的 I/O 口）时，必须在其上外接上拉电阻

续表

引脚名称	引脚号	功能描述
P1.0~P1.7	1~8	①P1 口是一个 8 位准双向 I/O 口,内部已有上拉电阻;②P1 能够驱动 4 个 LSTTL 负载;③对于作为输入端的 P1 口引脚,必须先对该位输出"1"(对其编程为输入状态);④在 8052 单片机中,P1.0 和 P1.1 引脚还具有 T2 与 T2EX 功能,T2 是定时/计数器 2 的外部输入端,T2EX 是定时/计数器 2 的"记录方式"的输出端
P2.0~P2.7	21~28	①P2 口是一个 8 位准双向 I/O 口,内部已有上拉电阻;②P2 能够驱动 4 个 LSTTL 负载;③对于作为输入端的 P2 口引脚,必须先对该位输出"1";④在进行总线操作时,P2 口为高 8 位地址总线
P3.0~P3.7	10~17	①P3 口是一个 8 位准双向 I/O 口,内部已有上拉电阻;②P3 能够驱动 4 个 LSTTL 负载;③对于作为输入端的 P3 口引脚,必须先对该位输出"1";④在 P3 用于特定的复用功能时,P3 口复用引脚功能。 P3.0 引脚对应 RXD(串口输入端) P3.1 引脚对应 TXD(串口输出端) P3.2 引脚对应 $\overline{INT0}$(外部中断 0 的输入端) P3.3 引脚对应 $\overline{INT1}$(外部中断 1 的输入端) P3.4 引脚对应 T0(定时/计数器 0 的输入端) P3.5 引脚对应 T1(定时/计数器 1 的输入端) P3.6 引脚对应 $\overline{WR}$(对片外 RAM 进行写操作的选通信号的输出端) P3.7 引脚对应 $\overline{RD}$(对片外 RAM 进行读操作的选通信号的输出端)
RST/Vpd	9	①复位信号的输入端,高电平有效(非 TTL 电平);②当单片机的主电源 VCC 断开时,RST 引脚还是片内 RAM 的辅助电源端(只对 HMOS 芯片有效)
ALE/$\overline{PORG}$	30	①地址锁存允许信号,高电平有效,当对外部存储器进行操作时,ALE 为高电平时发出地址锁存信号,下降沿锁定由 P0 口输出的低 8 位地址信号;②当不用外部存储器时,ALE 可作为标准的脉冲信号(其频率是晶振频率的 1/6);③该引脚也可以作为编程脉冲输入的引脚
$\overline{PSEN}$	29	片外 ROM 的选通信号,低电平有效,能驱动 8 个 LSTTL 负载
$\overline{EA}$	31	①当 $\overline{EA}$ 为高电平时,单片机先执行片内 ROM 的程序,当地址超出片内 ROM 的地址范围时,执行片外 ROM 的程序;②当 $\overline{EA}$ 为低电平时,单片机只执行片外 ROM 的程序
XTAL1	19	①内部反相振荡放大器的输入端;②当使用外部时钟时,对于 CMOS 芯片,XTAL1 为输入端,对于 HMOS 芯片,XTAL1 应接地
XTAL2	18	①内部反相振荡放大器的输出端;②当使用外部时钟时,对于 CMOS 芯片,XTAL2 应悬浮不用,对于 HMOS 芯片,XTAL2 为输入端

1. 电源线

GND:接地引脚。

VCC:正电源引脚,接+5V 电源。

2. I/O 口

I/O 口是单片机与外部电路进行通信的通道,通过 I/O 口可以将外部信息传输给单片机,经过处理的单片机也可以通过 I/O 口控制外部设备,体现了单片机的控制能力。

单片机共有 4 组 I/O 口,分别为 P0~P3 口,每组有 8 个端口,因此,单片机共有 32 个 I/O 口,每个 I/O 口都可以单独控制,其具体功能如表 1-6 所示。不同组的 I/O 口的用法稍有不同。P0 口既可以作为普通 I/O 口,又可以作为低 8 位地址总线和数据总线;P1 口只可以作为普通 I/O 口；P2 口既可以作为普通 I/O 口，又可以作为高 8 位地址总线；P3 口兼具两种功能，既具有普通 I/O 口功能，又具有外部中断、外部脉冲计数、串口功能。I/O 口的具体用法将在第 3 章进行介绍。

3．控制线

（1）RST/Vpd 引脚。

RST/Vpd 引脚是复位信号/备用电源线引脚。当 8051 单片机通电时，在 RST 引脚上出现 24 个时钟周期以上的高电平，系统即初始复位。

（2）ALE/$\overline{PORG}$ 引脚。

ALE/$\overline{PORG}$ 引脚是地址锁存允许/编程引脚。当访问片外 ROM 时，ALE 引脚的输出用于锁存地址的低位字节，以便 P0 口实现地址/数据复用。当不访问片外 ROM 时，ALE 引脚将输出一个频率为 1/6 时钟频率的正脉冲信号。

ALE/$\overline{PORG}$ 是复用引脚，在对 EPROM 型芯片进行编程和校验时，此引脚传送 52ms 宽的负脉冲选通信号，PC 的 16 位地址数据将出现在 P0 和 P2 口上，片外 ROM 把指令码放到 P0 口上，由 CPU 读入并执行。

（3）$\overline{EA}$/VPP 引脚。

$\overline{EA}$/VPP 引脚是允许访问片外 ROM/编程电源引脚。对于片内无 ROM 的 MCS-51 系列单片机（如 8031 单片机），$\overline{EA}$ 引脚必须接地；对于片内有 ROM 的 MCS-51 系列单片机（如 8051 单片机），$\overline{EA}$ 引脚必须接高电平。

$\overline{EA}$/VPP 引脚是复用引脚，作为片内 EPROM 编程/校验的电源线，在编程时，VPP 引脚需要加上 21V 的编程电压。

（4）$\overline{PSEN}$ 引脚。

在执行访问片外 ROM 的指令 MOVC 时，8051 单片机自动在 $\overline{PSEN}$ 引脚上产生一个负脉冲，用于选通片外 ROM。在其他情况下，该引脚均为高电平封锁状态。

1.3.2 时钟和复位

1．时钟

单片机作为一台微型计算机，由数字电路组成，其内部各个模块通过总线连接，必须有时钟脉冲才能工作。单片机执行指令的过程分为取指令、分析指令和执行指令 3 步，每步又由许多微操作组成，这些微操作必须在统一时钟信号的控制下才能被正确地顺序执行。时钟电路是计算机的心脏，控制着计算机的工作节奏。时钟电路使单片机在统一时钟信号的控制下，严格按一定的时序工作。

（1）时钟方式。

单片机内部有振荡电路，XTAL1 引脚为片内振荡电路的输入端，XTAL2 引脚为片内振荡电路的输出端。8051 单片机的时钟有两种方式，一种是片内时钟振荡方式（内部时钟方式），需要在 XTAL1 和 XTAL2 引脚上外接石英晶体（频率为 3.5～12MHz）与振荡电容，振荡电容的容量一般取 10～30pF，典型值为 30pF，如图 1-8（a）所示；另外一种是外部时钟方式，即将 XTAL2 引脚接地，外部时钟信号从 XTAL1 引脚输入，如图 1-8（b）所示（针对 CMOS 型单片机）。

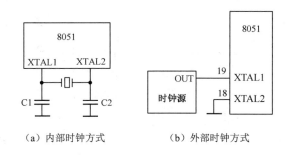

(a) 内部时钟方式　　　　(b) 外部时钟方式

图 1-8　时钟方式

（2）单片机内部的时间基准。

振荡周期：为单片机提供时钟信号的振荡源的周期，也称为时钟周期或节拍，用 P 表示。

状态周期：单片机执行指令时，从一种状态转换到另一种状态所需的时间。一个状态周期由两个时钟周期组成，也可以说由两个节拍组成，每个节拍需要一个时钟周期。也就是说，一个状态周期有两个节拍，前半周期对应的节拍被定义为 P1，后半周期对应的节拍被定义为 P2。单片机就是按照这样的节拍有节奏地完成取指令、分析指令、执行指令一系列工作的。

机器周期：单片机完成一项基本操作所需的时间。单片机在每个机器周期内完成一项基本操作，如取指令、读或写数据等。1 个机器周期包括 12 个时钟周期，分为 6 个状态，即 S1～S6。每个状态周期完成一项微操作，直至一条指令执行完成。

指令周期：CPU 执行一条指令所需的时间（一般用机器周期表示）。单片机有单机器周期、双机器周期和四机器周期指令。四机器周期指令只有乘法和除法两条指令，其余均为单机器周期或双机器周期指令。

图 1-9 展示了振荡周期、状态周期、机器周期、指令周期之间的关系。当单片机外接晶振频率为 12MHz 时，即 $f_{osc} = 12MHz$，则各个周期的计数如下：

$$振荡周期\ T_{osc} = 1/f_{osc} = 1/12 \mu s$$
$$状态周期\ T_s = 2 \times T_{osc} = 1/6 \mu s$$
$$机器周期\ T = 12 \times T_{osc} = 1 \mu s$$

对应的单机器周期、双机器周期和四机器周期的指令周期分别为 1μs、2μs、4μs。

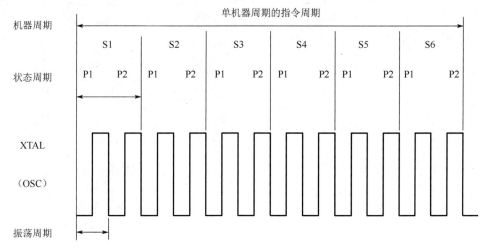

图 1-9　振荡周期、状态周期、机器周期、指令周期之间的关系

2. 复位

复位是令单片机初始化的操作，其主要功能是初始化单片机的工作状态。单片机在启动时需要复位。例如，把 PC 的值初始化为 0000H，即（PC）=0000H。这样，单片机在复位后就从 ROM 的 0000H 单元开始执行程序。另外，当程序运行出错或操作错误而使系统处于死锁状态时，也需要复位使单片机重新开始工作。

除 PC 初始化外，复位还对其他属于片内 RAM 的 SFR 块中的 SFR 有影响，如表 1-7 所示。

表 1-7 复位状态下受影响的寄存器的值（表中×表示不定）

寄 存 器	复位时的内容	寄 存 器	复位时的内容
ACC	00H	TL0	00H
B	00H	TH0	00H
PSW	00H	TL1	00H
SP	07H	TH1	00H
DPTR	0000H	SCON	00H
P0～P3	FFH	SBUF	不定
IP	×××00000B	IE	0××00000B
TMOD	00H	PCON	0×××0000B
TCON	00H	—	—

（1）复位条件。

由于 RST 引脚是复位信号的输入端，因此，要实现复位，必须使 RST 引脚上至少保持 2 个机器周期的高电平，并从高电平变为低电平，完成复位。

（2）复位电路。

复位电路有上电自动复位电路、按键复位电路等，如图 1-10 所示。

上电自动复位电路是通过外部复位电容充电来实现的。上电瞬间，RST 引脚的电位与 VCC 相同，随着充电电流的减小，此引脚电位将逐渐下降。也就是说，RST 引脚的高电平持续时间取决于电容的充电时间，应大于 2 个机器周期。按键复位是通过按键使复位引脚经电阻 R（200Ω 左右）与 VCC 接通来实现的。在按下复位按键时，RST 引脚为高电平；当复位按键被松开后，RST 引脚逐渐降为低电平，复位结束。

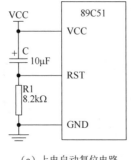
（a）上电自动复位电路

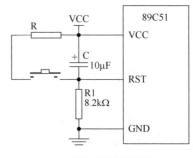
（b）按键复位电路

图 1-10 复位电路

1.4 本章小结

本章主要介绍了单片机的发展历史及其内部组成和工作原理，存储器的结构与单片机的引脚，以及时钟和复位电路。本章的重点是单片机存储器的结构，包含 ROM 和 RAM，而 RAM 又是本章的难点，特别是各个数据存储区的地址分布范围，以及它们的功能。此外，理解单片机的各个时间基准的定义、区别与联系对于学习单片机的工作过程，了解其工作原理也很重要。

1.5 本章习题

1. 什么是单片机？它的主要特点有哪些？
2. 单片机经历了哪几个发展阶段？
3. MCS-51 系列单片机在片内集成了哪些主要逻辑部件？各逻辑部件的主要功能是什么？
4. MCS-51 系列单片机的引脚中有多少个 I/O 口？它们与单片机对外的地址总线和数据总线有什么关系？其地址总线和数据总线各有多少位？对外可寻址的地址空间有多大？
5. 8051 单片机的控制总线信号有哪些？各有何作用？
6. 8051 单片机有多少个 SFR？SFR 中的哪些寄存器可位寻址？
7. 8051 单片机的 P0~P3 口在结构上有何不同？在使用上有何特点？
8. 8051 单片机的片内 RAM 有多少字节？存储空间的地址范围为多少？
9. 8051 单片机的片内 RAM 低 128 位划分为哪 3 部分？各部分的主要功能是什么？
10. 开机复位后，CPU 使用的是哪组工作寄存器组？它们的地址是什么？CPU 如何确定和改变当前工作寄存器组？
11. MCS-51 系列单片机的时钟周期、机器周期、指令周期是如何定义的？当主频为 12MHz 时，一个机器周期是多长时间？执行一条最长的指令需要多长时间？
12. 8051 单片机复位后，各寄存器的初始状态如何？复位方法有几种？

第 2 章　单片机开发语言及工具的使用

单片机开发人员首要面临的选择是采用什么开发语言及工具。就开发语言而言，主要有两种类型：汇编语言和高级语言。目前，汇编语言由于编程复杂，难以掌握，维护起来非常困难，已经很少使用，更多的是采用高级语言来编程。目前，单片机开发使用最广泛的高级语言是 C 语言，因此使用本书应具备 C 语言编程基础知识。本章介绍单片机 C51 语言的使用方法，同时对软件 Keil 和单片机运行仿真软件 Proteus 的使用方法进行介绍。

2.1　单片机 C51 语言与标准 C 语言的区别

单片机 C51 语言是在 8051 单片机应用开发中最常使用的程序设计语言，它在标准 C 语言的基础上，针对 8051 单片机硬件的特点进行了扩展，能直接对 8051 单片机硬件进行操作，既有高级语言易读、开发效率高的优点，又有低级语言执行效率高的优点，已然成为最适合 51 系列单片机开发的实用高级语言。

C51 语言在语法规范、程序结构与设计方法上都与标准 C 语言基本相同，但在库函数、数据类型、变量存储模式等方面与标准 C 语言存在一些差别。

（1）库函数有差异。标准 C 语言的库函数是按通用微型计算机来定义的，C51 语言的有些库函数是按照 8051 单片机的特点来定义的。C51 语言有丰富的可直接调用的库函数，灵活使用库函数可使程序代码简单、结构清晰，并且易于调试和维护。每个库函数都在相应的头文件中给出了函数原型声明，用户如果需要使用库函数，就必须在源程序的开始处用预处理命令"#include"将有关的头文件包含进来。

（2）数据类型有区别。针对 8051 单片机的特点，C51 语言在标准 C 语言的基础上增加了 4 种数据类型，它们是 bit、sfr、sfr16 和 sbit。

（3）变量存储模式不一样。标准 C 语言最初是为通用计算机设计的，在通用计算机中，只有一个程序和数据统一寻址的内存空间，而 C51 语言中的变量存储模式与 8051 单片机的各种存储器紧密相关。

（4）数据存储类型不同。8051 单片机的存储区可分为片内 RAM、片外 RAM 和片内 ROM。

（5）标准 C 语言没有处理单片机中断的定义，而 C51 语言中有专门的中断函数。

虽然 C 语言对语法的限制不太严格，用户在编写程序时有较大的自由度，但它毕竟是一种程序设计语言，与其他计算机程序设计语言一样，在采用 C 语言进行程序设计时，需要遵循一定的语法规则。

任何程序设计都离不开数据处理，一个程序如果没有数据，那么它就无法工作。数据在计算机内存中的存储情况由数据结构决定，C 语言的数据结构是以数据类型出现的，数据类型可分为基本数据类型和复杂数据类型，复杂数据类型由基本数据类型构造而成。C 语言中的基本数据类型有 char、int、short、long、float 和 double。对于 C51 编译器，short 与 int 相同，double 与 float 相同。

1．char（字符类型）

char 有 signed char 和 unsigned char 之分，默认为 signed char。char 类型数据的长度均为 1B，用于存储一个单字节数据。对于 signed char 类型数据，其字节中的最高位表示该数据的符号，"0"表示正数、"1"表示负数（负数用补码表示），所能表示的数值范围是–128～127。unsigned char 类型数据是无符号字符数据，其字节中的所有位均用来表示数据的数值，所能表示的数值范围是 0～255。

2．int（整型）

int 有 signed int 和 unsigned int 之分，默认为 signed int。int 类型数据的长度均为 2B，用于存储一个双字节数据。signed int 类型数据是有符号整数，字节中的最高位表示数据的符号，"0"表示正数、"1"表示负数，所能表示的数值范围是–32768～32767。unsigned int 类型数据是无符号整数，所能表示的数值范围是 0～65535。

3．long（长整型）

long 有 signed long 和 unsigned long 之分，默认为 signed long。long 类型数据的长度均为 4B。signed long 类型数据是有符号长整数，字节中的最高位表示数据的符号，"0"表示正数、"1"表示负数，所能表示的数值范围是–2147483648～2147483647。unsigned long 类型数据是无符号长整数，所能表示的数值范围是 0～4294967295。

4．float（浮点型）

float 类型数据占 4B，共 32 位，包含 1 位符号位、8 位阶码（指数部分），以及 23 位尾数。它是符合 IEEE 754 标准的单精度浮点型数据，在十进制形式中有 7 位有效数字。

5．*（指针型）

指针型数据不同于以上 4 种基本数据类型，它本身是一个变量，但在这个变量中存储的不是普通的数据，而是指向另一个数据的地址。指针变量也要占据一定的存储单元，在 C51 编译器中，指针变量的长度一般为 1～3B。指针变量也具有类型，其表示方法是在指针符号"*"的前面冠以数据类型符号。例如，char * point1 表示 point1 是一个 char 类型的指针变量，float * point2 表示 point2 是一个 float 类型的指针变量。指针变量的类型表示该指针指向地址中数据的类型。使用指针变量可以方便地对 8051 单片机各部分的物理地址直接进行操作。

6．bit（位标量）

bit 是 C51 编译器的一种扩充数据类型，利用它可定义一个位标量，但不能定义位指针，也不能定义数组。

7．sfr（特殊功能寄存器）

sfr 也是 C51 编译器的一种扩充数据类型，利用它可以访问 8051 单片机的所有内部 SFR。sfr 类型数据占用 1 个存储单元，其取值范围是 0～255。

8．sfr16（16 位特殊功能寄存器）

sfr16 类型数据占用 2 个存储单元，其取值范围是 0～65535。

9．sbit（特殊功能寄存器中的可寻址位）

sbit 也是 C51 编译器的一种扩充数据类型，利用它可以访问 8051 单片机片内 RAM 的 SFR 中的可寻址位。

表 2-1 列出了 C51 编译器能够识别的数据类型。

表 2-1　C51 编译器能够识别的数据类型

数 据 类 型	长　　度	值域（取值范围）
unsigned char	1B	0～255
signed char	1B	−128～127
unsigned int	2B	0～65535
signed int	2B	−32768～32767
unsigned long	4B	0～4294967295
signed long	4B	−2147483648～2147483647
float	4B	±(1.175494E−38～3.402823E+38)
*	1～3B	对象的地址
bit	1bit	0 或 1
sfr	1B	0～255
sfr16	2B	0～65535
sbit	1bit	0 或 1

在 C 语言程序的表达式或变量赋值运算中，有时会出现运算对象的数据类型不一致的情况。C 语言允许任何标准数据类型之间的隐式转换。隐式转换按以下优先级别自动进行：

$$bit \rightarrow char \rightarrow int \rightarrow long \rightarrow float\ signed \rightarrow unsigned$$

其中，箭头方向仅表示数据类型优先级别的高低（转换时由低向高进行），不表示数据转换的顺序。

变量是一种在程序执行过程中不断变化的量。在使用一个变量之前，必须先对该变量进行定义，指出它的数据类型和存储模式，以便编译系统为它分配相应的存储单元。在 C51 编译器中，对变量进行定义的格式如下：

[存储类型]　数据类型　[存储器类型]　变量名表；

其中，存储类型和存储器类型是可选项。变量的存储类型有 4 种：自动（auto）、外部（extern）、静态（static）和寄存器（register）。在定义一个变量时，如果省略存储类型选项，则该变量为自动变量。

在定义一个变量时，除了需要说明其数据类型，C51 编译器还允许说明其存储器类型。对于每个变量，C51 编译器可以准确地赋予其存储器类型，从而使之能够在单片机系统内准确地定位。表 2-2 列出了 C51 编译器能够识别的存储器类型。

表 2-2　C51 编译器能够识别的存储器类型

存储器类型	说　　明
data	直接访问片内 RAM（128B），访问速度最快
bdata	按位寻址片内 RAM（16B），允许位与字节混合访问
idata	间接访问片内 RAM（256B），允许访问全部内部地址
pdata	分页访问片外 RAM（256B），用 MOVX @Ri 指令进行访问
xdata	访问片外 RAM（64KB），用 MOVX @DPTR 指令进行访问
code	访问 ROM（64KB），用 MOVC @A+DPTR 指令进行访问

定义变量时如果省略了存储器类型选项，则按编译模式 Small、Compact 或 Large 规定的默认存储器类型确定变量的存储单元。C51 编译器的 3 种编译模式（默认的存储器类型）对变量的影响如下。

（1）Small：变量被定义在 8051 单片机的片内 RAM 中，因此对这种变量的访问速度最快。另外，所有的对象（包括堆栈）都必须嵌入片内 RAM，而堆栈长度是很重要的，实际的堆栈长度取决于不同函数的嵌套深度。

（2）Compact：所有变量被定义在分页寻址的片外 RAM 中，每页片外 RAM 的长度为 256B。对变量的访问是通过寄存器间接寻址（MOVX @Ri）进行的，变量的低 8 位地址由 R0 或 R1 位确定，变量的高 8 位地址由 P2 口确定。当采用这种编译模式时，必须适当改变配置文件 STARTUP.A51 中的参数 PDATASTART 和 PDATALEN；同时必须在软件 Keil 的"Options for target ..."选项的"BL51 Locate"标签页的"Pdata"文本框中输入适当的地址参数，以确保 P2 口能输出所需的高 8 位地址。采用 Compact 编译模式与定义变量时指定 pdata 存储器类型具有相同的效果。

（3）Large：变量被定义在片外 RAM 中（最大可达 64KB），使用数据指针来间接访问变量。这种访问数据的方法的效率最低，尤其在对 2 字节或多字节的变量进行操作时，将增加程序的代码长度。采用 Large 编译模式与定义变量时指定 xdata 存储器类型具有相同的效果。

2.2　C51 程序实例

2.2.1　程序架构

C51 语言是一种结构化程序设计语言，其程序写法与标准 C 语言类似，程序主体由若干函数（Function）组成，其主体内容必须以大括号{}来包含。对于一个完整的程序，无论它有几个函数，其中必定有一个 main()函数，程序总是从它开始执行的。

在单片机的开发中，开发人员必须认真考虑程序架构，应尽可能地采用结构化的程序设计方法，这样可使整个应用系统程序结构清晰，易于调试和维护。程序架构对于系统整体的稳定性和可靠性是非常重要的，合适的程序架构便于开发。常用的程序架构有 3 种，即顺序执行法、时间片轮询法和操作系统。

（1）顺序执行法比较简单，通常在对实时性和并行性要求不太高的情况下使用，程序按从上往下的执行顺序来编写即可，不需要考虑具体的程序架构，其代码结构如下：

```
int main(void)
{
```

```
    Init TasksInit();           //任务初始化

    while(1)
    {
        do_task1 ();            //执行任务 1
        do_task2 ();            //执行任务 2
        do_task3 ();            //执行任务 3
    }
}
```

（2）时间片轮询法介于顺序执行法和操作系统之间，通常与操作系统一起出现，即多数时候在操作系统中应用此方法，本书将在第 5 章具体介绍和使用此方法。时间片轮询法主要是利用定时器来实现的，定时器可以多处复用，用来实现不同的定时。定时器先产生一个特定的定时周期，给每个需要执行的任务设置好执行周期，然后按周期进行计时，一旦到了不同的执行周期，就执行相应的任务。

（3）单片机采用的操作系统是嵌入式操作系统，负责嵌入式系统的全部软/硬件资源的分配、任务调度，控制、协调并发活动，主要分为全能操作系统（Rich OS）和实时操作系统（Real-Time Operating System，RTOS）两类。Rich OS 是运行功能非常齐全的操作系统，如 Linux、Android、iOS 等，智能手机、平板电脑、智能电视、车载娱乐系统等都属于这类操作系统。RTOS 是运行功能紧凑、具有很高的实时性的操作系统，如 FreeRTOS、RT-Threads、μC/OS-II 等，常应用于单片机中。RTOS 的有效使用可以极大地提高系统性能，并简化开发难度，减少开发人员的工作量，从根本上清除编程的障碍。

对于 8051 单片机，因为其内部资源较少，而 RTOS 会占用较多的资源，所以不适合采用。通常情况下，8051 单片机多采用顺序执行法和时间片轮询法两种程序架构。

2.2.2 一个简单的单片机程序

接下来看一个利用 8051 单片机控制单个 LED 闪烁的程序。程序按照项目开发的格式规范来编写，在程序的开头写好程序名称、程序功能、入口参数及返回值等的说明，在程序体中对关键的语句添加注释说明。这是标准的格式规范，使用和维护起来都比较方便，建议程序都参照本格式来编写。

```
/*************************************************************
*程序：LED_blink.c
*功能：控制单个 LED 闪烁
*************************************************************/

#include <reg51.h>              //包含头文件 reg51.h，导入 51 单片机的 SFR 和可位寻址定义

sbit LED =   P1^0;              //定义 LED 变量来控制 P1.0 引脚

/*************************************************************
```

```
*函数: delayms()
*功能: 毫秒级延时@12MHz 晶振
*参数: 无符号整型变量 ms，表示延时时间，单位为 ms
*返回值: 无
*************************************************************/
void delayms(unsigned int ms)
{
    unsigned int i;
    unsigned int j;
    for(i=0; i<ms; i++)
        for(j=0; j<120; j++);
}


/***************************************************************
*函数: main()
*功能: 主函数
*参数: 无
*返回值: 无
*************************************************************/
void main()
{
    while(1)                    //无限循环
    {
        LED = ~LED;             //P1.0 取反输出
        delayms(500);           //延时 500ms，闪烁频率为 1Hz
    }
}
```

该程序采用的是顺序执行法的程序架构，实现了单片机对单个 LED 闪烁的控制。

2.3 Proteus 软件

Proteus 是英国 Lab Center Electronics 公司开发的 EDA 软件。它运行于 Windows 操作系统上，能够实现从原理图设计、电路仿真到 PCB 设计的一站式作业，真正实现了电路仿真软件、PCB 设计软件和虚拟模型仿真软件的三合一。Proteus 软件相比于其他软件最大的优势在于它能仿真大量的单片机芯片（如 MCS-51 系列、PIC 系列等），以及单片机外围电路（如键盘、LED、LCD 等）。它主要由 ISIS 和 ARES 两部分构成。

- ISIS——智能原理图输入系统，是进行系统设计与仿真的基本平台。
- ARES——高级 PCB 布线、编辑软件。

2.3.1 Proteus 8 软件界面及功能

1. Proteus 8 软件界面

双击桌面上的"Proteus 8 Professional"图标或选择屏幕左下方的"开始"→"所有程序"→"Proteus 8 Professional"→"Proteus 8 Professional"选项,进入 Proteus 工作主页,如图 2-1 所示。

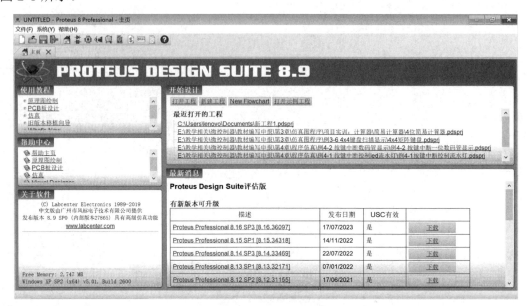

图 2-1 Proteus 工作主页

进入 Proteus 工作主页后,单击"开始设计"面板中的"打开示例工程"按钮,打开一个示例工程,如图 2-2 所示,进入 Proteus ISIS 工作界面,如图 2-3 所示。

图 2-2 打开示例工程

第 2 章 单片机开发语言及工具的使用

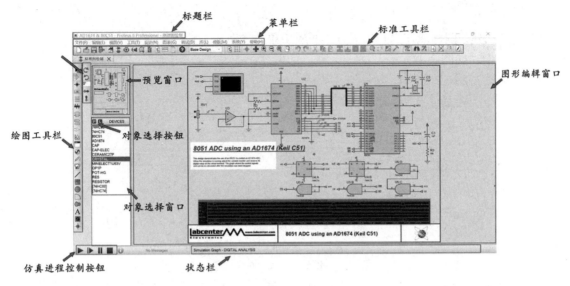

图 2-3 Proteus ISIS 工作界面

Proteus ISIS 工作界面是一种标准的 Windows 界面,包括标题栏、菜单栏、标准工具栏、绘图工具栏、对象选择按钮、仿真进程控制按钮、预览窗口、对象选择窗口、状态栏、图形编辑窗口。

2. Proteus 软件功能简介

Proteus 软件功能强大,融合了 Multisim、Protel 的功能,能够实现从原理布图、代码调试到单片机与外围电路混合协同仿真和 PCB 设计的整个设计过程,能够完成模拟电子、数字电子、单片机及嵌入式的虚拟仿真。它的主要功能特点如下。

(1) 智能原理布图。

(2) 基于 SPICE 模型实现数字/模拟电路的混合仿真。

(3) 支持各种主流单片机仿真,如 8051、8086、MSP430、AVR、PIC、ARM。

(4) 支持通用外设模型,如字符 LCD 模块、图形 LCD 模块、LED 点阵、LED 七段显示模块、键盘/按键、直流/步进/伺服电机、RS-232 虚拟终端、电子温度计等,其 COMPIM(COM 口物理接口模型)还可以使仿真电路通过计算机串口与外部电路实现双向异步串行通信。

(5) 支持 UART/USART/EUSARTs 仿真、中断仿真、SPI/I2C 仿真、MSSP 仿真、PSP 仿真、RTC 仿真、ADC 仿真、CCP/ECCP 仿真。

(6) 支持第三方的软件编译和调试环境,如 Keil、MPLAB(PIC 系列单片机的 C 语言开发软件)等。

(7) 拥有丰富的虚拟仪器,操作面板逼真,如示波器、逻辑分析仪、信号发生器、直流电压/电流表、交流电压/电流表、数字图案发生器、频率计/计数器、逻辑探头、虚拟终端、SPI 调试器、I2C 调试器等,能对电路原理图的关键点进行虚拟测试。

2.3.2 单片机最小系统仿真图的绘制

前面对 Proteus ISIS 工作界面做了简单介绍,下面以单片机最小系统仿真图的绘制为例来介绍 ISIS 软件的使用方法。

1. 新建工程文件

单击"新建"图标或在"开始设计"面板中单击"新建工程"按钮，弹出"新建工程向导:开始"对话框，如图 2-4 所示。

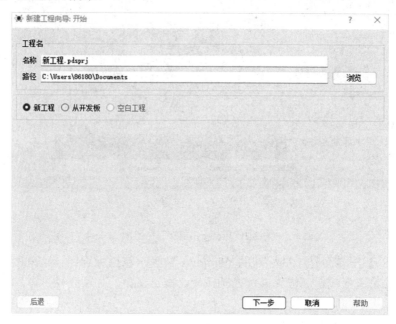

图 2-4 "新建工程向导:开始"对话框

在图 2-4 中选择合适的保存路径与工程名称（注意扩展名是否为.pdsprj），单击"下一步"按钮，进入"新建工程向导:Schematic Design"对话框，如图 2-5 所示。

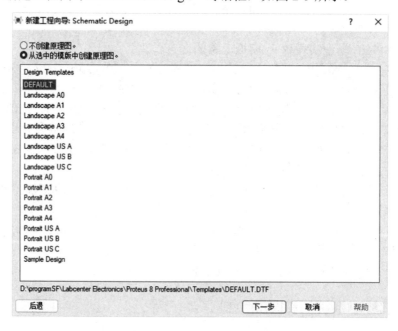

图 2-5 "新建工程向导:Schematic Design"对话框

在图 2-5 中选择合适的原理图设计模板（通常选择"DEFAULT"模板），单击"下一步"

按钮，进入"新建工程向导:PCB Layout"对话框，如图 2-6 所示。

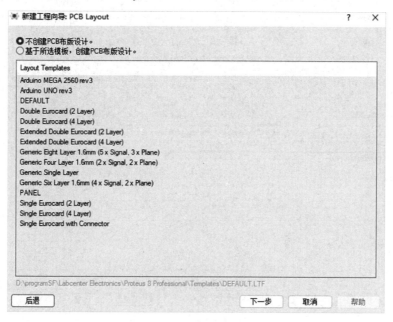

图 2-6 "新建工程向导:PCB Layout"对话框

在图 2-6 中选择合适的 PCB 设计模板，如果只绘制原理图并仿真，就可以选择"不创建 PCB 布板设计"单选按钮（默认设置）。设置好后，单击"下一步"按钮，进入"新建工程向导:Firmware"对话框，如图 2-7 所示。

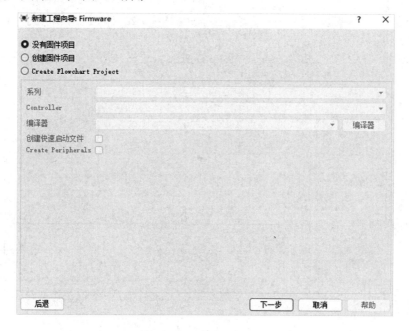

图 2-7 "新建工程向导:Firmware"对话框

在图 2-7 中，若选择"创建固件项目"单选按钮，则可用 Proteus VSM Studio 来编写程序代码。本书选择用 Keil 软件来编写程序代码，故此处选择"没有固件项目"单选按钮。单击

"下一步"按钮，进入"新建工程向导:总结"对话框，如图2-8所示。

图2-8 "新建工程向导:总结"对话框

在"新建工程向导:总结"对话框中可以看到之前设置的详细信息，确认无误后单击"完成"按钮即可创建工程，进入新建的Proteus ISIS工作界面，如图2-9所示。

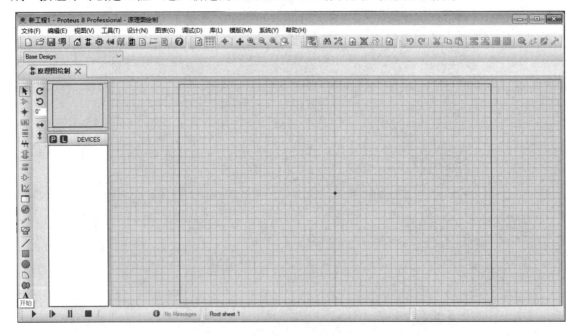

图2-9 新建的Proteus ISIS工作界面

2．绘制仿真图

在创建工程后，开始绘制单片机最小系统仿真图，如图2-10所示。

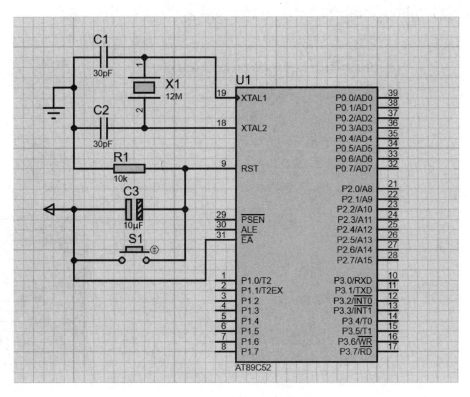

图 2-10 单片机最小系统仿真图

该电路包含单片机 AT89C52，由晶振 X1 和电容 C1、C2 构成的单片机时钟电路，以及由电阻 R1、电容 C3 和按键开关 S1 构成的复位电路。

（1）将需要用到的元器件加载到对象选择窗口中。

单击对象选择按钮 P 后，弹出"Pick Devices"对话框，在"Category"列表框中找到"Mircoprocessor ICs"选项，单击它，在对话框的右侧可以看到大量常见的各种型号的单片机。例如，要寻找单片机 AT89C52，可以使用鼠标查找，找到后，双击它。这样，在左侧的对象选择窗口中就有 AT89C52 了。

如果知道元器件的名称或型号，则可以在"Keywords"文本框中输入 AT89C52，系统在对象库中进行搜索，并将搜索结果显示在"Showing local results"列表框中，如图 2-11 所示。在"Showing local results"列表框中，双击"AT89C52"一栏即可将 AT89C52 加载到对象选择窗口内。

同样，在"Keywords"文本框中输入"CRYSTAL"，并在"Showing local results"列表框中双击"CRYSTAL"一栏，即将晶振加载到对象选择窗口内，如图 2-12 所示。

经过前面的操作，已经将 AT89C52、晶振加载到了对象选择窗口内，现在还缺少 CAP（电容）、CAP-ELEC（极性电容）、RES（电阻）、BUTTON（轻触开关），接下来只要依次在"Keywords"文本框中分别输入"CAP""CAP-ELEC""RES""BUTTON"，并在"Showing local results"列表框中把需要用到的元器件加载到对象选择窗口内即可。

在对象选择窗口内单击"AT89C52"对象，可以在预览窗口中看到 AT89C52 的实物图，且绘图工具栏中的元器件按钮 处于选中状态。同样，单击"CRYSTAL"和"BUTTON"对象，也能看到对应的实物图，相应的按钮也处于选中状态，如图 2-13 所示。

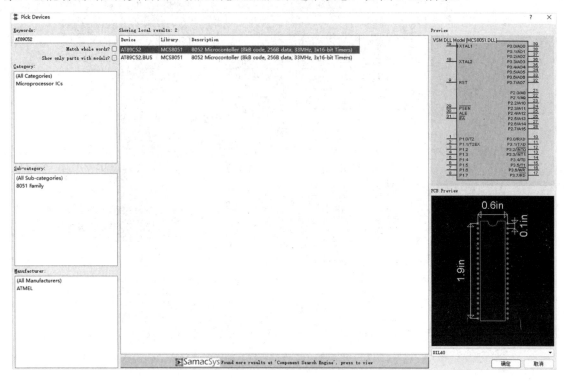

图 2-11　加载 AT89C52

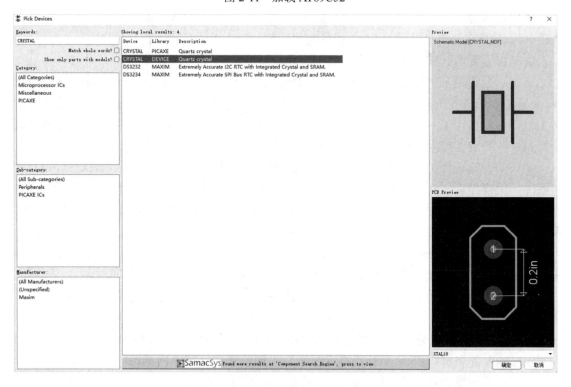

图 2-12　加载晶振

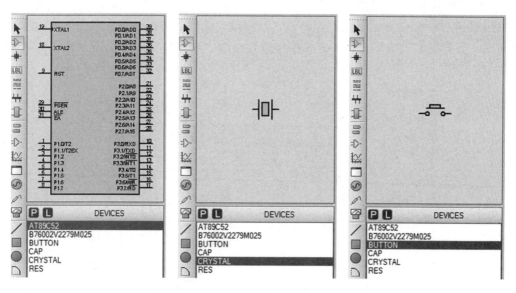

图 2-13 在预览窗口中可以看到实物图

（2）将元器件放置到图形编辑窗口中。

在对象选择窗口内选中"AT89C52"对象，如果元器件的方向不符合要求，则可使用预览对象方位控制按钮进行操作。例如，用 ⟳ 按钮对元器件进行顺时针旋转，用 ⟲ 按钮对元器件进行逆时针旋转，用 ↔ 按钮对元器件进行左右反转，用 ↕ 按钮对元器件进行上下反转。元器件的方向符合要求后，将鼠标指针置于图形编辑窗口中需要放置元器件的位置，单击此位置，出现紫红色的元器件轮廓符号（此时还可对元器件的放置位置进行调整）。再次单击此位置，元器件被完全放置（放置好元器件后，如果还需要调整其方向，则可单击需要调整方向的元器件，并单击鼠标右键，利用右键菜单进行调整）。同理，将晶振、电容、电阻、轻触开关放置到图形编辑窗口中，如图 2-14 所示。

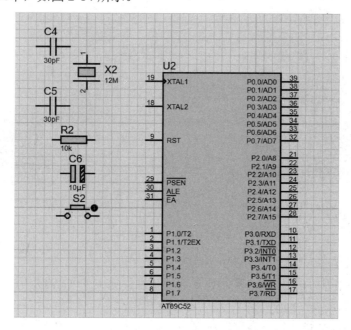

图 2-14 放置元器件后的图形编辑窗口

在图 2-14 中，元器件已被编号，参数也已修改。修改的方法如下：在图形编辑窗口中双击元器件，在弹出的"编辑元件"对话框中进行修改。现在以电阻为例进行说明，如图 2-15 所示。

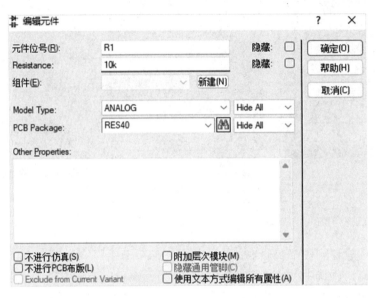

图 2-15 修改元件参数

把"元件位号"文本框中的值改为"R1"，把"Resistance"文本框中的值改为"10k"。修改好后单击"确定"按钮，这时图形编辑窗口中就有了一个编号为 R1、阻值为 10kΩ 的电阻。只需重复以上步骤就可编辑其他元器件的参数。

（3）元器件与元器件的电气连接。

Proteus 具有自动连线功能（Wire Auto Router），当将鼠标指针移动至连接点时，鼠标指针处出现一个红色框，如图 2-16（a）所示。

此时单击红色框，移动鼠标指针至晶振的其中一个引脚，当出现红色框时再次单击，完成连线，如图 2-16（b）所示。同理，可以完成其他连线。

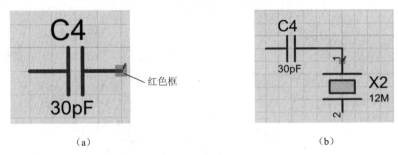

图 2-16 电气连接

（4）放置电源端子和接地端子。

单击绘图工具栏中的 按钮，使之处于选中状态。选中"POWER"对象，放置一个电源端子；选中"GROUND"对象，放置一个接地端子。放置好后完成连线，如图 2-10 所示。

至此，单片机最小系统仿真图便绘制完成，接下来需要编写程序并下载到单片机中验证电路的功能是否正常。

2.4 Keil 软件

要使用汇编语言或 C 语言，就需要使用编译器，以便把写好的程序编译为机器码，只有这样才能把 HEX 可执行文件写入单片机。Keil 是众多单片机应用开发软件中最优秀的软件之一，针对不同类型单片机，Keil 推出了四大 IDE：Keil MDK-Arm、Keil C51、Keil C251 和 Keil C166。其中，Keil C51 针对的是 51 系列单片机，它支持众多不同公司生产的 MCS-51 架构的芯片，集编辑、编译、仿真等于一体，界面友好，易学易用，在程序调试、软件仿真方面也有很强大的功能；Keil MDK-Arm 是针对 Cortex 和 Arm 设备的 IDE，用来开发 ARM 和 STM32 系列单片机，如果安装了 Keil C51，就可以用来开发 8051 单片机了。具体安装过程可参考官网上的资料。

2.4.1 Keil 软件界面及功能

双击桌面上的 Keil μVision5 图标或选择屏幕左下方的"开始"→"所有程序"→"Keil μVision5"选项，进入 Keil 工作界面，如图 2-17 所示。

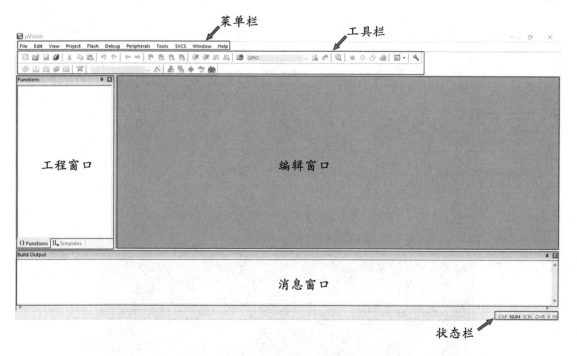

图 2-17 Keil 工作界面

Keil 工作界面也是一种标准的 Windows 界面，主要包括菜单栏、工具栏、工程窗口、编辑窗口、消息窗口和状态栏。Keil 工作界面在编辑状态与调试状态下存在一定的差异，主要体现在工具栏上。在编辑状态下，工具栏包含文件工具栏（File Toolbar）和编译工具栏（Build Toolbar）；在调试状态下，工具栏包含文件工具栏（File Toolbar）和调试工具栏（Debug Toolbar）。

Keil C51 的主要功能及特点如下。
- 符合行业标准的 Keil C 编译器、宏汇编器、调试器和实时内核支持所有的 8051 衍生产品。
- Keil μVision5 集成开发环境、调试器和仿真环境。
- 提供丰富的库函数。
- Keil μVision5 调试器可精确模拟 8051 单片机的片上外设，包括 I2C、CAN、UART、SPI、中断、I/O 口、A/D 转换器、D/A 转换器和 PWM 模块。

2.4.2 单个 LED 控制程序设计

本节以控制单个 LED 闪烁为例来演示如何通过 Keil 软件新建工程、添加源程序文件、编译等。

1．新建工程

先新建一个空文件夹，把工程文件放到里面，避免与其他文件混合。如图 2-18 所示，这里新建了一个名为 Project 的文件夹。

图 2-18　新建 Project 文件夹

启动 Keil μVision5，出现启动画面，如图 2-19 所示。

图 2-19　启动画面

进入 Keil 工作界面后,选择"Project"→"New μVision Project…"选项,新建一个工程,如图 2-20 所示。

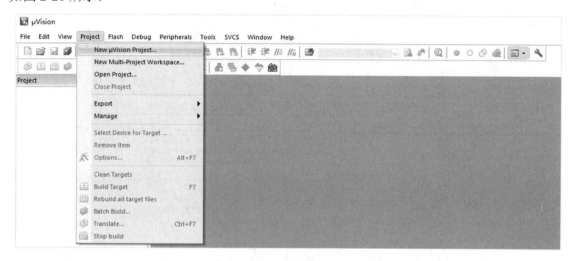

图 2-20　新建工程

在弹出的对话框中,将工程放在刚才建立的 Project 文件夹下,给这个工程命名并保存,不需要填后缀名,默认的工程后缀名为.uvproj,如图 2-21 所示。

图 2-21　保存工程

单击"保存"按钮后会弹出另一个对话框,在 CPU 类型列表框中找到并选中 Atmel 下的 AT89C51 或 AT89C52,如图 2-22 所示。

单击"OK"按钮,弹出一个提示框,如图 2-23 所示,询问是否复制启动代码并添加到工程中,单击"否"按钮,新工程建立完成。

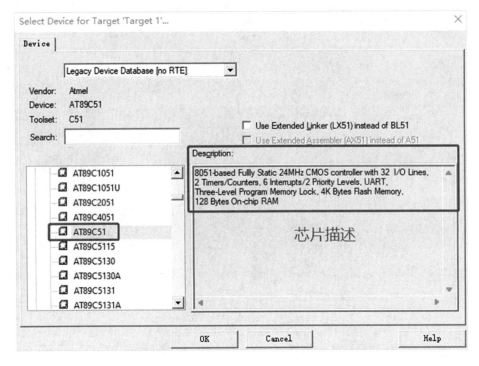

图 2-22 选择芯片

图 2-23 询问是否复制启动代码并添加到工程中

2. 建立并添加源程序文件

选择"File"→"New"选项,新建一个源程序文件,在编辑窗口中写入源程序,如图 2-24 所示。

在编写完源程序后,保存源程序文件,保存路径默认为前面创建好的工程路径,如图 2-25 所示。输入文件名,示例中输入"LED_blink.c",单击"保存"按钮。注意:如果用汇编语言,那么后缀名一定是.asm;如果用C语言,那么后缀名是.c。

保存好的源程序文件需要导入工程,右击工程窗口中的"Source Group 1"文件夹,在右键菜单中选择"Add Existing Files to Group 'Source Group 1'…"选项,在添加文件("Add Files to Group 'Source Group 1'")对话框中选择刚刚保存的源程序文件,如图 2-26 所示。此时可以看到源程序的字体颜色已发生了变化。

第 2 章 单片机开发语言及工具的使用

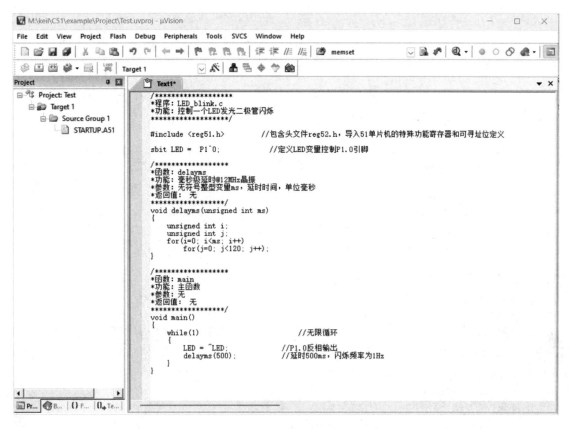

图 2-24 编辑源程序

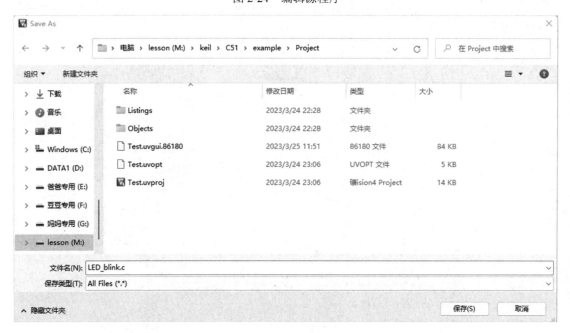

图 2-25 保存源程序文件

图 2-26　添加源程序文件

注意：在选中文件并单击"Add"按钮后对话框不关闭，可以继续添加多个文件，添加完成后要单击"Close"按钮，只有这样才能将对话框关闭。

3. 设置工程属性

接下来要做一些必要的设置。按图 2-27 设置晶振频率，建议初学者将晶振频率修改成 12MHz，因为 12MHz 方便计算指令时间。

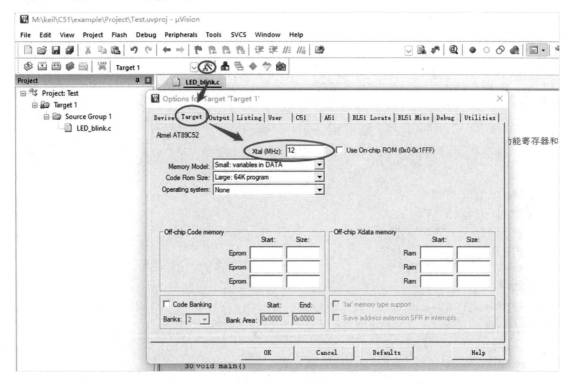

图 2-27　设置晶振频率

在"Output"选项卡下选中"Create HEX File"复选框，使编译器输出单片机需要的 HEX 文件，如图 2-28 所示。

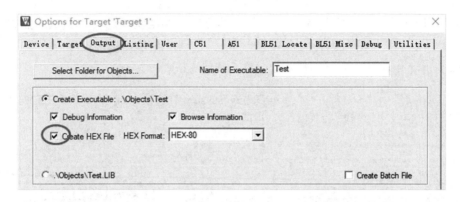

图 2-28 输出 HEX 文件

其他选项可以保持默认设置，生成的二进制源程序文件默认保存在工程文件所在的文件夹中，扩展名为.hex。

4．编译源代码

单击"编译"按钮，如果程序没有错误，就可生成单片机可执行的 HEX 文件，如图 2-29 所示。

图 2-29 生成 HEX 文件

生成的 HEX 文件可以放到 Proteus 软件的单片机中模拟运行，也可以烧写到实际的单片机中运行。

2.4.3 Keil 软件的调试

在源程序编写完成后，代码中的语法错误可以通过消息窗口中的编译信息来发现，但源程序中的逻辑错误只能通过调试才能发现。大部分程序都是要经过反复调试才能得到最终的正确结果的，因此掌握基本的调试方法对于单片机软件开发至关重要。

1. 进入调试状态

选择"Debug"→"Start"→"Stop Debug Session"选项，或者按 Ctrl+F5 快捷键，或者单击 图标均可进入调试状态，如图 2-30 所示。

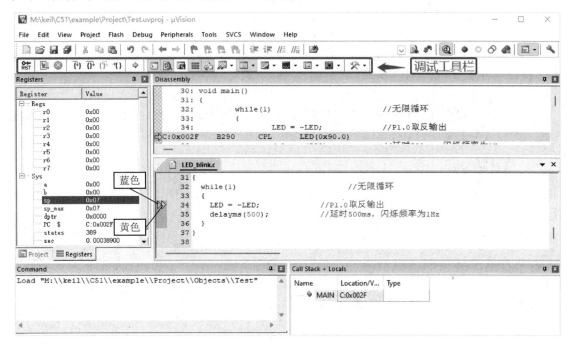

图 2-30 进入调试状态

进入调试状态后，编译工具栏自动变成调试工具栏，编辑窗口中的黄色三角形代表下一步要执行的语句，蓝色三角形代表光标所在行。刚进入调试状态，黄色三角形会停留在 main() 函数头部，即 main() 函数的第一条执行语句。

2. 常用调试命令

调试工具栏的前几个按钮最常用，下面对其做简单介绍。

（1） ：“复位”（Reset）按钮，对程序进行复位。

（2） ：“全速运行”（Run）按钮（快捷键 F5），使当前程序全速运行，直到程序遇到断点时停止。

（3） ：“停止”（Stop）按钮，当程序全速运行时，单击此按钮可停止程序的运行。

（4） ：“单步调试”（Step）按钮（快捷键 F11），执行单条语句或指令。如果遇到函数，则会进入函数内部；如果在反汇编窗口中，则只执行一条汇编指令。

（5） ：“单步跳过调试”（Step Over）按钮（快捷键 F10），也是指按单条语句执行。与单步调试不同的是，它在遇到函数时不进入函数内部，而是直接全速运行函数，并跳到下一条语句处。

（6） ：“从函数返回调试”（Step Out）按钮（快捷键 Ctrl+F11），直接全速运行当前函数后面的所有内容，直至函数返回上一级。

（7）：" 运行至光标所在行 "（Run to Cursor Line）按钮，程序执行到当前光标所在行。

人工添加的 ● 按钮，是 " 插入/移除断点 "（Insert/Remove Breakpoint）按钮（快捷键F9）。如果当前光标所在行没有断点，则插入断点（前提是当前行可以插入断点，如果无法插入断点，则会显示一个感叹号），在有断点的情况下移除断点。在插入断点后，当前行前面会有个红色圆点，表示断点位置。断点配合单步调试可以快速定位问题。

3．监视寄存器、变量及端口的状态

单步执行语句的作用是跟踪各个变量、寄存器及端口的状态变化信息，以便找出程序中存在的逻辑错误。查看这些状态变化信息常用的 4 种方法如下。

（1）在单步执行语句的过程中，鼠标指针指向代码中的相关变量后会提示其当前值。

（2）在左侧的 "Register"（寄存器）窗口中，可以看到部分 SFR 的值，如果某个值刚刚被修改过，则会高亮显示。

（3）Watch 窗口可以实时查看变量值，可以通过选择 "View" → "Watch Windows" → "Watch1" 或 "Watch2" 选项打开 Watch 窗口，也可以单击工具栏中的相应图标打开 Watch 窗口，如图 2-31 所示。

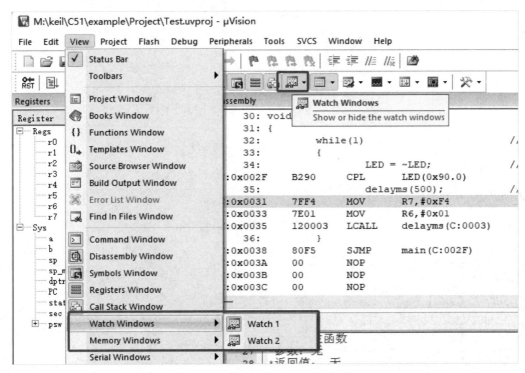

图 2-31　打开 Watch 窗口

另外，选中一个变量并右击它，通过右键菜单将其添加到对应的 Watch 窗口中，打开 Watch 窗口并追踪、查看当前变量的变化状态，如图 2-32 所示。注意：只有全局变量可以被全程监视，临时变量只有在进入当前函数后才可监视其数据，且无法监视用 static 关键词修饰的变量。

（4）打开 "Peripherals" 下拉菜单，查看中断源、I/O 口、串口、定时/计数器的状态，这在调试相关程序时非常有用，如图 2-33 所示。

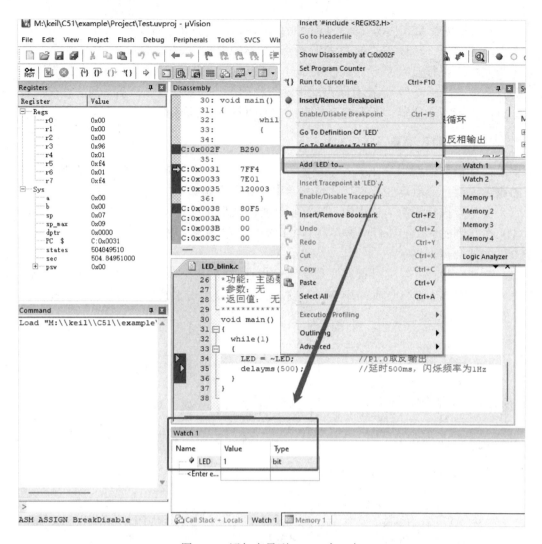

图 2-32 添加变量到 Watch 窗口中

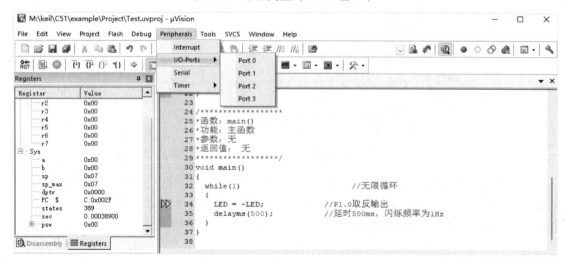

图 2-33 "Peripherals" 下拉菜单

下面以控制单个 LED 闪烁的程序为例进行讲解，在单击"Port 1"子菜单后，打开一个显示 P1 口各位状态的对话框，如图 2-34 所示，打对钩的代表高电平。可以看出，现在 P1.0 引脚的电位为高电平。

图 2-34　P1 口各位的状态

单击 按钮，执行第一条语句，P1.0 引脚状态发生改变，电平反相输出，黄色三角形也跳至下一条语句，如图 2-35 所示。

图 2-35　P1.0 引脚状态发生改变

从图 2-35 中可以看出，P1 口最低位的状态已经发生反转。除了内存窗口、反编译窗口，还有很多其他窗口，这些窗口都可以通过调试工具栏后半部分的按钮打开和关闭。调试状态下常用的窗口如图 2-36 所示。

图 2-36 调试状态下常用的窗口

（1）反编译窗口：显示每行代码对应的汇编语言指令。

（2）标识符窗口：显示程序中的全部变量、常量和函数的数据类型、存储空间、地址、当前值。

（3）内存窗口：可显示片内 RAM、片内 ROM 及片外 RAM 等存储的信息，在地址前加 D，会显示片内 RAM 存储的信息；在地址前加 C，会显示片内 ROM 存储的信息；在地址前加 X，会显示片外 RAM 存储的信息。

2.5 本章小结

C51 语言是基于标准 C 语言发展而来的，匹配 8051 单片机硬件的特点，兼具高级语言和低级语言的优点。

C51 语言是一种结构化程序设计语言，好的程序架构有利于提高系统整体的稳定性和可靠性，便于开发。

8051 单片机的性能较低、资源较少，程序架构多采用顺序执行法和时间片轮询法。

Proteus 是一款集电路设计、仿真和调试于一体的 EDA 软件，支持数字电路、模拟电路、微控制器模拟和单片机仿真等功能，可以进行电路设计、原理图绘制、元器件库管理、电路仿真、代码调试等操作，可以大大提高单片机电路设计和调试的效率。

Keil 软件是开发嵌入式系统的一款强大的集成开发环境（IDE），是开发嵌入式系统的必备软件，因为它提供了全面的功能，以及适用于多种微处理器的广泛支持。无论是开发小型单片机还是大型复杂系统，都可以使用 Keil 软件来实现高效的开发和调试。

2.6 本章习题

1．C51 语言支持哪些数据类型？
2．8051 单片机的片内 RAM 分为哪些区域？它们的地址范围分别是多少？
3．bit 和 sbit 定义的位变量有什么区别？

第 3 章　单片机 I/O 口的应用

单片机要实现控制功能，就必须与外部电路进行连接，进行数据的输入检测和输出控制。8051 单片机提供了 32 个输入（Input）和输出（Output）口，简称 I/O 口，可以实现单片机的输入检测和输出控制。本章主要介绍单片机 I/O 口的工作原理，以及 I/O 口的应用，包括 I/O 口的输入按键检测与 LED、数码管的输出显示。

3.1　I/O 口的内部结构原理

8051 单片机的 I/O 口共分为 4 组，即 P0～P3 口，每组有 8 个 I/O 口，每个 I/O 口都可以实现一个二进制位的读/写操作。8051 单片机每组 I/O 口的内部结构和原理有相似之处，都是双向的 I/O 口，但每组都有一些差别，功能也不相同。下面逐一进行介绍。

1. P1 口

P1 口是 8051 单片机中结构最简单的一组，仅作为普通 I/O 口使用，没有其他功能。P1 口的位结构如图 3-1 所示，包含锁存器、缓冲器 1（读锁存器）、缓冲器 2（读引脚），以及由 FET 晶体管 Q0 和内部上拉电阻组成的输出驱动器。

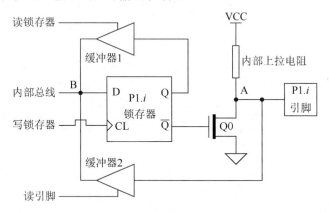

图 3-1　P1 口的位结构

既可对 P1 口进行字节操作，又可进行位操作。
（1）输出操作。
当内部总线输出 0 时，D=0，Q=0，$\overline{Q}$=1，Q0 导通，A 端被下拉为低电平，即输出为 0；当内部总线输出 1 时，D=1，Q=1，$\overline{Q}$=0，Q0 截止，A 端被上拉为高电平，即输出为 1。
（2）读操作。
在进行读操作时，为读入正确的引脚信号，必须先保证 Q0 截止。因为当 Q0 导通时，A 端的电平为 0。显然，从 P1.i 引脚输入的任何外部信号都被 Q0 强迫短路，严重时可能因有大电流流过 Q0 而将它烧坏。为保证 Q0 截止，在读 I/O 时，必须先向锁存器写 1，即 D=1，$\overline{Q}=0$，Q0 截止。此时，若外接电路信号（输入信号）为 1，则 A 端为高电平；若输入信号为 0，则 A 端为低电平。只有这样才能保证单片机输入的电平与外接电路电平相同。在读引脚数据时，数据经过缓冲器 2 读入 CPU 的内部总线；也可以读锁存器的内容，让锁存器 Q 端的数据经过缓冲器 1 读入 CPU 的内部总线。

2．P3 口

P3 口的结构和 P1 口有相似之处，在作为普通 I/O 口使用时，它们的原理都是一样的。不同的是，P3 口除了可以作为普通 I/O 口使用，还具有第二输入/输出功能。P3 口的位结构如图 3-2 所示。

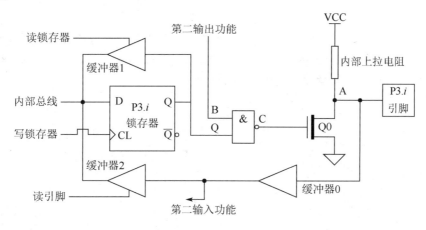

图 3-2　P3 口的位结构

P3 口的工作原理如下。

（1）输出操作。

在进行输出操作时，P3 口的第二输出功能 B 端的电平为 1，其他电路的工作原理与 P1 口相同。

（2）读操作。

在进行读操作时，P3 口的第二输出功能 B 端的电平为 1，缓冲器 0 开通，其他电路的工作原理也与 P1 口相同。

（3）第二输入/输出功能使用状态。

当 P3 口的某位要作为第二输出功能使用时，该位的锁存器置 1，即 Q=1。与非门的输出状态取决于该位的第二输出功能 B 端的状态。第二输出功能 B 端的状态经与非门、Q0 后出现在 P3.i 引脚上，A 端与其状态一致。这时，P3 口该位工作于第二输出功能状态。当第二输出功能 B 端的电平为 0 时，因为 Q=1，所以与非门输出 C=1，使 Q0 导通，从而使 A=0，P3.i 引脚上的电平为 0。若第二输出功能 B 端为 1，则与非门输出 C=0，Q0 截止，从而使 A 端上拉为高电平，即 P3.i 引脚上的电平为高电平 1。

当 P3 口的某位要作为第二输入功能使用时，该位的第二输出功能 B 端和该位的锁存器端 Q 都为 1，Q0 截止。P3.i 引脚上的信号通过缓冲器 0 送入第二输入功能端。P3 口 8 个引脚的第二输入/输出功能如表 3-1 所示。

表 3-1 P3 口 8 个引脚的第二输入/输出功能

引脚	第二输入/输出功能
P3.0/RXD	串口输入
P3.1/TXD	串口输出
P3.2/$\overline{INT0}$	外部中断 0 输入
P3.3/$\overline{INT1}$	外部中断 1 输入
P3.4/T0	定时/计数器 0 外部输入
P3.5/T1	定时/计数器 1 外部输入
P3.6/$\overline{WR}$	片外 RAM 写选通信号输出
P3.7/$\overline{RD}$	片外 RAM 读选通信号输出

3．P2 口

P2 口的位结构如图 3-3 所示。它除具有普通 I/O 口的功能外，还具有地址总线的高 8 位输出功能。当 P2 口与外部电路进行读/写操作时，如扩展的外部存储器的读/写，以及 A/D 采样芯片的控制等，都需要用该功能进行寻址。

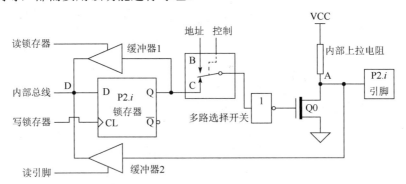

图 3-3 P2 口的位结构

P2 口的工作原理如下。

（1）输出操作。

在进行输出操作时，多路选择开关在内部控制信号的作用下连接 C 端，锁存器的输出经非门取反后输出。此时，P2 口的功能与 P1 口相同。

（2）读操作。

在进行读操作时，多路选择开关在内部控制信号的作用下连接 C 端。此时，P2 口的功能与 P1 口相同。

（3）地址总线的高 8 位输出状态。

当 P2 口的某位要作为地址总线高 8 位中的某位输出使用时，多路选择开关在内部控制信号的作用下连接 B 端（多路选择开关与地址总线接通）。这时，非门的输出状态取决于 B 端的状态。B 端的状态经多路选择开关、非门、Q0 后出现在 P2.i 引脚上。由分析可知，A 端与 B 端的状态一致，此时的 P2 口工作于地址总线的高 8 位输出状态。

P2 口输出的高 8 位地址可以是片外 ROM/RAM 的高 8 位地址，与 P0 口输出的低 8 位地址共同构成 16 位地址，从而可分别寻址 64KB 的片外 ROM 或其他外部接口芯片和片外 RAM。P2 口作为高 8 位地址总线使用时是以字节为操作单位的，即 8 位数据一起输出，这时就不能进行位操作了。

如果单片机有扩展 ROM（地址≥1000H），那么在连续访问片外 ROM 时，P2 口要不断地送出高 8 位地址。这时，P2 口不宜再作为普通 I/O 口使用。

4．P0 口

P0 口是单片机的 4 组 I/O 口中功能最多、结构最复杂的。它兼有数据总线、低 8 位地址输出功能，也可以作为普通 I/O 口使用。图 3-4 所示为 P0 口的位结构。

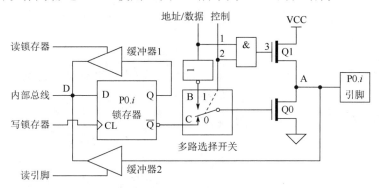

图 3-4　P0 口的位结构

P0 口的工作原理如下。

（1）输出操作（多路选择开关接通锁存器，控制输入端置 0）。

在进行输出操作时，多路选择开关在内部控制信号的作用下连接 C 端，锁存器输出端 $\overline{Q}$ 通过多路选择开关与 Q0 相通；同时，内部控制信号使与门的控制输入端 2 置 0，从而导致与门的输出为 0，Q1 截止，输出驱动器处于开漏状态。此时，只要在 Q1 上外接一个上拉电阻就可以将 P0 口作为普通 I/O 口使用。此时，P0 口的功能与 P1 口相同。

（2）读操作（多路选择开关接通锁存器，控制输入端置 0）。

在进行读操作时，多路选择开关的控制和输出操作一样，即锁存器输出端 $\overline{Q}$ 通过多路选择开关与 Q0 相通；同时，内部控制信号使与门的输出为 0，Q1 截止，输出驱动器处于开漏状态。同样，如果为 Q1 外接一个上拉电阻，那么在进行读操作时，P0 口的功能与 P1 口相同。

（3）作为地址（低 8 位）和数据总线复用（控制输出端置 1）。

当 P0 口作为地址/数据总线使用时，内部控制信号"控制"端置 1，同时多路选择开关与 B 端相连。这时，Q1 的输入信号就是地址/数据总线信号，Q0 的输入信号就是将地址/数据总线信号取反的信号。而 A 端的信号与地址/数据总线信号一致，此时，引脚输出地址/数据信息。

注意：当 P0 口作为地址/数据总线使用时（不外接上拉电阻），P0 口不能进行位操作；当 P0 口作为 I/O 使用时，输出驱动器是开漏电路，需要外接上拉电阻。

5．I/O 口的带载能力

P0～P3 口的电平与 CMOS 和 TTL 电平兼容，它们的带载能力不尽相同。

P0 口的输出级结构与其他组不一样，其内部包含 2 个场效应管，每个 I/O 口都可以驱动 8 个 LSTTL 负载。当将 P0 口作为普通 I/O 口使用时，由于输出驱动器是开漏电路，因此，在由集电极开路（OC 门）电路或漏极开路电路驱动时需要外接上拉电阻；当 P0 口作为地址/数据总线使用时，由于端口线输出不是开漏的，因此无须外接上拉电阻。

P1～P3 口的每个 I/O 口都能驱动 4 个 LSTTL 负载。它们的输出驱动电路设有内部上拉电阻，因此可以方便地由集电极开路电路或漏极开路电路驱动，而无须外接上拉电阻。

虽然单片机 I/O 端口线仅能提供几毫安的电流，但其内部是与场效应管直接连接的。安全起见，当 I/O 被用来驱动外部晶体管时，应在 I/O 口与外部晶体管的基极之间串接限流电阻，以防止外部电路大电流流过内部场效应管而导致 I/O 口损坏。

3.2 项目训练一：LED 流水灯控制

3.2.1 项目要求

1. 通过该项目的设计，初步掌握 Proteus 软件，以及 Keil 软件的使用方法。
2. 掌握 LED 流水灯显示电路的设计方法。
3. 掌握 LED 流水灯显示程序的编程方法和控制流程。

3.2.2 项目分析

要实现 LED 流水灯控制，首先要点亮 LED。点亮之后需要延时一段时间，可以通过软件来实现延时。

其次要实现 LED 的流动变化。LED 的流动变化的实现方法很多，最简单的是把要点亮的 LED 对应的数值写入 I/O 口，每次写入一个数值并延时。此方法虽然简单，但是程序行数多，比较冗余，故不提倡这样的写法。程序设计要精简、高效，因此可以采用数据移位的方法来实现 LED 的流动变化。数据移位的方法也有很多种，需要领会算法并掌握。

3.2.3 硬件电路设计

LED（Light Emitting Diode）即发光二极管，经常用来指示电源或控制电路的状态，指示信号的输入/输出，或者显示报警等，在单片机系统中经常用到。LED 的应用电路比较简单，只需串接一个限流电阻即可连接到电源或单片机的 I/O 口上。

一般来说，LED 要正常发光，需要为其提供 3~10mA 的电流，发光时的电压降在 1.8V 左右。因此，对于 5V 供电的单片机系统，所需的限流电阻一般选用 300~600Ω。LED 与单片机 I/O 口的连接方式有两种，即拉电流（电流从单片机流出）和灌电流（电流流进单片机）。对于 MCS-51 系列单片机，由于其电流驱动能力差，只能输出几毫安的电流，用来驱动 LED 有点弱。因此一般采用灌电流连接方式，即 LED 的阴极对着单片机、阳极接到电源上，由电源提供电流，如图 3-5 所示。对于这种连接方式，当单片机对应的 I/O 口输出低电平时，LED 点亮；当单片机对应的 I/O 口输出高电平时，LED 熄灭。

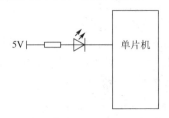

图 3-5 LED 与单片机 I/O 口的连接（灌电流）

按照上面的连接方式,利用 Proteus 软件设计 8 个 LED 的控制电路,如图 3-6 所示,并利用单片机来控制 LED 的发光顺序。

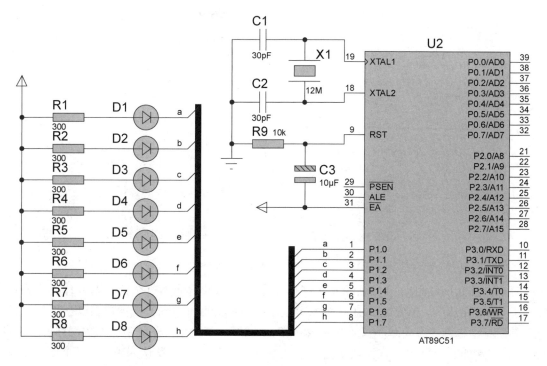

图 3-6　LED 流水灯控制电路

图 3-6 中用到了总线的画法,目的是使电路图看起来更简洁。对 Proteus 软件中总线的画法介绍如下。

(1) 在图形编辑窗口中绘制总线。

单击绘图工具栏中的 ╫ 按钮,使之处于选中状态。将鼠标指针置于图形编辑窗口中,单击,确定总线的起始位置;移动鼠标指针,屏幕上出现一条蓝色的粗线,选择总线的终点位置,双击,这样一条总线就绘制好了。

(2) 元器件与总线的连接。

在绘制与总线连接的导线时,为了与一般的导线进行区分,一般用斜线来表示分支线。Proteus 在连线时默认采用直角拐弯的方式,因此,在绘制斜线时,需要关闭自动连线功能,这样,画线时就可以按任意角度拐弯了。可通过选择"工具"→"自动连线"选项来取消直角拐弯的方式,或者在标准菜单栏中单击 ⚡ 按钮,使之处于非选中状态。

(3) 放置网络标号。

在分支线与总线连接好之后,为了区别分支线的连接关系,需要在分支线的两端加上网络标号。具体的操作方法如下:单击绘图工具栏中的"网络标号"按钮 ,使之处于选中状态。将鼠标指针置于要放置网络标号的分支线上,这时鼠标指针处会出现一个"×",表明该导线可以放置网络标号。此时单击,弹出"编辑连线标号"(Edit Wire Label)对话框,在"字符串"(String)文本框中输入网络标号名称(如"a"),如图 3-7 所示。单击"确定"按钮,完成该导线网络标号的放置。同理,可以放置其他导线的网络标号。

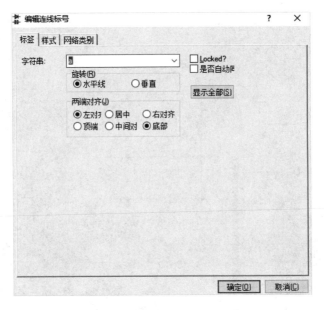

图 3-7 "编辑连线标号"对话框

若想在放置网络标号时自动编号,则可以在网络标号后面加一个数字。具体操作为:选择"工具"(Tool)→"属性赋值工具"(Property Assignment Tool)选项,在弹出的"属性赋值工具"对话框的"字符串"文本框中输入"net=d#",其中,d 表示要增加的网络标号名称,#表示后面要加的一个数字。计数初值默认从 0 开始,计数增量默认为 1,这两个默认值是可以更改的,如图 3-8 所示。设置完成后单击对话框中的"确定"按钮。这样,网络标号就可以自动生成为 d0,d1,d2,…。关闭该对话框后,在需要加网络标号的导线上依次单击,就可以实现网络标号的自动添加。如果要使网络标号的数字重新从 0 开始,则只需再次选择"工具"→"属性赋值工具"选项。在网络标号添加完成后,如果要取消自动编号,则可以在弹出的"属性赋值工具"对话框中单击"取消"按钮。

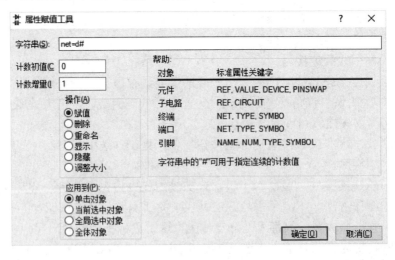

图 3-8 自动添加网络标号

至此,便完成了 LED 流水灯电路图的绘制,接下来需要编写程序并下载到单片机中验证电路的功能是否正常。

3.2.4 控制程序设计

1. 点亮 LED

前面已经说过，要让 LED 发光，必须让单片机输出低电平。因此，只需把要点亮的 LED 对应的 I/O 口设置为低电平即可。因为 LED 与 P1 口连接，所以需要把控制数据赋给 P1 口。控制 LED 全亮或全灭的程序语句如下：

```
P1=0x00;//全亮
P1=0xff;//全灭
```

细心的学生可能会问，P1 是什么变量呢？C 语言能识别吗？如果把它放在普通的程序中，不定义为变量就识别不了，还会报错。但是在 51 系列单片机程序中，只要包含一个头文件 reg51.h，编译器就可以识别且不会报错。该头文件定义的内容（限于篇幅，只列出部分内容）如下：

```
/*--------------------------------------------------------------------------
REG51.H

Header file for generic 80C51 and 80C31 microcontroller.
Copyright (c) 1988-2002 Keil Elektronik GmbH and Keil Software, Inc.
All rights reserved.
--------------------------------------------------------------------------*/
#ifndef __REG51_H__
#define __REG51_H__
/*  BYTE Register  */
sfr P0   = 0x80;
sfr P1   = 0x90;
sfr P2   = 0xA0;
sfr P3   = 0xB0;
……
/*  BIT Register  */
/*  PSW  */
sbit CY  = 0xD7;
sbit AC  = 0xD6;
sbit F0  = 0xD5;
sbit RS1 = 0xD4;
sbit RS0 = 0xD3;
sbit OV  = 0xD2;
sbit P   = 0xD0;
/*  P3  */
sbit RD  = 0xB7;
sbit WR  = 0xB6;
sbit T1  = 0xB5;
sbit T0  = 0xB4;
```

```
    sbit INT1 = 0xB3;
    sbit INT0 = 0xB2;
    sbit TXD  = 0xB1;
    sbit RXD  = 0xB0;
    ......
    #endif
```

由头文件的内容可知,它定义了两种数据类型:sfr(特殊功能寄存器)和 sbit(位寄存器,特殊功能寄存器中的位)。在第 2 章中已经介绍过,它们是 C51 编译器特有的数据类型。定义这两种与特殊功能寄存器有关的变量的语法格式如下:

    类型 名称 = 地址

reg51.h 头文件中定义了 sfr P1 = 0x90,其中,P1 是特殊功能寄存器的名称,其地址是 0x90,这与单片机实际的名称和地址一致。当然,用户可以给 P1 换一个名称,但地址不能变。此时,在程序中使用 P1,C51 编译器是可以识别的。对于单片机增加的寄存器,按照同样的方法对其进行定义后方可使用。

下面来看位寄存器的定义,如 sbit CY = 0xD7,定义了 PSW 中的最高位,因此在程序中可以直接使用 CY。P3 口的每一位也都定义好了,可以按照定义的名称直接使用。需要注意的是,reg51.h 头文件中并未对 P0~P2 口的位进行定义,因此要使用其中的某一位,必须在程序中进行定义。例如,要用到 P1.0 引脚,可以按照下面的 3 种方式的其中一种进行定义[位变量的名称取为 P1_0(可以取其他名称)]:

```
    sbit  P1_0 = P1^0;       //位地址为"寄存器名称^位编号"
    sbit  P1_0 = 0x90^0;     //位地址为"寄存器的地址^位编号"
    sbit  P1_0 = 0x90;       //位地址为"该位的地址"
```

上面在对 LED 进行全亮/全灭控制时,对 P1 口进行了按字节的写操作。第 1 章介绍过,单片机内部有些特殊功能寄存器是可以进行位寻址的。P1 口的内存地址是 90H(0x90),是可以进行位寻址的,当然就可以实现按位操作。如果要点亮 P1.0 引脚连接的 LED,即 D1,则可以只对 P1.0 引脚进行写操作。例如,前面已经定义 P1.0 引脚的位名称为 P1_0,因此可以单独对其进行写操作:

```
    P1_0 = 0;       //点亮 P1.0 引脚连接的 LED
    P1_0 = 1;       //熄灭 P1.0 引脚连接的 LED
```

假如单片机输出低电平后立即输出高电平,那么我们能否看到 LED 发出的光呢?答案是否定的,原因是人的眼睛最快能够分辨出大于 10~20ms 变化的事件,而单片机的工作速度非常快,对于使用 12MHz 晶振的系统,单片机执行一条输出语句只需要 1μs。因此,对于 LED 的控制,需要在点亮它时保持一段时间(大于 50ms),只有这样,人眼才能看得到。

单片机的延时可以通过循环语句消耗单片机的执行时间来实现。此时,相当于单片机什么也不做,直至循环结束(请思考:单片机这样延时很浪费相应的资源,那么,能否在延时的同时做其他事呢?这个问题会在后面的章节里给出答案)。具体的延时程序参考如下:

```
    void delayms(unsigned int ms)
    {
        unsigned char i;
```

```
        while(ms--)
        {
            for(i = 0; i < 120; i++);
        }
    }
```

该函数由 while 语句和 for 语句构成双重循环,总共循环 ms×120 次,其中,ms 是形参变量,在调用该函数时,需要给定它一个实际值。那么,该函数每次循环需要多长时间呢?从上面的语句中是无法看出的,只有把上面的语句通过 Keil 软件反汇编为汇编语言,才能统计执行时间。经过测算,在使用 12MHz 晶振时,上述延时程序每循环一次大约需要 1ms(说明:该延时函数在本书中会经常使用,限于篇幅,可能会省略)。

2. LED 循环移动的实现

为了实现 LED 流水灯的效果,需要改变控制数据,并将改变后的控制数据重新送到 P1 口显示。最简单的实现方法就是逐个列出每种状态下的数据,并依次送到 P1 口。根据原理图得知,P1.0 引脚连接最上面的 LED,即 D1,要让 D1 点亮而其他 LED 熄灭,只需把 P1.0 位设置为 0、其他 7 位设置为 1 即可。由此得到一个 8 位的二进制数 11111110,对应的十六进制数为 0xfe,把它送到 P1 口就可以点亮 D1。

依次类推,可知 8 个 LED 由上到下逐个单独点亮所需的控制数据分别为 0xfe、0xfd、0xfb、0xf7、0xef、0xdf、0xbf、0x7f,把它们分别赋给 P1 口,并延时一段时间(如 500ms),即可实现 LED 流水灯的效果。主程序可以按如下编写:

```
#include<reg51.h>
void main(void)
{
        while(1)
        {
            P1 = 0xfe;       //第 1 个 LED 点亮
            delayms(500);
            P1 = 0xfd;       //第 2 个 LED 点亮
            delayms(500);
            P1 = 0xfb;       //第 3 个 LED 点亮
            delayms(500);
            P1 = 0xf7;       //第 4 个 LED 点亮
            delayms(500);
            ......           //第 n 个 LED 点亮
        }
}
```

上面的程序固然可以实现 LED 流水灯控制,每点亮一个 LED,就需要改变数据并延时,但这样设计的程序有点儿单调、冗余。如果有 n 个 LED,那么是不是要写 $2n$ 行程序呢?显然,不能这样写程序,那么,是否有更好的方法让程序变得更简洁呢?答案是肯定的,这可以通过一些数据的移位操作来实现(这将在后面介绍),但最简单的方法还是使用库函数实现。

C51 语言提供了很多写好的库函数，用户可以直接使用。对于循环移动数据的操作，有循环左移_crol_()、循环右移_cror_()等函数可以使用。库函数的使用方法可以参考 Keil 软件的帮助文档。要使用循环移动数据的库函数，需要包含该库函数的头文件，即需要有以下代码：

```
#include <intrins.h>
```

循环左移的函数说明如下：

```
unsigned char _crol_ (
unsigned char c,            /* 参数 c 是被移动的数据*/
unsigned char b);           /* 参数 b 是移动的位数*/
```

在本项目训练中，要实现每次移动 1 位的效果，在调用该函数时，参数 c 即初始数据，参数 b 为 1，这样即可实现数据循环左移。

3. 程序流程图

该程序的流程图较为简单，只需 4 步即可完成：①确定初始显示的数据，即设定初始数据；②将该数据送到 P1 口；③延时 500ms；④循环左移 1 位，再次将数据送到 P1 口，如图 3-9 所示。通过这样不断地循环，就可以实现 LED 流水灯的移动显示效果。

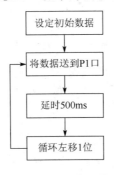

图 3-9 程序流程图

4. 具体程序设计

按照图 3-9，可以编写出如下对应的主程序：

```c
#include<reg51.h>              //包含 51 单片机头文件，包含各种寄存器的定义
#include <intrins.h>           //51 库函数，包含循环左移、循环右移等逻辑运算函数
unsigned char LED = 0xfe;      //为 LED 变量赋初值，使最低位点亮
void main(void)                //主函数
{
    while(1)
    {
      P1 = LED;                //将数据送到 P1 口
      delayms(500);            //延时 500ms
      LED = _crol_(LED,1);     //循环左移 1 位，点亮下一个 LED
    }
}
```

如果要实现循环右移，则只需将上面的移位函数改为_cror_()即可。

5. 拓展训练

LED 流水灯控制是学习单片机的一个最基本的程序。LED 流水灯控制可以有多种方式，初学者可以尝试使用多种方式进行练习。例如，可以按照以下要求进行。

（1）实现 1 个 LED 的左移，并在结束后右移回来。

※提示：可以先判断移动结束后的数据，再调用循环右移函数_cror_()。也可以检查移动的次数，以此作为返回条件。

（2）实现多个 LED 的左右移动。

3.3 项目训练二：LED 数码管显示

3.3.1 项目要求

1. 掌握数码管的显示原理。
2. 掌握用程序控制数码管的静态显示、动态显示方法。
3. 掌握数码管与单片机 I/O 口的连接方法。
4. 熟练运用 Proteus 软件。

3.3.2 项目分析

数码管是由 LED 构成的，其显示方法与 LED 类似，也需要把相应的数据送到对应的 I/O 口并延时。当数码管用来显示数字或字符时，需要解决数字或字符与它要给定的数据（字形码）之间的对应关系问题。可以通过数组或 switch 语句来实现。

多个数码管的显示有静态显示和动态显示之分。静态显示比较简单，但占用的 I/O 口数量多。因此多位数码管的显示一般采用动态显示的方法，可以节省 I/O 口资源。但是动态显示要比静态显示复杂，所有的数码管公用数据端口，需要分时输出数据，实现不同的数码管位显示不同的数字，这就需要实现段码（字形码）和位控制码的配合控制。

3.3.3 相关知识

通常所说的 LED 数码管由 8 个 LED 组成，其中用来显示的是 7 个长条形 LED，故也称为 7 段数码管。LED 数码管中还有一个圆点形 LED，用于显示小数点。LED 数码管的外部引脚如图 3-10（a）所示。LED 数码管中的 LED 有以下两种连接方法。

（1）共阳极接法：把 LED 的阳极连接在一起构成公共阳极，如图 3-10（b）所示。在使用时，公共阳极接+5V。这样，阴极端输入低电平的 LED 就导通而点亮了，而输入高电平的 LED 则不点亮。

（2）共阴极接法：把 LED 的阴极连接在一起构成公共阴极，如图 3-10（c）所示。在使用时，公共阴极接地。这样，阳极端输入高电平的 LED 就导通而点亮了，而输入低电平的 LED 则不点亮。

在使用 LED 数码管时，要注意区分这两种不同的接法。

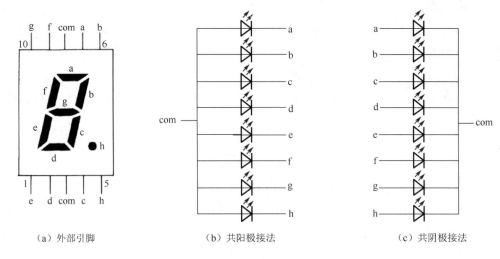

图 3-10 LED 数码管的外部引脚及内部结构

7 段数据管亮暗的不同组合可以显示多种数字、字母及其他符号。为了显示数字或字符，要给 LED 数码管提供代码，因为这些代码可用于显示字形，所以称之为字形码，也称段码。7 段数码管加上一个小数点位，共计 8 段。因此提供给 LED 数码管的字形代码正好占 1B。各代码位的对应关系如表 3-1 所示。

表 3-1 各代码位的对应关系

数 据 位	D7	D6	D5	D4	D3	D2	D1	D0
显 示 段	h	g	f	e	d	c	b	a

LED 数码管在显示数字或字符时，只需把对应段点亮即可。例如，要显示一个数字 3，只要把 a、b、c、d、g 段点亮即可。由于 LED 数码管有两种接法，因此，当采用共阳极接法时，a、b、c、d、g 段要置 0，其他段置 1，这样组成的一个 8 位的二进制数是 10110000，转换为十六进制数就是 0xb0。也就是说，共阳极 LED 数码管显示 3 时对应的字形码为 0xb0。由于共阳极接法和共阴极接法方向相反，因此，对共阳极接法的字形码按位取反，即获得共阴极接法的字形码。因此，数字 3 的共阴极接法的字形码为 0x4f。

采用同样的方法，可以列出 LED 数码管所有十六进制数的字形码，如表 3-2 所示。

表 3-2 LED 数码管所有十六进制数的字形码

字 符	共阳极接法的字形码	共阴极接法的字形码	字 符	共阳极接法的字形码	共阴极接法的字形码
0	0xc0	0x3f	9	0x90	0x6f
1	0xf9	0x06	A	0x88	0x77
2	0xa4	0x5b	B	0x83	0x7c
3	0xb0	0x4f	C	0xc6	0x39
4	0x99	0x66	D	0xa1	0x5e
5	0x92	0x6d	E	0x86	0x79
6	0x82	0x7d	F	0x8e	0x71
7	0xf8	0x07	全灭	0xff	0x00
8	0x80	0x7f	全亮	0x00	0xff

为了显示所需的数字或字符，只需把字形码送入 LED 数码管与单片机相连接的 I/O 口即可。例如，要显示数字 1，对于共阳极 LED 数码管，需要给对应的 I/O 口写入 0xf9；对于共阴极 LED 数码管，需要写入 0x06，其他数据类似。

3.3.4 数码管的显示方法

前面提到，数码管的显示方法与 LED 的显示方法有相似之处，都是让 LED 点亮；不同的是，数码管要按照给定的数据显示对应的段。下面以一个例子来介绍数码管的显示方法。

【例 3-1】 在如图 3-11 所示的 1 位数码管上依次循环显示数字 0～9，时间间隔为 0.5s，编写程序。

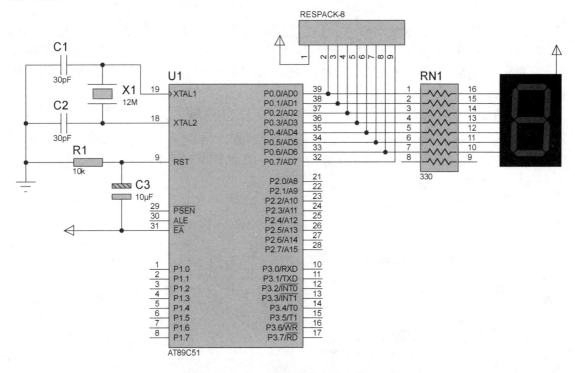

图 3-11　1 位数码管显示电路

原理分析：图 3-11 中的数码管和 P0 口相连，因为当 P0 口作为普通 I/O 口使用时需要加上拉电阻，所以图中使用了排阻 RESPACK-8（内部有 8 个电阻）。该 1 位数码管采用共阳极接法（不含小数点），因此要选用共阳极接法的字形码。

要在数码管上显示数字，关键的问题就是找到数字和它的字形码之间的关系。从表 3-2 中可见，数字和其字形码之间没有规律可循。那么，如何让二者建立起对应关系呢？C 语言里有个数据类型叫数组，用来存储一组数据。只要把数据按照一定的顺序排列起来放到数组中，通过数组的下标就可以找到所需的数据。假如把 0～9 的字形码按照从 0 到 9 的顺序放到数组中，那么数组的下标正好与数据一一对应，需要哪个数据，就只需按照数组下标来取数即可。例如：

```
unsigned char SEG[10]={0xc0, 0xf9, 0xa4, 0xb0, 0x99, 0x92, 0x82, 0xf8, 0x80, 0x90};
```

以上定义一个数组 SEG[10]，里面有 10 个元素，分别对应 0~9 的共阴极接法的字形码，即：

```
SEG[0] = 0xc0  →'0'
SEG[1] = 0xf9  →'1'
SEG[2] = 0xa4  →'2'
    ⋮
SEG[9] = 0x90  →'9'
```

如果需要显示数字 0，则只需取 SEG[0]（0xc0）送给 I/O 口即可。假如将数码管接到 P0 口上，则得到显示函数的形式如下：

```
void display(unsigned char number )
{
    P0 = SEG[number];
}
```

需要显示数据，就调用该函数，实参填写要显示的数据。例如，要显示数字 3，调用函数如下：

```
display(3);
```

有了显示函数，加上一定的延时，就可以实现数码管的点亮了。例题中要实现 0~9 的循环显示，只需在程序中循环调用显示函数即可。例 3-1 的程序流程图如图 3-12 所示。

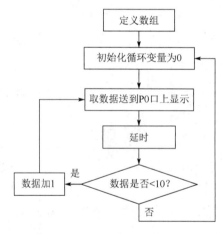

图 3-12　例 3-1 的程序流程图

参考程序如下：

```
#include<reg51.h>
unsigned char SEG [10]={0xc0,0xf9,0xa4,0xb0,0x99,0x92,0x82,0xf8,0x80,0x90};
void delayms(unsigned int ms)              //延时函数
{
    unsigned char i;
    while(ms--)
    {
        for(i = 0; i < 120; i++);          //for 循环，共循环 ms×120 次
    }
```

```c
}
void display(unsigned char number )         //显示函数
{
    P0= SEG[number];
}
void main(void)
{
   unsigned char i;
   while(1)
   {
     for(i=0;i<10;i++)                      //for 循环,共循环 10 次
     {
         display(i);                        //调用显示函数
         delayms(500);                      //延时 500ms
     }
   }
}
```

【例 3-2】控制如图 3-13 所示的数码管显示六十进制数,每秒加 1。

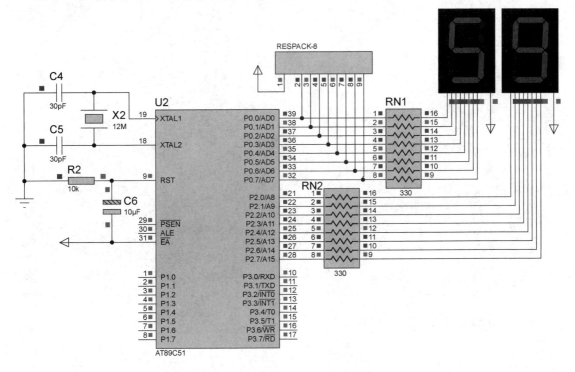

图 3-13 数码管显示六十进制数

原理分析:图 3-13 中使用了两个数码管(共阳极接法,含小数点),分别接在单片机的 P0 口和 P2 口上。例 3-1 介绍了 1 位数码管的显示方法,本例增加一个数码管,其显示方法与例 3-1 类似,只是显示函数需要修改。1 位数码管的显示函数中只有一个参数,同理,2 位数

码管显示函数中有两个参数，分别用来显示十位和个位。显示函数可以修改如下：

```
void display(unsigned char ten, unsigned char one )
{
   P0 = SEG[ten];
   P2 = SEG[one];
}
```

对于 2 位数码管的数据显示，它们之间有进位关系。当个位上的数大于 9 时，个位清零，十位上的数要加 1。因为是六十进制数，所以两位数计到 60 时都要清零。此时，可以使用两个 for 循环嵌套的方式实现，内循环显示 0~9，外循环显示 0~5。主要程序如下（延时函数省略）：

```c
#include<reg51.h>
unsigned char SEG [10]={0xc0,0xf9,0xa4,0xb0,0x99,0x92,0x82,0xf8,0x80,0x90};
void display(unsigned char tens,unsigned char ones )
{
   P0 = SEG[tens];
   P2 = SEG[ones];
}
void main(void)
{
  unsigned char i,j;
  while(1)
  {
    for(j=0;j<6;j++)        //外循环，显示 0~5
    {
       for(i=0;i<10;i++)    //内循环，显示 0~9
       {
          display(j,i);     //调用显示函数
          delayms(1000);    //延时 1s
       }
    }
  }
}
```

3.3.5 多位数码管的显示方法

1. 静态显示方法

静态显示的特点是各个数码管能稳定地同时显示各自的字符，前面例题中的 1 位、2 位数码管的显示都属于静态显示。对于多位数码管，如 4 位数码管，如果还采用静态显示方法，那么电路如图 3-14 所示。从图 3-14 中可以看到，单片机的 I/O 口已经被数码管用完了，没有

其他可用的 I/O 口了。对一个单片机系统来说，除了显示接口，它还有按键、通信接口，如果采用静态显示方法，那么势必会占用很多的 I/O 口资源，导致其他电路无法使用。

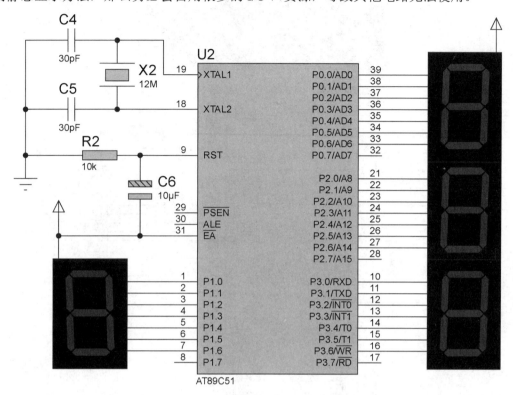

图 3-14 4 位数码管静态显示电路

可见，静态显示方法所需的 I/O 口开销大。而且，由于静态显示的每位数码管都同时、持续地显示，因此电流消耗较大。可见，当需要多位数码管显示时，静态显示方法采用的 I/O 口明显不足，且功耗高。此时，常用动态显示方法。

2. 动态显示方法

动态显示方法的特点是各个数码管轮流显示各自的字符，每个时间点只有 1 位数码管点亮。当 LED 轮流点亮的频率时间达到一定程度时，人们因视觉器官的惰性而看到的就是各个数码管同时显示不同的数据。对于动态显示方法，每位数码管断续地占用单片机的 I/O 口资源，公用一组 I/O 口，因此具有 I/O 口资源占用少的优点。此外，使用动态显示方法比使用静态显示方法的亮度低，功耗也较低。

实际使用的数码管都是多位的。对于多位数码管，通常采用动态扫描的方法进行显示，即逐个循环点亮各位数码管。

为了实现数码管的动态扫描，除了要给数码管提供字形码（段码）输入，还要给数码管加上显示位的控制，这就是通常所说的"段控"和"位控"。只有"段控"和"位控"相互配合才能实现不同的位显示不同的数据效果。要实现多位数码管显示控制，接口电路需要有两组 I/O 口，其中一组用于输出 8 条"段控"线（含小数点）；另一组用于输出"位控"线，"位控"线的数目等于数码管的位数。4 位数码管显示电路如图 3-15 所示。

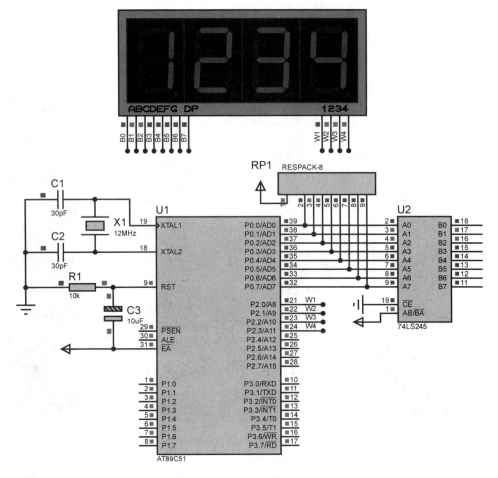

图 3-15 4 位数码管显示电路

该电路的 4 位一体的数码管采用共阴极接法。此前提到过单片机的驱动能力较弱，不宜直接驱动数码管，因此在电路中增加了一个驱动芯片 74LS245，这样就可以驱动数码管按正常亮度显示了。

【例 3-3】 如图 3-15 所示，采用动态显示方法显示数字 1234。

分析：动态显示的关键无非就是使"段控"和"位控"配合好。具体可以这样实现：先向 P0 口输出要显示的数字的段码；然后向 P2 口输出位控制码，要想在哪位数码管上显示该数字，就控制哪位为低电平。

4 位数码管的控制需要轮流输出一个低电平，一般来说，显示的顺序是从左到右，因此，借鉴之前的 LED 流水灯控制的方法，很容易实现移位控制。实现移位控制的方法有很多种，现列举如下：

方法 1，把位控制码放到一个数组中，在循环中分别输出：

```
BIT[4]={0xfe,0xfd,0xfb,0xf7};
```

方法 2，与 LED 流水灯控制类似，使用库函数的循环左移函数 _crol_()。

方法 3，采用逻辑运算实现，具体方法如下：设初始位控制码变量为 BIT = 0xfe，让其左移一位，并与 0x01 做或运算。具体的代码如下：

```
BIT = BIT <<1 | 0x01;
```

本例采用方法 3 来实现，程序流程图如图 3-16 所示。

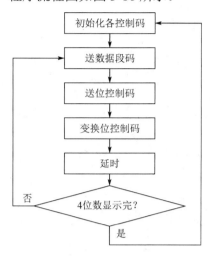

图 3-16　例 3-3 的程序流程图

参考程序如下：

```
#include <reg51.h>
//数字 1~4 的段码,是常数,可存储在代码区 code 中
unsigned char code SEG[]={0x06,0x5b,0x4f,0x66};
unsigned char BIT ;                              //位控制码
void main(void)
{
  unsigned char i;                               //循环变量
  while(1)
    {
     BIT =0xfe;                                  //为位控制码赋初值
     for(i=0;i<4;i++)
       {
         P0=SEG[i];                              //"段控",输出段码
         P2=BIT ;                                //"位控",输出位控制码
         BIT =BIT <<1 | 0x01;                    //移动位控制码
         delayms(10);                            //延时 10ms,为了不闪烁
         P2=0xff;                                //关闭"位控"
       }
    }
}
```

【例 3-4】 在图 3-14 中，采用动态显示方法显示可变的 4 位数。

分析：例 3-3 中显示的是一个固定的拆分后的数据。实际中很少显示这样的数据，更多时候是显示一个可变的数据，这个数据存储于一个变量中。要显示这样的数据，可以参考例 3-3，把数据按十进制位数逐个拆分开，放到数组或不同的变量中，显示时只需把拆分后的数据拿来显示即可。

设存储数据的数组为：

```
unsigned char table[]={0};
```

待拆分的数据为：

```
unsigned int dat = 3456;
```

拆分的步骤如下。

（1）把数据 dat 用 1000 做整除运算，得到的商为 3（得到千位数）。

（2）把数据 dat 用 100 做整除运算，得到的商为 34，继续对其求 10 的余运算，得到 4（百位数）。

（3）把数据 dat 用 10 做整除运算，得到的商为 345，继续对其求 10 的余运算，得到 5（十位数）。

（4）对数据 dat 求 10 的余运算，得到 6（个位数）。

具体运算代码如下：

```
table[0] = dat/1000;            //千位数
table[1] = dat/100%10;          //百位数
table[2] = dat/10%10;           //十位数
table[3] = dat%10;              //个位数
```

最后查找拆分后各位数字对应的段码，即可输出到 I/O 口显示。以上给定了一个常数来显示，如果数据变化，那么仍可以显示变化后的各位数字。参考程序如下：

```
#include <reg51.h>
//数字0～9的共阴极接法的段码
unsigned char code SEG[] = {0x3f,0x06,0x5b,0x4f,0x66,0x6d,0x7d,0x07,0x7f,0x6f };
unsigned char table[4] = {0};              //存储拆分后的数字
unsigned char BIT ;                        //位控制码
unsigned int dat = 3456;                   //待拆分的数据
void main(void)
{
  unsigned char i;                         //循环变量
  while(1)
    {
       table[0] = dat/1000;
       table[1] = dat/100%10;
       table[2] = dat/10%10;
       table[3] = dat%10;
       BIT = 0xfe;                         //为位控制码赋初值
       
       for(i=0;i<4;i++)
         {
```

```
            P0 = SEG[table[i]];         //"段控",查找拆分后数字的段码并输出
            P2 = BIT ;                  //"位控",输出位控制码
            BIT = BIT <<1 | 0x01;       //移动位控制码
            delayms(10);                //延时 10ms,为了不闪烁
            P2 = 0xff;                  //关闭"位控"
        }
    }
}
```

以上程序实现了任意数的显示,我们可以把上面的实现方法写为一个函数,供今后设计程序时调用:

```
void display(unsigned int dat)
{
    unsigned char table[4] = {0};       //存储拆分后的数字
    unsigned char i;                    //循环变量
    unsigned char BIT ;                 //位控制码

    table[0] = dat/1000;
    table[1] = dat/100%10;
    table[2] = dat/10%10;
    table[3] = dat%10;
    BIT = 0xfe;                         //为位控制码赋初值
    for(i=0;i<4;i++)
    {
        P0 = SEG[table[i]];             //"段控",查找拆分后数字的段码并输出
        P2 = BIT ;                      //"位控",输出位控制码
        BIT = BIT <<1 | 0x01;           //移动位控制码
        delayms(10);                    //延时 10ms,为了不闪烁
        P2 = 0xff;                      //关闭位控
    }
}
```

以上程序实现了 4 位任意数的显示,只需在调用时传入待显示的数据。在使用以上显示函数时,要根据数码管连接的 I/O 口做相应的修改。该显示函数的不足之处是最高位为 0 时也会显示"0",看起来效果不是很好。如果想让最高位为 0 的数不显示出来,则可以参考 3.5 节中的显示方法。

3. 拓展训练

(1) 增加延时时间,看数码管的显示效果有何不同。
(2) 用循环移动库函数实现位控制码的变换。
(3) 把数码管改为 6 位的,分别显示数字 1~6,如何修改程序?

3.4 项目训练三:按键输入扫描

前面所学的都是 I/O 口的输出(写操作)应用。I/O 口的输出比较简单,只需把要输出的数据送到 I/O 口即可。从本节开始学习 I/O 口的输入应用。I/O 口的输入检测实质上就是读 I/O 口的数据。与输出不同的是,在读 I/O 口的数据前,需要先给它写 "1",以确保读入数据的准确性。本节以按键检测作为数据的输入,通过对独立按键和矩阵键盘的输入扫描的学习,掌握按键的检测原理。

3.4.1 项目要求

1. 掌握独立按键、矩阵键盘的工作原理。
2. 能够实现独立按键、矩阵键盘的输入检测和键值获取。
3. 掌握用独立按键和矩阵键盘控制数码管显示的方法。

3.4.2 项目分析

按键检测的目的就是检测按键是否被按下,并识别哪个按键被按下。因此通常分两步进行,第一步是检测按键是否被按下,第二步是识别哪个按键被按下。只有在检测到按键被按下的情况下才会进行识别。按键的检测和识别可以通过读取 I/O 口的数据来实现。

按键分为独立按键、矩阵键盘两种类型。独立按键检测比较简单,通过读取相应的 I/O 口的数据即可实现。矩阵键盘检测相对复杂一些,但也可以参考独立按键检测,即把它转换成独立按键的形式来检测。与独立按键相比,矩阵键盘的按键数较多,因此,为了程序处理方便,往往对按键的键值进行处理,根据按键的排列顺序把它变成一个数字或字母,以便在控制或显示程序中使用。

3.4.3 相关知识

1. 独立按键

独立按键的各个按键之间相互独立,每个按键的一端单独与单片机的 I/O 口连接,另一端接地,如图 3-17 所示。这类按键的接法比较简单,检测也较方便,当使用的按键不多时,往往采用这种接法。它的缺点是按键单独占用 I/O 口,当按键较多时,占用的 I/O 口也较多。在单片机接口紧张的情况下,一般多于 5 个按键的场合不建议采用这类按键接法。

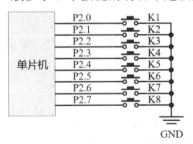

图 3-17 独立按键原理图

2. 矩阵键盘

矩阵键盘也叫行列式键盘。用 I/O 端口线组成行列结构,按键设置在行和列的交点上,如图 3-18 所示。例如,对于 4×4 的行列结构,只需 8 根 I/O 端口线就可以组成包含 16 个按键的键盘。因此,在按键数量较多时,矩阵键盘可以大大节省 I/O 端口线。它的缺点是按键的扫描和检测比独立按键复杂。

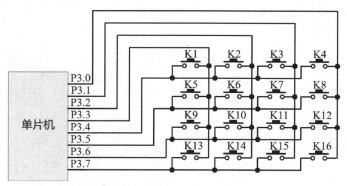

图 3-18 矩阵键盘原理图

3. 按键抖动问题

在按键被按下和释放的瞬间,按键的高、低电平不是瞬间变化的,而是存在一个过渡区,如图 3-19 所示。

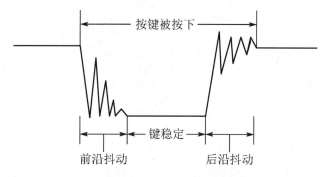

图 3-19 按键的电压抖动

从图 3-19 中可以看出,理想的电压波形与实际的电压波形是有区别的,实际的电压波形在按键被按下和释放的瞬间都有抖动现象,抖动时间的长短与按键的机械特性有关,一般为 5～10ms。通常手动按下按键后会立即释放,这个动作过程中稳定闭合的时间超过 20ms。因此,在单片机检测按键是否被按下时要加上消抖操作,目的是避免在抖动期间检测按键状态导致检测不准确。目前有专用的消抖电路,也有专用的消抖芯片,但是一般采用延时的方法就能解决抖动问题,没有必要加硬件电路。

3.4.4 独立按键的检测方法

单片机的 I/O 口既可以作为输出又可以作输入使用,在检测按键时,使用的是它的输入功能。此时,把按键的一端接地,另一端与单片机的某个 I/O 口相连。开始时,先将该 I/O 口置高电平,然后让单片机不断地检测该 I/O 口是否变为低电平。当按键被按下时,按键与地相连,与之连接的 I/O 口变为低电平,程序一旦检测到 I/O 口变为低电平,就说明有按键被按下,即执行相应的命令。

【例 3-5】 如图 3-20 所示,检测单个按键输入,当按键被按下时点亮 LED。

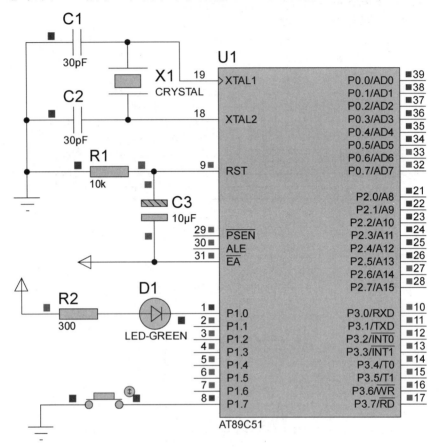

图 3-20 独立按键控制 LED

分析:检测按键是否被按下,需要先读取 I/O 口的状态。在读取 I/O 口的状态时,需要先将它置高电平,使其内部触发器复位,只有这样,读取的 I/O 口的状态才准确。当按键被按下时,延时 10~20ms 后进行检测,如果此时还能检测到低电平,则说明按键被按下。按键被按下后,执行相应的命令,一般只在按键被释放时才执行其他操作。否则,如果处理不当,就容易出现按键在被按下期间重复执行同样的命令的情况,导致意想不到的后果。

因为每根 I/O 端口线对应着每组 I/O 口寄存器的某一位,所以读 I/O 端口线实际上是进行位操作,其对应的 I/O 口位都是数字,容易产生混淆,因此最好定义一个位变量,给 I/O 口设置一个名称,如 sbit Key1=P1^0,这样便于理解和记忆。

1. 程序流程图

例 3-5 的程序流程图如图 3-21 所示,主要步骤是判断按键是否被按下,如果有按键被按下,则在延时、消抖后进行检测,如果按键还是处于被按下状态,则执行相应的命令,等待按键被释放。

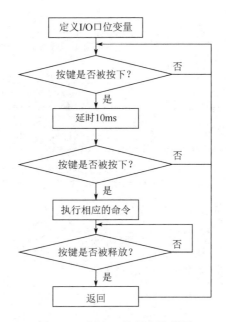

图 3-21 例 3-5 的程序流程图

2．程序设计

下面按照工程规范给出设计程序，将主程序放在其他函数的前面，主程序中要调用的函数以函数声明的形式置于主程序前面。

```
//*****************************************************************
//程序功能：独立按键控制 LED
//连接方法：LED 连接单片机的 P1.0 引脚，独立按键连接单片机的 P1.7 引脚
//*****************************************************************
#include <reg51.h>              //51系列单片机的头文件
#define uchar unsigned char     //定义数据类型
#define uint unsigned int       //定义数据类型
sbit Led = P1^0;                //定义LED位
sbit Key = P1^7;                //定义按键位
//*****************************************************************
//程序功能：函数的声明
//*****************************************************************
void Led_Disp(void);
void Key_Deal(void);
void delayms(uint ms);
//*****************************************************************
//程序功能：主函数
//*****************************************************************
void main(void)
{
    while(1)
```

```c
        {
            Key_Deal();                    //调用按键处理函数
        }
}
//*****************************************************************
//程序功能: LED 显示
//*****************************************************************
void Led_Disp (void)
{
    Led = 0;                               //点亮 LED
}
//*****************************************************************
//程序功能: 按键处理, 调用点亮 LED 的函数
//*****************************************************************
void Key_Deal(void)
{
    P1 = 0xff;                             //将 I/O 口置高电平
    if(Key==0)                             //判断是否有按键被按下
    {
        delayms(10);                       //延时、消抖
            if(Key==0)
            {
                Led_Disp();                //命令处理, 点亮 LED
            }
            while(!Key);                   //等待按键被释放
    }
}
//*****************************************************************
//程序功能: 延时函数
//入口参数: 延时时间, 单位为 ms
//*****************************************************************
void delayms(uint ms)
{
    uint x,y;
    for(x = ms;x > 0;x--)
        for(y=120;y>0;y--);
}
```

以上程序代码按照工程规范书写, 每个程序的功能要加说明, 关键语句要加注释, 目的是方便以后进行程序的修改、维护, 这是编程的良好习惯。

3. 拓展训练

（1）改变按键的控制方式，在按键第一次被按下时 LED 点亮，再次按下时熄灭。

（2）在图 3-20 中增加一个数码管，用按键控制数码管从 0 到 9 递增显示。

3.4.5 矩阵键盘的检测方法

无论是独立按键还是矩阵键盘，单片机检测其是否被按下的依据都是一样的，即检测与该按键对应的 I/O 口是否为低电平。独立按键有一端固定为低电平，此时编写程序检测按键是否被按下比较简单。矩阵键盘两端都与单片机的 I/O 口相连，因此在检测时需要人为地通过单片机的 I/O 口输出某行（列）低电平（相当于接地，如图 3-22 所示），让与之相连的各列（行）变成独立按键。通过这种方法就可以把矩阵键盘变为一组组的独立按键，使检测简单化。矩阵键盘检测主要确定被按下的按键所在的行和列，具体的检测方法如下。

在检测时，假设先输出某一行为低电平，其余行为高电平（此时确定了行数），然后依次检测该行上的各列是否为低电平，若检测到某一列为低电平（这时又确定了列数），则可以确认当前被按下的是哪一行、哪一列的按键。用同样的方法轮流输出各行一次低电平，并依次检测对应行上的各列是否为低电平。如此重复便可检测所有的按键，这就是矩阵键盘的检测原理。

与独立按键不同，矩阵键盘检测的过程分为两步：第一步是检测矩阵键盘上是否有按键被按下；第二步是识别哪个按键被按下，获取键值。

（1）检测按键被按下。

假设矩阵键盘的检测原理如图 3-22 所示，行线接 P3 口的高 4 位，列线接 P3 口的低 4 位。在检测时，先输出一行为低电平，然后立即检测列线所在的低 4 位是否有低电平，如果低 4 位没有低电平，则说明没有按键被按下，否则说明有按键被按下。检测算法如下：判断表达式（P3 & 0x0f）是否等于 0x0f，如果等于，则说明没有按键被按下，否则说明有按键被按下。

以上轮流给各行输出低电平的方式也称为"行扫描"。当然，也可以采用"列扫描"的方式，轮流将各列输出低电平，检测各行是否有低电平（检测算法要做相应的修改）。

（2）获取键值。

在进行"行扫描"时，在各行轮流输出低电平时已经确定按键所在的行。例如，在图 3-22 中，先让 P3.4 输出 0（用粗线条表示，相当于接地），其他行为高电平。检测该行上的各列是否有按键被按下，如果此时某一列有按键被按下，则该列所连接的 I/O 口必定为 0。假设 K1 被按下，则与之相连的 P3.3 引脚为 0。此时，读整个 P3 口就会获得电平状态为 11100111，即 0xe7。这就是 K1 被按下时获得的键值。依次类推，K2~K4 对应的键值分别为 0xeb、0xed、0xee。

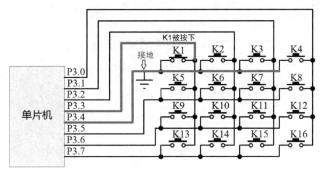

图 3-22 矩阵键盘的检测原理

通过分析以上的键值可以发现，K1~K4 的键值的高 4 位十六进制数都为"e"，这是人为输出让第 1 行为低电平的数值，检测的重点是此时哪一列按键被按下，即需要读入低 4 位的电平进行识别。因此，简洁起见，可以把高 4 位屏蔽，即用"0"做与运算，而保留低 4 位（用"1"做与运算），即对 P3 口数据进行如下处理：

```
key = P3 & 0x0f;
```

这样，剩下的就是低 4 位列值。如此处理之后，按键数据仅剩下列值信息，即各个按键的有效信息。这样处理可以让程序数据看起来更简洁。下面通过一个例题来说明矩阵键盘的电路设计与编程。

【例 3-6】 设计一个 4×4 矩阵键盘电路，编写程序检测被按下的按键并通过数码管显示其编号。

1. 电路设计

电路设计的任务主要是安排好键盘与单片机的接口，4×4 矩阵键盘只需 8 根 I/O 端口线，行线与列线与 P3 口连接，数码管采用共阳极接法，具体如图 3-23 所示。矩阵键盘的行线和列线与单片机的连接没有固定形式，只要按照顺序进行排列即可。但需要注意的是，不同的排列顺序所得的键值不一样，切不可照搬参考程序里的值，要根据实际连接来确定。

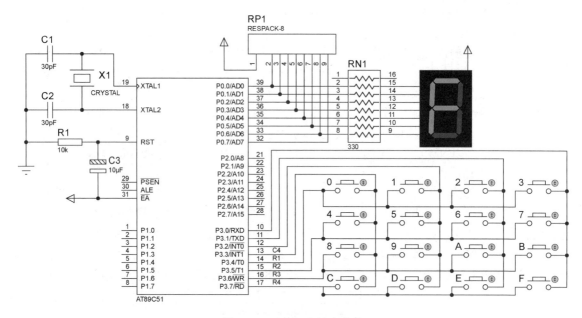

图 3-23 4×4 矩阵键盘电路

同样，按键编号的安排也是由个人来确定的，一般遵循常用的操作习惯，有一定的顺序。键值与按键编号要对应起来，以便确定按键的功能。

2. 程序设计

编写程序的关键是矩阵键盘的扫描，根据前面提到的方法编程。例 3-6 的程序流程图如图 3-24 所示。

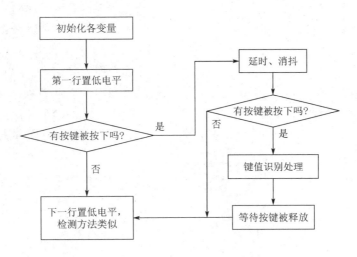

图 3-24 例 3-6 的程序流程图

部分程序如下：

```c
#include <reg51.h>
unsigned char code SEG[]={0xc0,0xf9,0xa4,0xb0,
             0x99,0x92,0x82,0xf8,
             0x80,0x90,0x88,0x83,
             0xc6,0xa1,0x86,0x0e};   //0～F 共阳极接法的段码
unsigned char temp;                  //用于检测按键的临时变量
unsigned char key;                   //存储键值
void delayms(unsigned int ms);
void keyscan(void);
void main(void)
{
  while(1)
    {
      keyscan();                     //调用矩阵键盘扫描显示函数
    }
}
//**************************************************************
//程序功能：矩阵键盘扫描显示
//**************************************************************
void keyscan(void)
{
    P3=0xff;                         //先置高电平
    P3_4=0;                          //第 1 行输出低电平
    temp=P3;                         //读取 P3 口的数据
```

```c
            temp=temp & 0x0f;           //临时变量高4位清零,保持低4位
            if (temp!=0x0f)             //判断是否有按键被按下
              {
                delayms(10);            //延时10ms
                temp=P3;                //读取P3口的数据
                temp=temp & 0x0f;
                if (temp!=0x0f)         //再次判断是否有按键被按下
                  {
                    switch(temp)        //判断具体是哪个按键被按下
                      {
                        case 0x0e:key=3;break;
                        case 0x0d:key=2;break;
                        case 0x0b:key=1;break;
                        case 0x07:key=0;break;
                        default:break;
                      }
                    P0=SEG[key];        //将键值送往P0口显示
                    temp=P3;
                    temp=temp & 0x0f;
                    while(temp!=0x0f)   //等待按键被释放
                      {
                        temp=P3;
                        temp=temp & 0x0f;
                      }
                  }
              }
            P3=0xff;
            P3_5=0;                     //第二行输出低电平
         ……(以下与上面类似,省略)
         }
    }
```

以上程序逐行输出低电平来扫描按键,程序量偏大,是否可以缩减呢?通过分析程序发现,在"行扫描"过程中,各行依次给出的数据(高4位)是0x0e、0x0d、0x0b、0x07。分析这些数据就会发现,它们其实就是前面4位数码管动态显示控制移位的数据,因此,也可以采用移位的方式进行扫描,用一个for循环就可以让程序变得简单。另外,还需要分析键值和循环变量之间的关系,改变键值的给定方法。按键扫描的参考程序如下:

```c
void keyscan(void)
{
```

```
    unsigned char temp,i;           //用于检测按键的临时变量
    unsigned char BIT = 0xef;       //位控制码
    for(i=0;i<4;i++)
    {
      P3= BIT;                      //输出"行扫描"的位控制码,同时将所读 I/O 口置高电平
      temp=P3;                      //读取 P3 口的数据
      temp=temp & 0x0f;             //临时变量高 4 位清零,保持低 4 位
      if (temp!=0x0f)               //判断是否有按键被按下
        {
          delayms(10);              //延时 10ms
          temp=P3;                  //读取 P3 口的数据
          temp=temp & 0x0f;
          if (temp!=0x0f)           //再次判断是否有按键被按下
            {
              switch(temp)          //判断具体是哪个按键被按下
                {
                  case 0x0e:key=3+4*i;break;
                  case 0x0d:key=2+4*i;break;
                  case 0x0b:key=1+4*i;break;
                  case 0x07:key=0+4*i;break;
                  default:break;
                }
              temp=P3;
              temp=temp & 0x0f;
              while(temp!=0x0f)     //等待按键被释放
                {
                  temp=P3;
                  temp=temp & 0x0f;
                }
            }
        }
      BIT =BIT <<1 | 0x01;          //移动位控制码
    }
    P0=SEG[key];
}
```

3．拓展训练

（1）将例 3-4 的程序补充完整。

（2）如果将行输出低电平改为列输出低电平来扫描按键，那么该如何修改程序呢？

3.5 项目训练四：简易电子计算器设计

3.5.1 项目要求

1. 设计一个简易的电子计算器，实现加、减、乘、除的整数运算。
2. 采用 4×4 矩阵键盘输入数字 0~9，以及运算符。
3. 利用 4 位数码管显示输入数字和运算结果。
4. 具有清零功能。

3.5.2 项目分析

根据任务要求，需要用到前面的数码管显示的知识与矩阵键盘的扫描和检测知识。但与前面所学知识不同的是，这里要把按键被按下的数字组合在一起并显示出来。有了组合起来的数据，就可以实现数据的数学运算了，因此，该电子计算器主要解决数据的获取、运算和显示问题。另外，还需要解决操作数输入结束的判断，以及运算符的输入判断等问题，这可以通过记录操作步骤的方法来实现。

3.5.3 原理图设计

原理图设计可以参考前面的案例，把矩阵键盘电路和 4 位数码管显示电路结合在一起即可。电子计算器原理图如图 3-25 所示。

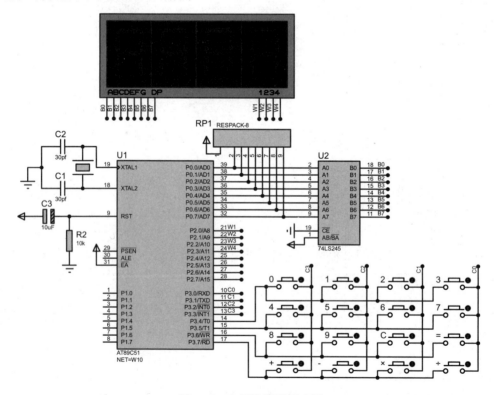

图 3-25 电子计算器原理图

3.5.4 程序设计

编写计算器程序的关键是两个待运算的操作数的获取并组合,以及操作数按键、运算按键和其他功能键的区分。

1. 数据的组合

有了前面矩阵键盘的检测基础,1 位数据的获取并不困难。这里需要解决的是,在连续按下操作数按键时,需要把所有被按下的数字组合成一个整体,作为计算的操作数。组合算法如下:

```
first = first*10 +key;
```

其中,first 是操作数变量,key 是键值。设 first 的初始值为 0,当第一次按键被按下时,first 获得键值;当第二次按键被按下时,把第一次获得的键值乘以 10,并加上本次获得的键值,即可把两次按下的数据组合在一起。依次类推,直到运算按键按下结束。

2. 按键的区分

简易计算器的按键主要有以下 4 种类型:操作数按键、运算符按键、运算结果按键、清零按键。按键主要根据键值来区分,首先要设定好键值对应的按键功能。假设键值为 0~15,则此时可以设置键值对应的功能,如表 3-3 所示。设定好键值对应的功能后,就可以根据键值来区分按键的功能并执行相应的操作。

表 3-3 按键功能设置表

按 键 符 号	键 值	按 键 功 能
0~9	0~9	操作数
+	12	加法运算
-	13	减法运算
×	14	乘法运算
÷	15	除法运算
=	10	获取运算结果
C	11	清零

因为计算器是按照一定的步骤来操作的,为了让程序的逻辑结构变得清晰,可以借鉴状态机的概念,设置一个状态转换变量 step,用来表明操作时所处的状态。状态变量与操作时所处的状态对应表如表 3-4 所示。

表 3-4 状态变量与操作时所处的状态对应表

状态变量 step 的值	所 处 状 态	状 态 描 述
0	初始状态	可输入第一操作数
1	运算符输入状态	可更改运算符,以最后一个为准
2	第二操作数输入状态	可输入第二操作数
3	运算状态	获取运算结果

简易计算器程序流程图如图 3-26 所示。

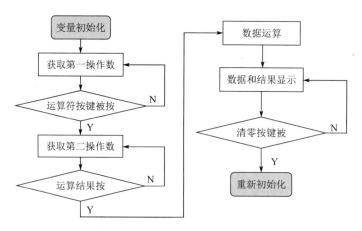

图 3-26 简易计算器程序流程图

参考程序设计如下：

```c
/************************************************************
工程名：简易电子计算器设计
************************************************************/
#include <reg51.h>
#define uchar unsigned char
#define uint  unsigned int

//定义位选编码
#define BIT1  0xfe                    //千位控制
#define BIT2  0xfd                    //百位控制
#define BIT3  0xfb                    //十位控制
#define BIT4  0xf7                    //个位控制
//定义运算操作符代号
#define add 0x0c                      //加
#define dec 0x0d                      //减
#define  mul 0x0e                     //乘
#define div 0x0f                      //除
#define equ  0x0b                     //等于
#define clr 0x0a                      //清零


uchar step;                           //操作步骤变量
uchar symbol;                         //运算符号变量
uint  first;                          //第一个操作数变量
uint  second;                         //第二个操作数变量
uint  result;                         //结果变量
uint  tempres;                        //中间结果变量
uchar code SEG[] = {0x3f,0x06,0x5b,0x4f,0x66,
```

```c
                          0x6d,0x7d,0x07,0x7f,0x6f };//数字0~9的段码,共阴极接法
uchar code err[] =    {   0x00,                 //NULL
                          0x79,                 //E 的段码
                          0x50,                 //R 的段码
                          0x50                  //R 的段码
                      };                        //单词ERR的段码

//函数声明
void init(void);                                //变量初始化
uchar keyscan(void);                            //按键扫描程序
uint calculate(void);                           //计算程序
void display(uint dat);                         //显示程序
void delayms(unsigned int ms);
void main()
{
    uchar key;
    init();
    while(1)
    {
        key=keyscan();
        if(step==0 && key<10 )                  //第一步;第一个操作数按键被按下
        {
            first = first*10 +key;              //连续按键被按下,进行数据组合
        }
        if(step==0 && (key>=12&&key<=15))       //功能键被按下,进入第二步
        {
            symbol = key;
            step = 1;
        }
        if(step==1 && (key>12&&key<=15))        //功能键第二次被按下,替换原功能键
        {   symbol = key; }
        if(step==1 && key<10)                   //第二个操作数按键被按下,进入第三步
        {
            step = 2;
        }
        if(step==2 && key<10 )
            second = second*10 +key;
        if(step==2 && key==11)                  //按下"="按键进行运算,进入第四步
        {
            result = calculate();               //调用运算程序
```

```c
            first = 0;
            second = 0;
            step = 3;
        }
        if(key == 10)                    //按下清除键"C"清零，返回初始状态
        {
            step = 0;
            first = 0;
            second = 0;
            result = 0;
        }
        //显示部分
        if(step==0 || step==1)
            display(first);
        if(step==2)
            display(second);
        if(step==3)
            display(result);
    }
}

//*****************************************************************
//函数功能：按键扫描
//返回值：有按键被按下时返回具体的键值，无按键被按下时返回0xff
//*****************************************************************
uchar keyscan(void)
{
    unsigned char i,temp;            //temp是用于存储I/O口值的临时变量
    unsigned char BIT = 0xef;        //位控制码
    unsigned char key_val;           //键值
    for(i=0;i<4;i++)
    {
        P3= BIT;                     //输出"行扫描"的位控制码，同时所读I/O口置高电平
        temp=P3;                     //读取P3口的数据
        temp=temp & 0x0f;            //临时变量高4位清零，保持低4位
        if (temp!=0x0f)              //判断是否有按键被按下
        {
            delayms(10);             //延时、消抖
            temp=P3;                 //读取P3口的数据
            temp=temp & 0x0f;
```

```
            if (temp!=0x0f)          //再次判断是否有按键被按下
              {
                switch(temp)          //判断具体是哪个按键被按下
                  {
                     case 0x0e:key_val=3+4*i;break;
                     case 0x0d:key_val=2+4*i;break;
                     case 0x0b:key_val=1+4*i;break;
                     case 0x07:key_val=0+4*i;break;
                     default:break;
                  }
                temp=P3;
                temp=temp & 0x0f;
                while(temp!=0x0f)     //等待按键被释放
                  {
                    temp=P3;
                    temp=temp & 0x0f;
                  }
                return key_val;
              }
        }
        BIT =BIT <<1 | 0x01;         //移动位控制码
    }
    return 0xff;
}


//**********************************************************************
//函数功能：对两个数进行数学运算
//返回值：返回运算结果，结果为大于或等于零的整数
//**********************************************************************
uint calculate(void)
{
   uint result;
   switch(symbol)
   {
      case(add):
          result = first + second;break;
      case(dec):
          result = first - second;break;
      case(mul):
          result = first * second;break;
```

```
            case(div):
                result = first / second;break;
            default:break;
        }
        return result;
}
//*********************************************************************
//函数功能：对各个运算相关的数据进行初始化
//*********************************************************************
void init()                          //变量初始化
{
    step = 0;
    first = 0;
    second = 0;
    result = 0;
    tempres = 0;
}
//*********************************************************************
//函数功能：动态显示
//入口参数：待显示的数据
//*********************************************************************
*void display(uint dat)              //数码管显示数字
{
    uchar q,b,s,g;                   //千位、百位、十位、个位的变量
    if(dat<0 || dat>9999)            //显示错误信息
    {
        P2 = BIT1;
        P0 = err[0];
        delayms(5);

        P2 = BIT2;
        P0 = err[1];
        delayms(5);
        P2 = BIT3;
        P0 = err[2];
        delayms(5);

        P2 = BIT4;
        P0 = err[3];
        delayms(5);
```

```
    }
    else
    {
        q = dat/1000;
        b = (dat/100)%10;
        s = (dat/10)%10;
        g = dat%10;
        if(q==0)                    //最高位数据为0时不显示
        {
            if(b==0)
            {
                if(s==0)
                {
                    P2 = BIT4;
                    P0 = SEG[g];
                    delayms(5);
                }
                else
                {
                    P2 = BIT3;
                    P0 = SEG[s];
                    delayms(5);
                    P2 = BIT4;
                    P0 = SEG[g];
                    delayms(5);
                }
            }
            else
            {
                P2 = BIT2;
                P0 = SEG[b];
                delayms(5);
                P2 = BIT3;
                P0 = SEG[s];
                delayms(5);
                P2 = BIT4;
                P0 = SEG[g];
                delayms(5);
            }
        }
```

```c
            else
            {
                P2 = BIT1;
                P0 = SEG[q];
                delayms(5);
                P2 = BIT2;
                P0 = SEG[b];
                delayms(5);
                P2 = BIT3;
                P0 = SEG[s];
                delayms(5);
                P2 = BIT4;
                P0 = SEG[g];
                delayms(5);
            }
        }
}
//*********************************************************************
//函数功能：延时函数
//入口参数：延时时间，单位为ms
//*********************************************************************
void delayms(unsigned int ms)
{
    unsigned char i;
    while(ms--)
    {
        for(i = 0; i < 120; i++);
    }
}
```

3.6 本章小结

本章主要介绍了单片机 I/O 口的内部结构及原理，并介绍了 I/O 口的输入和输出应用。在单片机 I/O 口的应用中，LED、数码管和按键检测是最基础、最常用的应用，几乎所有的单片机产品均会用到。因此，初学者想学好单片机知识，要先掌握 I/O 口的应用。本章提供了很多的应用案例，前后案例既有区别又有内在联系。程序中的主要算法，如移位控制、段码查找、数据拆分、动态显示方法、进位处理、按键扫描、键值处理等都是重点，学习时应注意领会和掌握。

3.7 本章习题

1． 简述单片机 P0 口的工作原理。
2． 单片机在读 I/O 口的数据前为什么要先输出高电平？
3． 数码管内部电路的接法有几种？使用时该如何判断？
4． 简述数码管动态显示的原理。
5． 独立按键与矩阵键盘有何区别？应如何选用？
6． 简述矩阵键盘的检测原理。
7． 在如图 3-11 所示的 1 位数码管显示电路的基础上增加两个按键，并编写相应的按键程序，实现第一个按键每按下一次，数码管数据加 1；另一个按键每按下一次，数码管数据减 1。
8． 在如图 3-15 所示的 4 位数码管显示电路的基础上增加矩阵键盘，将按键输入的 4 个数从左到右分别显示出来。

第4章 单片机中断系统

中断系统是为了使单片机能对外部或内部随机发生的事件做及时处理而设置的。中断功能在很大程度上增强了单片机处理突发事件的能力。本章从中断的概念、中断系统的结构、中断允许与中断优先级的控制、响应中断请求的条件、中断响应时间、外部中断的触发方式的选择和多外部中断源扩展设计等方面对中断进行介绍。

4.1 中断概述

4.1.1 中断的概念

中断的例子在日常生活中非常普遍，人们在做某件事情时，遇到突发事件（如电话铃响），就立即停下正在做的事情，转而处理突发事件（如接电话），处理完后继续做原来的事情。单片机的中断和现实中中断的含义是一样的。当单片机的 CPU 正在处理某个任务时，如果遇到其他事件请求（如外部中断按键被按下、定时器溢出等），就暂时停止处理当前的任务，转而处理请求的事件，处理完后回到原来的地方，继续处理原来的任务，这一过程称为中断，我们把请求的事件称为中断源。中断和中断嵌套流程示意图如图 4-1 所示。

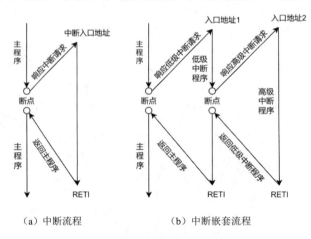

(a) 中断流程　　　　(b) 中断嵌套流程

图 4-1　中断和中断嵌套流程示意图

中断是单片机处理外部突发事件最有效的方式，也是单片机应用系统的特色，合理、有效地使用单片机的中断可以提高单片机应用系统的快速响应和实时性。如果没有中断，那么单片机只能采用查询方式来处理突发事件，这势必会影响单片机的处理速度，使单片机的工作效率降低。中断使应用系统具有实时处理和分时操作的功能，可以处理掉电等系统异常和故障，提高 CPU 的工作效率。举个例子，假如单片机需要处理 3 个常规事件 A、B、C，分别需要用时 100ms、200ms、300ms；此外，还有紧急事件 D，执行顺序如图 4-2（a）所示。

如果采用查询方式处理，则需要在每个事件之间查询紧急事件 D 是否发生。当紧急事件 D 发生时，只有在等待事件 A/B/C 执行完之后才能处理紧急事件 D，等待时间为 100～300ms。可见，单片机没有及时响应紧急事件 D。

如果采用中断方式来处理，如图 4-2（b）所示，则无论单片机在执行哪一个常规事件，只要紧急事件 D 发生，单片机就会暂停当前的工作，而先处理紧急事件 D，待处理完后继续执行被中断的事件。此时，紧急事件 D 从发生到得到处理只需几个机器周期，响应速度大大提高，由此可见中断方式的好处。

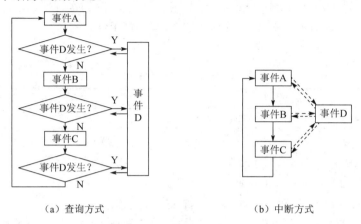

图 4-2　单片机事件处理方式

中断是单片机的重要资源，灵活地使用中断解决实际问题是单片机应用的灵魂；中断也是单片机应用的难点，只有学会中断的应用，才算得上学会了单片机。

4.1.2　8051 单片机中断系统及与中断有关的 SFR

1．8051 单片机中断系统

前面提到，8051 单片机共有 5 个中断源：两个外部中断 $\overline{INT0}$ 和 $\overline{INT1}$、两个定时/计数器 T0 和 T1，以及一个串口。这些中断源有两个优先级，即高优先级和低优先级，可根据需求来设定优先级别。

图 4-3 所示为 8051 单片机中断系统的结构，了解中断系统的结构，并结合有关的 SFR，可以加深对中断的理解。

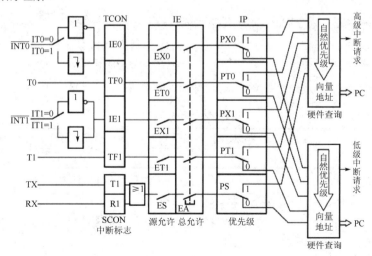

图 4-3　8051 单片机中断系统的结构

2. 与中断系统有关的 SFR

8051 单片机中断系统涉及几个 SFR：TCON、IE、IP、SCON。其中，SCON 为串口控制寄存器（将在后面的章节中进行介绍）。

（1）TCON（Timer/interrupt Control）——定时器/中断控制寄存器。

TCON 中含有与定时器和外部中断有关的标志位。TCON 的字节地址是 88H，其格式如表 4-1 所示。

表 4-1 TCON 的格式

TCON	D7	D6	D5	D4	D3	D2	D1	D0
位定义	TF1	—	TF0	—	IE1	IT1	IE0	IT0

IT0（Interrupt 0 Type）——外部中断 $\overline{INT0}$ 的触发方式选择位。IT0=0 是低电平触发方式，当给外部中断 $\overline{INT0}$ 的引脚（P3.2）加低电平时，单片机就会产生中断请求；IT0=1 是下降沿触发方式，当给外部中断 $\overline{INT0}$ 的引脚加负跳变脉冲时，单片机会产生中断请求。

IE0（Interrupt 0 Event）——外部中断 $\overline{INT0}$ 的中断请求标志。当在 P3.2 引脚上加有效的中断触发信号时，IE0 被硬件置为"1"，当 CPU 响应该中断时，IE0 由内部硬件电路自动清零。有时为了调试中断服务程序，会人为地把它设置为"1"，模拟产生中断，使程序进入中断服务程序运行状态。

IT1（Interrupt 1 Type）——外部中断 $\overline{INT1}$ 的触发方式选择位。它的功能与 IT0 类似。

IE1（Interrupt 1 Event）——外部中断 $\overline{INT1}$ 的中断请求标志。它的功能与 IE0 类似。

TF0（Timer 0 Flag）——定时/计数器 T0 的中断请求标志。定时/计数器产生中断请求的方式与外部中断不同，在内部计数器计满溢出时，内部硬件电路置位 TF0，当 CPU 响应该中断时，TF0 由内部硬件电路自动清零。当然，也可以通过人为设置来模拟仿真调试定时器的中断服务程序。

TF1（Timer 1 Flag）——定时/计数器 T1 的中断请求标志。它的功能与 TF0 类似。

TCON 可以进行位寻址和位操作，给用户带来了很大的方便。用户可以单独设定某一中断源相关的位，而不影响其他中断源的使用情况。其他 SFR 也类似，可位寻址的 SFR 用位操作指令来设置比较直观。例如：

```
IT0=1;        //设置外部中断 INT0 为下降沿触发方式
```

（2）IE（Interrupt Enable）——中断允许控制寄存器。

中断是否能够被响应和执行取决于相应的中断是否被允许。8051 单片机的各个中断是否被允许是由 IE 来控制的。IE 的字节地址是 A8H，可以进行位寻址，其格式如表 4-2 所示。

表 4-2 IE 的格式

IE	D7	D6	D5	D4	D3	D2	D1	D0
位定义	EA	—	—	ES	ET1	EX1	ET0	EX0

EX0（Enable eXternal 0）——外部中断 $\overline{INT0}$ 的中断允许控制位。当 EX0=1 时，$\overline{INT0}$ 被允许（开中断）；当 EX0=0 时，$\overline{INT0}$ 被禁止（关中断）。

ET0（Enable Timer 0）——定时/计数器 T0 的中断允许控制位。当 ET0=1 时，T0 开中断；当 ET0=0 时，T0 关中断。

EX1（Enable eXternal 1）——外部中断 $\overline{INT1}$ 的中断允许控制位。当 EX1=1 时，$\overline{INT1}$ 开

中断；当 EX1=0 时，$\overline{INT1}$ 关中断。

ET1（Enable Timer 1）——定时/计数器 T1 的中断允许控制位。当 ET1=1 时，T1 开中断；当 ET1=0 时，T1 关中断。

ES（Enable Serial port）——串口的中断允许控制位。当 ES=1 时，串口开中断；当 ES=0 时，串口关中断。

EA（Enable All）——中断系统的总允许控制位（见图 4-3）。当 EA=0 时，关闭所有中断，只有在 EA=1 的前提下开通某个中断源的允许控制位，该中断才能被 CPU 响应。

例如：

```
EX0 =1;      //开通外部中断 INT0 的中断允许控制位
EA =1;       //开通中断系统的总允许控制位
```

上面两条指令使外部中断 $\overline{INT0}$ 允许中断，也可以用下面一条语句来实现上述功能，但不直观：

```
IE=0x81;
```

（3）IP（Interrupt Priority）——中断优先级控制寄存器。

前面提到，8051 单片机的中断可分为两个优先级：高优先级和低优先级。低优先级的中断可以被高优先级的中断中断，又叫中断嵌套，如图 4-1（b）所示。在同一个优先级内还存在自然优先级，自然优先级从高到低的顺序为 $\overline{INT0}$、T0、$\overline{INT1}$、T1、串口。如果中断源在同一个优先级内，又同时产生中断请求，那么 CPU 首先会响应 $\overline{INT0}$。每个中断源都可以设置为高优先级或低优先级，但中断源都设置为高优先级无意义，其效果与中断源都为低优先级是一样的。通常把系统需要优先处理的任务设置为高优先级，其他设置为低优先级。假如要求串口的数据通信优先得到处理，则可以把串口设为高优先级，其他设为低优先级。当几个中断同时产生时，单片机会优先响应串口的数据通信，而该中断也可以中断其他低优先级的中断，以提高通信处理的响应速度。

8051 单片机中断的优先级由 IP 来控制，其字节地址为 B8H，可以进行位操作，其格式如表 4-3 所示。

表 4-3 IP 的格式

IP	D7	D6	D5	D4	D3	D2	D1	D0
位定义	—	—	—	PS	PT1	PX1	PT0	PX0

PX0（Priority eXternal 0）——外部中断 $\overline{INT0}$ 的中断优先级控制位，PX0=1，$\overline{INT0}$ 设置为高优先级；PX0=0，$\overline{INT0}$ 设置为低优先级。

PT0（Priority Timer 0）——定时/计数器 T0 的中断优先级控制位，设置方法同上。

PX1（Priority eXternal 1）——外部中断 $\overline{INT1}$ 的中断优先级控制位，设置方法同上。

PT1（Priority Timer 1）——定时/计数器 T1 的中断优先级控制位，设置方法同上。

PS（Priority Serial）——串口的优先级控制位，设置方法同上。

例如：

```
PX0 = 1;     //将外部中断 INT0 设置为高优先级
```

3．中断源向量地址

中断源有请求时会产生请求标志，如果中断是被允许的，那么 CPU 会响应该中断，响应中断时，PC 转移到该中断向量地址（也称入口地址）处运行程序。8051 单片机中断源的入口地址固定在 ROM 开头的一段范围内（0003H～002BH），具体如表 4-4 所示。

表 4-4 中断源的入口地址和中断编号

中 断 源	入 口 地 址	中 断 编 号
$\overline{\text{INT0}}$	0003H	0
T0	000BH	1
$\overline{\text{INT1}}$	0013H	2
T1	001BH	3
串口	0023H	4

在用汇编语言编写中断服务程序时，需要用到各个中断源的入口地址。单片机在响应中断时，会自动跳转到各个中断源的入口地址处执行指令。因为入口处的地址空间只有 8B，通常不足以存放中断服务程序。所以，入口处往往只放一条跳转指令，用来跳转到指定的程序段并执行中断服务程序。而在用 C 语言编写中断服务程序时就简单得多，不需要用到入口地址，只依靠中断编号识别中断源，自动调用该中断编号对应的中断服务程序。

4.1.3 中断处理过程

从单片机中断的概念可以了解到，中断是一个过程，整个过程可以分为以下几步：中断请求、中断响应、中断服务和中断返回。

1．中断请求

中断源只有在有中断请求时，CPU 才可能响应它，不同的中断源产生中断请求的方式是不同的。外部中断产生中断请求的方式是在外部中断的引脚上加低电平或下降沿信号，而定时/计数器中断请求是在内部计数单元计满溢出时产生的，串口中断请求是在完成一次发送或接收时产生的。中断源的中断请求标志由内部硬件电路自动置为"1"，CPU 在执行指令的每个机器周期里都会查询这些中断请求标志，如果查询到某个中断请求标志为"1"，那么 CPU 就可能响应该中断源的中断请求。

2．中断响应

有了中断请求，CPU 要响应它还必须满足以下几个条件。

第一，该中断源的中断已经被允许，即对应的中断允许控制位和中断系统的总允许控制位 EA 都被设置为"1"。

第二，CPU 此时没有响应同级或高优先级中断。如果已经有中断服务程序正在运行，那么 CPU 不会响应新的同级中断，但可以响应高优先级中断。如果正在执行高优先级中断服务程序，那么单片机不会响应任何中断。这里不能把中断优先级和自然优先级混淆，自然优先级是指在同时有中断请求时的处理顺序，不包括已经响应的中断源。

第三，CPU 正处于执行某一条指令的最后一个机器周期。如果不是，就只有等到该条指令执行完才能响应中断。

第四，如果正在执行的指令是对 IE、IP 进行访问的指令或中断返回指令 RETI，则只有等该指令执行完再执行一条其他指令才会响应中断。

第一个条件需要开发人员用软件来设置；对于其他几个条件，CPU 会自动进行判断和处理，用户只需了解即可。

有了中断请求，具备响应中断的条件后，CPU 就会响应该中断。从图 4-1 中可以看出，中断处理完后还要回到断点处继续运行。CPU 在响应某个中断时，先做了如下操作。

（1）保护断点地址。CPU 将断点 PC 值压入堆栈中保护起来，这与子程序调用指令执行过程类似，以便在执行中断服务程序后正确返回。PC 值是 16 位的，需要 2 字节，低 8 位在前（先被压入堆栈）、高 8 位在后。

（2）撤除该中断源的请求标志。在响应中断时，由内部硬件电路自动清除它的请求标志（串口除外，串口的中断请求标志需要开发人员用指令清除）。

（3）关闭同级中断。在响应某一中断源的中断时，CPU 将与该中断源属于同一优先级的中断暂时屏蔽，这与中断响应条件的第二个条件是对应的，待中断返回时再自动打开。

（4）将该中断源的入口地址送给 PC，程序将转到该程序的入口地址处运行。

3．中断服务

中断服务就是中断源请求 CPU 做的任务，需要开发人员用指令实现。中断服务程序运行后，CPU 回到断点处继续运行原来被中断的程序，由于中断服务程序中可能会用到与被中断服务程序中相同的寄存器或空间单元，如 ACC、PSW、DPTR 等，而断点是随机的，被打断时的这些寄存器的值是不固定的，当 CPU 返回断点处时，这些寄存器的内容与中断发生前相比已经发生了变化，继续运行程序，结果将不正确。因此，在中断服务程序结束后，CPU 不仅要正确地返回断点处，还要使有关寄存器的内容与中断发生前一致。要实现这一点，就需要保护现场，即在中断服务程序里对公用的寄存器进行保护，在没有执行具体的中断任务之前，就将有关寄存器的内容压入堆栈保护起来。在具体的中断任务完成后返回，但在返回前，要将它们从堆栈中弹出，恢复响应中断时有关寄存器的内容，即恢复现场。通常需要保护的寄存器有 ACC、DPTR、PSW 等，因此，中断服务程序的内容包括 3 部分：保护现场、服务程序主体、恢复现场，如图 4-4 所示。

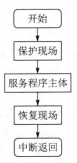

图 4-4　中断服务流程

中断服务程序中的保护现场和恢复现场与子程序类似，根据需要确定，如果不冲突，则没必要有保护现场和恢复现场的内容。保护现场和恢复现场用堆栈操作指令实现，保护和恢复是相对应的，有保护必须有恢复。并且，要注意入栈和出栈的次序，遵循"先进后出，后进先出"的原则。

有时有冲突的是工作寄存器，这时一般不用压栈保护的方法，而采用切换工作寄存器区的方法：进入中断服务程序，通过设置 PSW 的 RS0 和 RS1 位来切换到新的工作寄存器区，在中断返回前恢复原来的工作寄存器区。这种方法需要开发人员时刻知道当前使用的是哪个工作寄存器区，而且应在程序初始化时将堆栈设置在数据缓冲区中。否则，如果仍使用默认堆栈位置，则在用到堆栈时就会覆盖新工作寄存器区的内容，导致数据出错。

4．中断返回

中断返回与子程序的返回类似，在汇编语言程序中，需要执行一条返回指令 RETI。RETI 指令的功能如下：

```
RETI;      //① (SP)→PC_{15~8}, SP-1→SP
           //② (SP)→PC_{7~0}, SP-1→SP
```

中断服务程序最后执行的指令必须是 RETI，只有这样，程序才能正确返回。在执行 RETI 指令时，CPU 自动完成下面的操作。

（1）恢复断点地址。将响应中断时压入堆栈的断点地址从堆栈中弹出并发送给 PC，弹出顺序与压栈时的顺序相反，使程序可以从断点处继续运行。具体如以上代码所示：①将堆栈 SP 的当前值赋给 PC 指针的高 8 位，之后 SP 的值减 1；②将 SP 的值取出并赋给 PC 的低 8 位，SP 的值再减 1。

（2）开放同级中断，允许同级的其他中断源响应。

需要注意的是，汇编语言在中断服务程序中使用 RETI 指令返回，但在 C 语言的中断服务程序中不使用返回语句，也不能返回任何数值。

中断处理过程大部分是由 CPU 自动完成的，深入了解其"来龙去脉"，可以帮助理解中断的使用方法和单片机应用系统的运作机制，加深对程序结构的理解（程序结构是初学单片机的难点）。下一节将以外部中断应用为例来说明中断的使用方法。

4.1.4　中断响应时间

前面提到，设置中断是为了单片机能及时地处理随机发生的事件，但从中断请求到中断响应需要一定的时间，只有在具备响应中断的条件时才能响应中断。

如果在中断请求阶段已经有高优先级中断或同级中断在运行，则等待的时间主要取决于正在运行的中断服务程序的大小。需要考虑其他中断服务程序对本中断响应速度的影响，对响应速度要求高的中断源可以设置为高优先级，其他中断源设置为低优先级，高优先级中断源一般只设置 1 个。

如果没有高优先级中断或同级中断正在运行，则等待的时间取决于中断请求时执行的指令，如果执行的是 RETI 或访问 IE、IP 的指令，则需要先等这类指令执行完毕，再执行一条指令，只有这样，才能响应中断（如果紧接的指令是乘、除法指令，则等待的时间会长一些）。响应中断的时间为 3～8 个机器周期，一般情况下为 3～4 个机器周期。

4.1.5　C 语言中断服务程序结构

使用 C 语言编写中断服务程序十分简单，只需按照规定格式来编写即可。具体格式如下：

```
void 中断函数名（void）interrupt 中断编号 [using 寄存器组]
{
```

```
    中断处理语句；
    ...
}
```

以上中断服务程序不能有返回值，而且参数为空。其中，中断编号根据所使用的中断源来确定；寄存器组可以选 0～3，也可以不选，由编译器自动分配。在中断服务程序处理完后，CPU 自动返回原断点处。

4.2 外部中断的应用

4.2.1 外部中断应用步骤

通过 4.1 节可以知道，在一个中断源有了有效的中断请求信号，并产生了中断请求标志后，只有在具备响应中断的条件时，CPU 才能响应该中断，即会转移到该中断源的入口地址处运行程序。中断服务程序运行结束后，CPU 返回断点处继续运行原来的程序。由于外部中断请求标志只有在外引脚上加请求信号才能产生，因此外部中断的应用分为硬件、软件两部分。

1. 硬件

硬件上的中断比较简单，只需将低电平或下降沿信号加到相应的中断引脚上即可。也就是说，用户要做的就是通过一定的电路把按键、系统掉电、A/D 转换结束、传感器、开关动作等状态转换成有效的中断请求信号，并加到对应的外部中断的引脚上。

2. 软件

外部中断在软件上的设计步骤可以分为 3 步：初始化、入口地址和中断服务程序。

（1）初始化。外部中断初始化内容包括中断触发方式选择、开放"中断"和中断优先级设置。

外部中断有低电平触发和下降沿触发两种方式，一般选用下降沿触发方式。如果选用低电平触发方式，则在电平有效期间可能产生多次响应。原因是，虽然外部中断在响应中断时能自动清除中断请求标志，但中断服务程序执行得很快，执行完并返回断点处后，外部中断引脚上的低电平信号可能还存在，此时就会再次置位中断请求标志，中断服务程序执行完后又会再次响应中断。因此，外部中断一般不使用低电平触发方式，而使用下降沿触发方式，下降沿检测可以确保每次中断只执行一次中断响应。

开放"中断"就是将中断的允许控制位和中断系统的总允许控制位置"1"。

中断优先级设置是指根据实际情况，结合其他中断源的统一设置。一般不设置，只有当它用来处理系统优先任务时，才把它设置为高优先级。

（2）入口地址。前面提到，CPU 响应中断时会自动转移到中断源的入口地址处运行程序，因此在编写中断服务程序时，就需要把程序放在入口地址处。例如（以外部中断 $\overline{\text{INT0}}$ 为例）：

```
    ORG    0003H；    //外部中断 INT0 的入口地址
    LJMP   INTEX0；   //无条件转移，INTEX0 为外部中断 INT0 服务程序的名称
```

（3）中断服务程序。中断服务程序是具体的程序内容，根据中断源中断要做的事情，编制相应的程序。它与子程序有类似的地方，其名称作为上面转移指令的目的地址，在程序的

最后要有 RETI 指令，中断服务程序完成后可以返回断点处。中断服务程序包括的内容在中断处理过程中已有叙述，这里不再赘述。

4.2.2 外部中断应用举例

【例 4-1】 在 LED 流水灯控制电路的基础上设计中断接口电路，将按键信号转换成外部中断的请求信号，如图 4-5 所示。要求：每按一次按键，LED 循环移动一位。

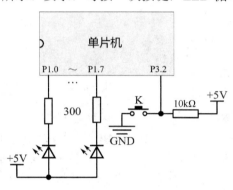

图 4-5 按键中断控制 LED

实现原理分析：当按键没有被按下时，P3.2 引脚被上拉为高电平。在按键被按下的过程中，P3.2 引脚有下降沿信号，变为低电平。无论是低电平还是下降沿，都可以作为外部中断的请求信号。本例使用下降沿触发方式在中断服务程序中实现移位显示。

程序如下：

```c
#include<reg51.h>
void setup(void);
unsigned char LED;                    //定义亮灯信息变量
void setup(void)                      //初始化设置函数
{
    LED = 0xfe;                       //亮灯初始信息
    IT0 = 1;                          //外部中断下降沿触发
    EX0 = 1;                          //允许外部中断
    EA = 1;                           //允许全局中断
}
void main (void)
{
    setup();                          //调用初始化设置函数
    while(1)                          //等待中断
    {}
}

void INTEX0 (void) interrupt 0 using 1   //中断服务程序
{
```

```
        P1 = LED;
        LED = LED<<1|0x01;                    //亮灯信息左移一位
}
```

程序的执行过程如下：系统上电复位后，程序从开始处执行，先转移到初始化区，对$\overline{INT0}$进行初始化；然后在主程序处等待（while(1)循环），当有按键被按下时，产生中断请求，CPU响应中断并转到其入口地址 0003H 处执行跳转指令，跳转到其服务程序（INTEX0()）处运行；接着在中断服务程序中点亮 LED，并将亮灯信息左移一位，为下次中断做准备；最后执行返回指令返回断点处（注意：本例的断点就是主程序，等待下一次按键中断；断点地址和入口地址有本质的区别，中断返回是返回断点地址处，而不是它的入口地址处，入口地址是响应中断时进入中断服务程序的入口，即中断服务程序的开始处）。

应当注意的是，中断函数不需要用户调用。当中断产生时，系统会自动调用中断函数。这也是它与一般函数的不同之处。

【例 4-2】如图 4-6 所示，系统上电时，数码管从 0 到 9 递增循环显示。当按键被按下时，用中断方式控制数码管从 9 到 0 递减显示一次。

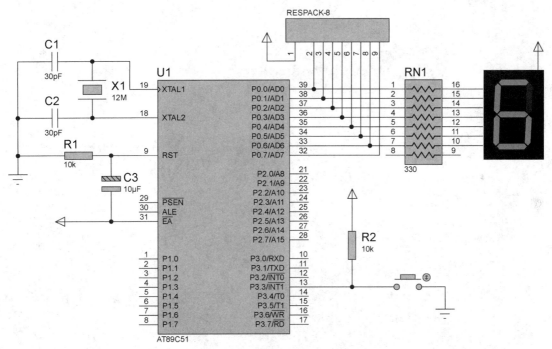

图 4-6　按键中断数码管显示原理图

实现原理分析：在第 3 章的案例中已经介绍过单个数码管的循环递增显示原理，与之前不同的是，本例中的数码管显示被按键中断，显示的数据有变化。显示这些变化可以在中断服务程序中实现。

主要程序如下：

```
#include<reg51.h>
unsigned char SEG[10]={0xc0,0xf9,0xa4,0xb0,0x99,0x92,0x82,0xf8,0x80,0x90};
//函数声明
void delayms(unsigned int ms);
```

```c
void display(unsigned char number );
void setup(void);

void main(void)
{
    unsigned char i;
    setup();                            //调用初始化设置函数
    while(1)
    {
        for(i = 0; i <10 ;i ++)         //for 循环,共循环 9 次
        {
            display(i);                 //调用显示函数
            delayms(1000);              //延时 1s
        }
    }
}

/***********************************************************************
名称: 初始化设置函数
程序功能: 设置中断触发方式,开启中断允许
***********************************************************************/
void setup(void)
{
    IT1= 1;                             //INT1 下降沿触发
    EX1 = 1;                            //允许 INT1 中断
    EA = 1;                             //允许全局中断
}


/***********************************************************************
名称: INT1 的中断函数
程序功能: 实现从 9 到 0 的递减显示
***********************************************************************/
void INTEX1 (void) interrupt 2
{
        char j;                         //设置有符号的变量
        for(j = 9; j >= 0; j--)         //for 循环,共循环 9 次
        {
            display(j);                 //调用显示函数
            delayms(500);               //延时 0.5s
        }
```

```
}
/******************************************************************
  程序功能：实现数码管的显示
  入口参数：待显示的数字
******************************************************************/
void display(unsigned char number )      //显示函数
{
    P0=SEG[number];
}
```

程序实现过程分析：当主程序正常执行时，先调用初始化设置函数对中断类型、中断允许进行设置；之后进入主循环，7段数码管将从0到9递增显示，每1s增加1，若按$\overline{\text{INT1}}$连接的按键进入中断状态，则递增显示停止，开始执行中断服务程序，即数码管从9到0递减显示，每0.5s减1；当减到0后退出中断服务程序，返回主程序，继续递增显示，并按1s间隔显示。

从本例中可以看到，在按键被按下时，主程序被中断，转而执行中断服务程序。待中断服务程序执行完后返回断点处继续向下执行程序。本例程序很直观地演示了中断处理过程。

4.2.3 外部中断源的扩展

8051单片机的外部中断只有两个，有时会不够用。当有多个外部信号需要使用中断方式工作时，可以采用扩展的方法来满足需要。如图4-7所示，在单片机最小系统上，将多个信号通过与门加到中断引脚上，并将这些信号分别连接单片机的一个引脚作为输入信号。多个信号公用一个中断，任意一个信号是低电平或下降沿，与门输出也是低电平或下降沿，从而产生中断请求。在中断服务程序中，首先判断是哪个信号产生了中断请求，这可通过读与之相连的I/O口来判断。如果某个引脚为低电平，就是该引脚信号引起的中断，转而执行该信号请求处理的任务。

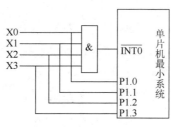

图4-7 外部中断扩展

4.3 本章小结

本章主要介绍了单片机中断的概念、8051单片机的中断系统、与中断相关的寄存器、中断处理过程，以及外部中断的应用。中断是单片机学习的重点，也是难点。初学者要熟悉中断的基本流程和使用方法,尤其要熟练掌握与中断相关的 SFR 中每一位的定义及其功能。此外,还需要掌握中断服务程序的编写格式,掌握外部中断的基本应用。

4.4 本章习题

1. 什么是中断?简述中断处理过程。
2. 中断处理过程与子程序的调用有类似之处,它们的区别是什么?
3. 8051 单片机有几个中断源?对应的入口地址分别是什么?
4. 8051 单片机的中断控制寄存器有哪些?它们的作用分别是什么?
5. 8051 单片机的中断优先级有几级?为什么不需要将中断优先级都设置为高优先级?
6. 如何理解自然优先级的含义?
7. 8051 单片机响应中断的条件是什么?
8. 简述中断与堆栈的关系。为什么在设置堆栈深度时应考虑中断因素?
9. 简述外部中断应用的步骤。
10. 外部中断有两种触发方式,但一般选择下降沿触发方式,为什么?
11. 在图 4-4 的基础上增加一个按键,用 $\overline{INT1}$ 检测按键操作。要求:第一个按键每按一次就使 LED 左移一位,第二个按键每按一次就使 LED 右移一位。

第 5 章 定时/计数器

定时/计数器是单片机最重要的内部资源之一,其应用非常广泛,凡是涉及计数、定时的操作,都可以用定时/计数器来处理,如定时控制、延时、频率/周期的测量、信号产生、串行通信等。定时/计数器是单片机的学习重点,也是难点之一,使用起来比 I/O 口复杂,只有熟悉其工作原理才能很好地掌握其用法。本章着重介绍定时/计数器的工作原理与不同工作方式的特点及其使用方法。

5.1 定时/计数器概述

8051 单片机内部有两个 16 位的定时/计数器 T0 和 T1,它们本质上是计数器。在它们作为定时器使用时,计数脉冲来自内部的机器周期(振荡周期的 1/12)。如果系统晶振频率满足 f_{osc}=12MHz,那么机器周期为 1μs,系统最长定时时间为 65.535ms;如果 f_{osc}=6MHz,那么机器周期为 2μs,系统最长定时时间可扩大为原来的 2 倍,但整个系统的运行速度会降低为原来的 1/2。如果要实现更长时间的定时,则可以通过累加定时次数的方法来解决,如定时 1s 可以用 20 个 50ms 定时来实现。

当它们作为计数器使用时,用来计引脚上的脉冲信号(下降沿)数。T0 和 T1 的外部引脚是 P3 口的第二功能,对应的是 P3.4 和 P3.5 引脚,计数范围是 0~65535。

8051 单片机内部计数器是加法计数器,在计满时溢出,从头开始计数,同时产生溢出标志,即 TCON 里的中断请求标志 TF0、TF1。计数器的初值可以人为设定,不一定从 0 开始。在应用定时器时,通常利用它计满溢出产生中断标志的特性来产生中断请求,使用中断服务程序处理任务,而不通过监视计数值来处理任务。因此在学习定时/计数器时,一定要与中断系统联系起来,定时/计数器是中断系统的一部分。

5.1.1 与定时/计数器有关的 SFR

在使用定时/计数器时,需要设置相关的 SFR,只有这样,它才能工作。这时涉及的 SFR 如下。

1. 定时/计数器的控制寄存器 TCON

TCON 的大部分功能在第 4 章中已经介绍过,其高 4 位与定时/计数器有关,低 4 位与外部中断有关,因此 TCON 既被称为定时器控制寄存器,又被称为中断控制寄存器。除前面已介绍的位之外,还有两位与定时/计数器的运行有关,即 TR0、TR1,如表 5-1 所示,它们控制定时器的运行。

表 5-1 TCON 的各位

TCON	D7	D6	D5	D4	D3	D2	D1	D0
位 地 址	8FH	8EH	8DH	8CH	8BH	8AH	89H	88H
位 定 义	TF1	TR1	TF0	TR0	IE1	IT1	IE0	IT0

（1）TR0（Timer 0 Run）——定时/计数器 T0 运行控制位。TR0 = 1，启动 T0（与 TMOD 中的 GATE 位有关）；TR0 = 0，T0 停止运行。

（2）TR1（Timer 1 Run）——定时/计数器 T1 运行控制位。它的功能同 TR0。

2．定时/计数器的工作方式控制寄存器 TMOD

TMOD 用于设定定时/计数器的工作方式。它的高 4 位控制 T1，低 4 位控制 T0；其字节地址是 89H，不可进行位寻址，只能按字节（8 位一起）进行整体赋值。TMOD 的各位如表 5-2 所示。

表 5-2 TMOD 的各位

TMOD	D7	D6	D5	D4	D3	D2	D1	D0
位 定 义	GATE	C/$\overline{T}$	M1	M0	GATE	C/$\overline{T}$	M1	M0

（1）GATE——门控位。一般情况下，GATE 被设置为 0，此时，定时/计数器的运行仅受 TR0、TR1 的控制。如果将 GATE 设置为 1，则定时/计数器的运行还受对应外部中断引脚（$\overline{INT0}$ / $\overline{INT1}$）输入信号的控制。只有在外部中断引脚输入高电平，且 TR0,TR1 = 1 时，定时/计数器才能运行。有时可以用门控位进行时钟信号的测量。

（2）C/$\overline{T}$（Counter/Timer）——定时/计数选择位。C/$\overline{T}$ = 0 为定时方式，对内部的机器周期脉冲进行计数；C/$\overline{T}$ = 1 为计数方式，对 T0、T1 引脚上的脉冲信号进行计数，负跳变有效。

（3）M1、M0——工作方式选择位。M1 和 M0 的组合可以确定定时/计数器的工作方式，具体如表 5-3 所示。

表 5-3 定时/计数器工作方式的选择

M1、M0 位组合	方 式 名 称	功　　能	备　　注
00	方式 0	13 位定时/计数器	—
01	方式 1	16 位定时/计数器	—
10	方式 2	8 位定时/计数器	初值自动重装
11	方式 3	两个 8 位定时/计数器	仅适用于 T0

3．定时/计数器的计数寄存器

定时/计数器内部有一个 16 位计数器，用来计脉冲数，称为计数寄存器。它是由两个 8 位寄存器（TH0 和 TL0）组成的。这两个 8 位寄存器可以单独进行读/写操作。它们的定义如下。

TH0——T0 的高 8 位。

TL0——T0 的低 8 位。

TH1——T1 的高 8 位。

TL1——T1 的低 8 位。

5.1.2　定时/计数器的工作方式

定时/计数器的工作方式决定了其计数范围，以及计数寄存器初值的装载方式，在使用前，要按照需求对它进行设置。不同的工作方式有不同的特点和使用方法，下面分别予以介绍。

1. 方式 0

当 M1M0 = 00B 时，定时/计数器工作于方式 0，T0 和 T1 的内部结构类似，以 T0 为例，其逻辑结构如图 5-1 所示。

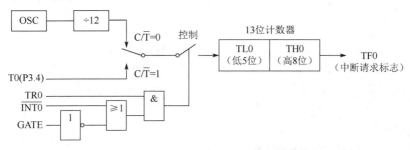

图 5-1　定时/计数器 T0 工作于方式 0 时的逻辑结构

定时/计数器工作于方式 0 时是一个 13 位定时/计数器。内部的 13 位计数器由 TL0 的低 5 位和 TH0 的高 8 位构成，计数范围为 $0 \sim (2^{13}-1)$。在计数时，TL0 的低 5 位计满后向 TH0 的低位进位，TH0 计满时（2^{13}）溢出，置位 TF0 产生中断请求。内部的 13 位计数器受控制开关的控制，由 TCON 的 TR0、GATE 位和 $\overline{INT0}$ 引脚电平决定。

根据图 5-1 分析电路的工作原理。内部的 13 位计数器要计数，需要控制开关闭合，而控制开关又受到与门的控制。当 GATE = 0 时，信号经过非门之后 0 变为 1，作为或门的一个输入。此时，或门的输出也为 1。或门输出作为与门的输入，即与门的一个输入为 1。这时，与门的输出完全受 TR0 的控制。当 TR0 = 1 时，与门的输出为 1，控制开关闭合，内部的 13 位计数器开始计数；当 TR0 = 0 时，控制开关断开，内部的 13 位计数器停止计数。

如果 GATE = 1，则信号经过非门之后输出给或门。此时，要使或门输出 1，则它的另一个输入端 $\overline{INT0}$ 引脚必须是高电平，即内部的 13 位计数器的运行受 TR0 和 $\overline{INT0}$ 引脚电平的共同控制。计数脉冲由 C/$\overline{T}$ 选择，若 C/$\overline{T}$ = 0，计数脉冲来自内部的机器周期；若 C/$\overline{T}$ = 1，计数脉冲来自 $\overline{INT0}$ 引脚上的脉冲事件。在测量脉冲高电平宽度时，经常设置 GATE = 1，让 $\overline{INT0}$ 引脚的高电平启动内部的 13 位计数器，低电平停止计数（用中断实现），以此来测量内部机器周期的个数，从而得知脉冲高电平宽度。

通过读取计数寄存器的值可以知道有多少个脉冲。如果一个脉冲的时间是固定的，那么用脉冲周期乘以脉冲个数就可以算出总的经历时间，这就是定时器定时的方法。那么，如何获得计数寄存器的值呢？可以通过不断地读取 TH0、TL0 的值来获得，但这样做将占用 CPU 宝贵的时间。因此，定时/计数器一般都是利用其计满产生溢出标志产生中断的特性来工作的，通常通过要定时的时间来计算定时器计满溢出时需要设定的初值，即

$$定时时间 = (最大计数值 - 初值) \times 脉冲周期 \tag{5-1}$$

给定了定时时间，通过式（5-1）就可以求出初值（计数初值）。将计算得到的初值赋给计数器，计数器将在该初值的基础上进行计数，直到计满溢出。计数器计满溢出时会产生一个标志(TF0,TF1)，这样就可以通过检查定时/计数器的溢出标志来判断定时是否结束，而不需要实时读取 TH0、TL0 的值。多数情况下利用定时/计数器的溢出标志产生中断请求，进而在中断服务程序中处理任务。

定时器定时的时间和定时/计数器的初值密切相关。由式（5-1）可知，初值的计算公式如下：

$$初值 = 2^N - 定时时间/脉冲周期 \qquad (5-2)$$

在式（5-2）中，N 为定时/计数器的位数，如果工作于方式 0，则 N 为 13；如果工作于方式 1，则 N 为 16。如果定时/计数器使用内部脉冲作为计数的脉冲来源，则该计数脉冲就是机器周期脉冲。因此，初值可以按下式进行计算：

$$初值 = 2^N - 计数值 = 2^N - t/T \qquad (5-3)$$

式中，t 为定时时间；T 为系统的机器周期，t/T 不能超出计数范围。初值应转换为对应的二进制数或十六进制数，按照高位、低位分别存储到计数寄存器的高位、低位中。对于方式 0，应特别注意，13 位的二进制数的低 5 位存储在 TL0（TL1）中，高 8 位存储在 TH0（TH1）中。

【例 5-1】已知系统晶振频率是 12MHz，在 P1.0 引脚上输出 2ms 的方波。T0 工作于方式 0，计算定时器的初值。

分析：系统晶振频率是 12MHz，机器周期为 1μs，要产生周期为 2ms 的方波，只要用定时器反复定时 1ms，并在定时时间到时改变 P1.0 引脚的输出电平即可。定时 1ms 的初值的计算过程如下：

$$\begin{aligned}初值 &= 2^N - 计数值 = 2^N - t/T \\ &= 2^{13} - 1\text{ms}/1\mu\text{s} = 2^{13} - 1000 \\ &= 7192 = 1110000011000\text{B}\end{aligned}$$

因此，TL0 = 11000B = 18H，TH0 = 11100000B = E0H，分别为 13 位二进制数的低 5 位和高 8 位。

2. 方式 1

当 M1M0 = 01B 时，定时/计数器工作于方式 1，以 T0 为例，其逻辑结构如图 5-2 所示。

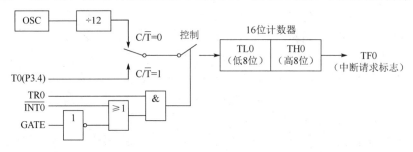

图 5-2 定时/计数器 T0 工作于方式 1 时的逻辑结构

方式 1 的逻辑结构与方式 0 类似，工作原理也相同，只是其内部的计数器是 16 位的，即 TL0 为低 8 位，TH0 为高 8 位，计数范围为 $0 \sim (2^{16} - 1)$。与方式 0 相比，方式 1 的初值计算简单。在例 5-1 中，如果定时/计数器工作于方式 1，那么初值的计算公式如下：

$$\begin{aligned}初值 &= 2^N - 计数值 = 2^N - t/T \\ &= 2^{16} - 1\text{ms}/1\mu\text{s} = 2^{16} - 1000 \\ &= 65536 - 1000 \\ &= 64536 = \text{FC18H}\end{aligned}$$

即 TL0 = 18H，TH0 = FCH。

3. 方式 2

当 M1M0 = 10B 时，定时/计数器工作于方式 2，以 T0 为例，其逻辑结构如图 5-3 所示。

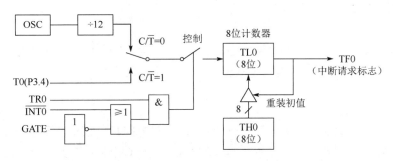

图 5-3 定时/计数器 T0 工作于方式 2 时的逻辑结构

方式 2 是一个 8 位定时/计数器,其工作原理与方式 0 类似。只是它的内部逻辑结构有所改变,它具有初值自动重装功能。TL0 为计数寄存器,TH0 中存储重装初值。当 TL0 计满产生溢出标志时,将 TH0 中的重装初值传送到 TL0 中。它的其他功能与方式 0、方式 1 一样。

方式 2 的特点是可以自动、反复地定时,溢出时自动重装初值。而方式 0、方式 1 和方式 3 都不具备自动重装初值功能,当定时器溢出时,如果想再次定时,就需要人为给它重装初值。

4. 方式 3

当 M1M0 = 11B 时,定时/计数器 T0 工作于方式 3,T0 的逻辑结构如图 5-4 所示。

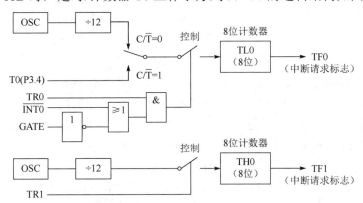

图 5-4 定时/计数器 T0 工作于方式 3 时的逻辑结构

在单片机内部的两个定时器中,只有 T0 可以工作于方式 3。T0 工作于方式 3 时将 16 位定时/计数器拆成两个 8 位定时/计数器。TL0 作为一个 8 位的计数单元与 T0 的其他资源构成一个 8 位定时/计数器,其结构原理与其他工作方式类似。

TH0 作为另外一个 8 位的计数单元,用定时/计数器 T1 的 TR1 控制计数的启停,用 TF1 作为 TH0 计满溢出的标志,构成一个 8 位定时器。因其启动控制和溢出标志均使用了定时器的启动位(TR1)与溢出位(TF1),因此,T1 在此方式下就不能作为定时/计数器使用了,但 T1 仍可以工作在其他方式下。

在第 6 章的串口通信中会用到 T1,作为波特率发生器,因此,一般只有在 T1 被用作波特率发生器的情况下需要用到两个定时/计数器,此时 T0 才工作于方式 3。此时,T1 仍然可以工作于方式 0~2,T1 的计数器计满也不产生溢出标志,溢出信息送给串口作为波特率信息。

5.1.3 定时/计数器的使用方法

前面提到，定时/计数器在多数场合中是利用其计满溢出产生中断请求标志的特性来工作的，它的使用方法与外部中断类似，也分硬件和软件两部分。

1．硬件

定时/计数器在对外部信息或事件进行计数时，需要通过适当的电路将其转换成脉冲信号后加到定时/计数器的引脚上。由于内部的计数器是对引脚上的负跳变进行计数的，因此对输入的脉冲信号也有要求。单片机检测负跳变需要两个机器周期，单片机在每个机器周期中都会检测定时器引脚上的电平变化（外部中断也是这样的），如果在前一个机器周期中检测到高电平，并在后一个机器周期中检测到低电平，就确认一个负跳变，内部的计数器加1。因此，外部被测脉冲信号的周期不能小于两个机器周期，即最高频率不能超过系统时钟频率的1/24。例如，对于晶振频率为12MHz的单片机系统，其机器周期是1μs，对应的频率是1MHz，此时，外部被测脉冲信号的频率不能超过500kHz。对于超过此频率的高频信号，可以先进行适当的分频，再送给定时/计数器，最后通过软件处理分频的倍数。此外，脉冲信号的高电平和低电平宽度不宜小于机器周期的宽度。

2．软件

定时/计数器软件设计的过程与外部中断应用类似，也可分为初始化、入口地址和中断服务程序3步。

（1）初始化。初始化一般包括4部分。

一是通过对TMOD进行设置来选择定时/计数器及其工作方式。设置应根据应用的具体情况来定，特别是工作方式的选择，分析所需的定时时间或计数范围，从而确定内部计数器的计数值。计数值应尽可能大，避免多次产生中断。如果定时时间长，计数范围大，超过内部计数器的最大计数值，则可以采用多次计数累加的方法来实现。

二是根据设置的工作方式计算初值，并赋给计数寄存器（TH0、TL0、TH1、TL1）。初值的计算方法已在前面叙述过，有时为了单纯计脉冲数，初值一般赋值为0，此时，定时/计数器不工作于中断方式，计数值的读取在其他程序中实现。

三是启动定时/计数器（TR0、TR1），在有些情况下，其启动/停止受其他程序控制。

四是开通有关的中断允许控制位（ET0、ET1、EA）。

（2）入口地址。单片机工作于中断方式时，在程序结构上，需要用伪指令定义中断的入口地址，其形式与外部中断一样。例如，T0的入口地址可用下面的汇编指令定义：

```
ORG     000BH
LJMP    INTET0;      //转移到T0中断服务程序
```

其中，ORG为汇编语言的伪指令，表示其下面的程序所在的地址由此开始；INTET0为T0中断服务程序的名称，与子程序的名称类似。

如果使用C语言编程，则无须设置入口地址，只需在中断服务程序中指定中断编号即可。

（3）中断服务程序。定时/计数器的中断服务程序在到达定时时间或计数后被执行，与外部中断的服务程序的功能基本一样。但是，它的程序内容比外部中断的程序内容多一项要求，即要考虑初值的重装。当定时/计数器工作于方式 2 时，初值重装是在内部的硬件电路产生溢出标志时自动实现的（见图 5-3）；工作于其他方式时都要用指令实现初值的重装，一般都在中断服务程序的开头进行。定时/计数器中断服务程序的结构如图 5-5 所示。

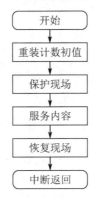

图 5-5　定时/计数器中断服务程序的结构

保护现场和恢复现场需要视具体情况而定，即如果中断服务程序用到的寄存器等存储空间与其他程序不冲突，则可以省去保护现场和恢复现场的操作。

如果定时/计数器不是工作在中断方式，则软件设计步骤中的"入口地址"和"中断服务程序"可以省去。

【例 5-2】已知系统晶振频率是 12MHz，在 P1.0 引脚上输出 2ms 的方波，编写程序实现。

实现方法分析：从例 5-1 中得知，定时器需要反复产生 1ms 的定时，机器周期为 1μs，计数 1000 个机器周期即 1ms，选择 T0，工作于方式 1，定时 1ms 的初值的计算如下：

$$初值 = 2^N - 计数值 = 2^N - t/T$$
$$= 2^{16} - 1ms/1μs$$
$$= 2^{16} - 1000$$
$$= 64536 = FC18H$$

方波的实现方法：在中断服务程序中重新给定时器赋初值，并把 P1.0 引脚的电平取反后输出。具体程序如下：

```
#include<reg51.h>
sbit P1_0 = P1^0;                    //定义方波输出引脚位变量
void setup(void)                     //初始化设置函数
{
    TMOD = 0x01;                     //T0，方式 1，定时
    TH0 = 0xFC;                      //初值高位
    TL0 = 0x18;                      //初值低位
    TR0 = 1;                         //启动运行
    ET0 = 1;                         //开通外部中断允许控制位
    EA = 1;                          //开通中断系统的总允许控制位
}
void main(void)
{
```

```
    setup();                                //调用初始化设置函数
    while(1)                                //等待中断
    {};
}
void INTET0(void) interrupt 1 using 1       //中断服务程序
{
    TH0 = 0xFC ;                            //重装初值
    TL0 = 0x18;
    P1_0 = ! P1_0;                          //取反输出
}
```

【例 5-3】 在例 3-4 的基础上设计一个时钟,数码管高 2 位显示分,低 2 位显示秒,系统晶振频率为 12MHz。

实现方法分析:硬件电路不用改动,软件的设计在原数码管程序结构上进行修改。软件程序设计应尽可能地利用已有的程序,对于具有相同功能的程序不要重复写。单片机应用人员应妥善保存设计好的程序,供以后设计借用和参考。本例可以参考例 3-4 的显示函数。

时钟实现的方法:首先产生秒信号,系统机器周期是 1μs,能产生的最长定时时间是 65536μs,约 66ms。可以将定时器的定时时间设置为 50ms,通过重复定时来累计定时器中断的次数,20 次是 1s。在 1s 的基础上实现分、时等更大的时间单位。本例选择 T0 工作于方式 1,初值的计算如下:

$$初值 = 2^{16} - 50ms/1\mu s = 65536 - 50000 = 15536$$

可以将初值转换成 16 位二进制数,高 8 位、低 8 位分别送入 TH0、TL0;也可以将初值除以 8 位二进制数的模 256,将整数送入 TH0、余数送入 TL0,直接以十进制形式赋初值,即

$$TH0 = 15536/256 = 60, \quad TL0 = 15536 \% 256 = 176$$

后一种方法更简单,建议采用。

程序的关键是中断服务程序中对时钟秒基准的实现方法,以及对时、分、秒的递进关系的处理。部分参考程序如下:

```
#include<reg51.h>
//变量定义
unsigned char second = 0;                   //秒
unsigned char minute = 0;                   //分
unsigned char counter = 0;                  //50ms 计数
//函数声明
void setup(void);                           //初始化设置函数声明
void display(void);                         //显示函数声明

void setup(void)                            //初始化设置函数
{
    TMOD = 0x01;                            //T0 工作于方式 1,定时
    TH0 = 60;                               //50ms 初值高位
```

```
    TL0 = 176;                              //50ms 初值低位
    TR0 = 1;                                //启动运行
    ET0 = 1;                                //开通外部中断允许控制位
    EA = 1;                                 //开通中断系统的总允许控制位
}

void main(void)
{
    setup();                                //调用初始化设置函数
    while(1)                                //等待中断
    {
        display();                          //显示函数（略），可参考例 3-4
    }
}

void INTET0(void) interrupt 1 using 1       //中断服务程序
{
    TH0 = 60 ;                              //重装初值
    TL0 = 176;
    counter++;                              //计数值加 1
    if(counter != 20)                       //判断是否计到 1s
        return;                             //如果没有计到 1s，则退出，继续计时
    else                                    //否则，1s 后，计数值清零，秒变量加 1
    {
        counter = 0;
        second++;
        if(second = = 60)                   //判断是否计到 60s
        {
            second=0;                       //秒清零
            minute++;                       //代表分的值加 1
            if(minute = = 60)               //判断是否计到 60min
                minute=0;                   //代表分的值清零
        }
    }
}
```

5.2 定时/计数器的基础应用

定时/计数器在单片机应用中占有非常重要的地位，几乎在所有的实际应用中都要用到

它。对初学者来说,定时器的应用是一个难点,初学者主要缺少将实际问题转换为使用定时器来处理的思路。本节通过实例进行分析,帮助学生(初学者)提高这方面的能力。

5.2.1 输出矩形波

【例 5-4】已知系统晶振频率是 12MHz,在 P1.0 引脚上输出如图 5-6 所示的矩形波。

图 5-6 矩形波

方法一:用 T0 反复产生 5ms 的定时、T1 反复产生 2ms 的定时,如图 5-7 所示。当 T1 定时时间到时,使 P1.0 引脚输出低电平,并停止定时;当 T0 定时时间到时,使 P1.0 引脚输出高电平,启动 T1,一起开始下一个周期波的定时。

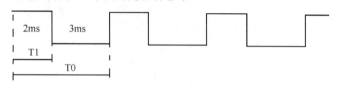

图 5-7 实现方法一

程序如下:

```
#include "reg51.h"
sbit P1_0 = P1^0;
void setup(void);          //初始化设置函数声明
void main(void)
{
 setup();                  //调用初始化设置函数
 while(1)                  //等待中断
 {};
}

/************************************************************
   初始化设置函数
************************************************************/
void setup(void)
{
    TMOD = 0x11;           //T0 以方式 1 定时,T1 以方式 1 定时
    TH0 = 0xEC;
    TL0 = 0x78;            //5ms 初值
    TH1 = 0xF8;
    TL1 = 0x30;            //2ms 初值
    TR0 = 1;               //启动 T0
```

```c
    TR1 = 1;            //启动 T1
    ET0 = 1;            //允许 T0 中断
    ET1 = 1;            //允许 T1 中断
    EA = 1;             //开通中断系统的总允许控制位
    P1_0 = 1;           //P1.0 引脚初始输出 1
}

/****************************************************************
    T0 中断服务程序
****************************************************************/
void INTET0(void) interrupt 1 using 0
{
    TH0 = 0xEC;         //T0 中断服务程序
    TL0 = 0x78;         //重装 5ms 初值
    P1_0 = 1;           //P1.0 引脚输出高电平
    TR1 = 1;            //启动 T1
}

/****************************************************************
    T1 中断服务程序
****************************************************************/
void INTET1(void) interrupt 3 using 1
{
    TR1 = 0;            //T1 停止运行
    TH1 = 0xF8;
    TL1 = 0x30;         //重装 2ms 初值
    P1_0 = 0;           //P1.0 引脚输出低电平
}
```

方法二：用 T1 产生 2ms 的定时、T0 产生 3ms 的定时，如图 5-8 所示。开始时，T1 定时、T0 不定时，当 T1 定时时间到时，使 P1.0 引脚输出低电平，停止定时，同时启动 T0；当 T0 定时时间到时，使 P1.0 引脚输出高电平，停止定时，同时启动 T1。这样反复进行，可实现要输出的波形。

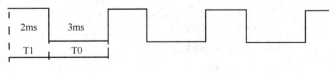

图 5-8 实现方法二

程序如下：

```c
#include "reg51.h"
sbit P1_0 = P1^0;
```

```c
void setup(void);        //初始化设置函数声明
void main(void)
{
    setup();             //调用初始化设置函数
    while(1)             //等待中断
    {};
}


/****************************************************************
    初始化设置函数
****************************************************************/
void setup(void)
{
    TMOD = 0x11;         //T0 以方式 1 定时，T1 以方式 1 定时
    TH0 = 0xF4;
    TL0 = 0x48;          //3ms 初值
    TH1 = 0xF8;
    TL1 = 0x30;          //2ms 初值
    TR0 = 0;             //不启动 T0
    TR1 = 1;             //启动 T1
    ET0 = 1;             //允许 T0 中断
    ET1 = 1;             //允许 T1 中断
    EA = 1;              //开通中断系统的总允许控制位
    P1_0 = 1;            //P1.0 引脚初始输出 1
}


/****************************************************************
    T0 中断服务程序
****************************************************************/
void INTET0(void) interrupt 1 using 1
{
    TR0 = 0;             //T0 停止运行
    TH0 = 0xF4;
    TL0 = 0x48;          //重装 3ms 初值
    P1_0 = 1;            //P1.0 引脚输出高电平
    TR1 = 1;             //启动 T1
}


/****************************************************************
    T1 中断服务程序
```

```
                                                                */
void INTET1(void) interrupt 3 using 2
{
    TR1 = 0;              //T1 停止运行
    TH1 = 0xF8;
    TL1 = 0x30;           //重装 2ms 初值
    P1_0 = 0;             //P1.0 引脚输出低电平
    TR0 = 1;              //启动 T0
}
```

方法三：前面两种方法都用了两个定时器，本方法只用一个定时器。本方法用 T0 代替方法二中的 T1，即用 T0 交替产生 2ms 和 3ms 的定时，如图 5-9 所示，用一个位变量 a 来表示 2ms 和 3ms 的状态，如 a = 0 表示 2ms 定时、a = 1 表示 3ms 定时。在 T0 的中断服务程序中对位变量 a 和 P1.0 引脚的输出同步进行改变，根据 a 的值进行判断，确定重装的初值。

图 5-9 实现方法三

程序如下：

```
#include "reg51.h"
sbit P1_0 = P1^0;
bit  a;               //定时状态标志位
void setup(void);     //初始化设置函数声明
void main(void)
{
    setup();          //调用初始化设置函数
    while(1)          //等待中断
    {};
}

/****************************************************************
   初始化设置函数
****************************************************************/
void setup(void)
{
    TMOD = 0x01;      //T0 以方式 1 定时
    TH0 = 0xF8;
    TL0 = 0x30;       //2ms 初值
    a = 0;            //定时状态，2ms 定时
    TR0 = 1;          //T0 不启动
```

```
        ET0 = 1;              //允许T0中断
        EA = 1;               //开通中断系统的总允许控制位
        P1_0 = 1;             //P1.0引脚初始输出1
    }

    /************************************************************
         T0中断服务程序
    ************************************************************/
    void INTET0(void) interrupt 1 using 0
    {
        P1_0 = !P1_0;         //对P1.0引脚的输出取反
        a = !a;               //定时状态取反
        if(a == 0)            //如果a=0,则重装2ms初值
        {
            TH0 = 0xF8;
            TL0 = 0x30;       //重装2ms初值
        }
        else
        {
            TH0 = 0xF4;       //a = 1
            TL0 = 0x48;       //重装3ms初值
        }
    }
```

5.2.2 频率测量

【例 5-5】如图 5-10 所示,用定时/计数器测量脉冲信号的频率,系统晶振频率为 6MHz。

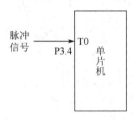

图 5-10 测量频率示意图

实现方法分析:所谓频率,就是指周期信号 1s 内重复的次数。用单片机测量频率需要用两个定时/计数器,一个用于定时,一个用于统计外部脉冲数。由于系统的机器周期是 2μs,最长定时时间为 100 多毫秒,因此不能直接产生 1s 的定时时间。此时,可以采用多次定时的方法;也可以设定不是 1s 的定时时间,如 0.1s,计数出这段时间内的脉冲个数,并乘以 10 就得到被测信号的频率。设定的测量时间通常称为闸门时间,可以根据测量信号频率选择合适的闸门时间。

本例选择的闸门时间为 0.1s，T1 用于定时，T0 用于计数。程序如下：

```c
#include <reg51.h>
unsigned int freq = 0;                    //存储测量得到的频率
void setup(void);                         //初始化设置函数声明

void main(void)
{
    setup();                              //调用初始化设置函数
    while(1)
    {
        display(freq);                    //显示频率函数调用（略）
    }
}

void setup(void)                          //初始化设置函数
{
    TMOD = 0x15;                          //T0 以方式 1 计数，T1 以方式 1 定时
    TH1 = 0x3C;                           //机器周期为 2μs
    TL1 = 0xB0;                           //初值为 0.1s
    TH0 = 0;
    TL0 = 0;                              //初值为 0
    TR1 = 1;                              //启动 T1，开始定时
    TR0 = 1;                              //启动 T0，开始计数
    ET1 = 1;                              //允许 T1 中断
    EA = 1;                               //开通中断系统的总允许控制位
}

void INTET1(void) interrupt 3 using 1     //T1 中断服务程序
{
    TR0 = 0;                              //停止计数
    TR1 = 0;                              //停止定时
    freq =TH0;                            //读取计数寄存器的高位值
    freq=(freq<<8|TL0)*10;                //将高位值和低位值组合后换算为频率
    TH1 = 0x3C;
    TL1 = 0xB0;                           //重装定时初值
    TH0 = 0;
    TL0 = 0;                              //初值为 0
    TR1 = 1;                              //启动下一轮定时
    TR0 = 1;                              //启动下一轮计数
}
```

5.2.3 脉冲宽度及周期测量

例 5-5 中的测量方法受到两方面的限制：①待测频率不能超过系统晶振频率的 1/24，即 250kHz；②在测量频率较低的信号时，误差较大，因为测量时间是 0.1s，所以漏计一个脉冲就相当于 10 个数据的误差。

在测量频率较低的信号时，通常是通过测量信号周期的方法来实现的，由周期计算出频率。图 5-11 所示为测量周期示意图。

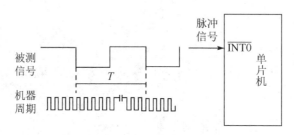

图 5-11 测量周期示意图

【例 5-6】用定时/计数器测量脉冲信号的周期，系统晶振频率为 6MHz。

实现方法分析：将脉冲信号加到外部中断引脚上，脉冲的下降沿作为中断的触发信号。定时/计数器工作在计数模式下，在外部中断的服务程序中启动计数器，统计内部的机器周期数。外部中断被再次触发时将停止计数，在两次外部中断被触发的期间统计得到的机器周期数就是被测信号的周期。参考程序如下：

```c
#include <reg51.h>
unsigned char code SEG[] = {0x3f,0x06,0x5b,0x4f,0x66,0x6d,0x7d,0x07,0x7f,0x6f };                //数字 0～9 的共阴极接法段码
#define uchar unsigned char;       //宏定义，用 uchar 代替 unsigned char
#define uint unsigned int;         //宏定义，用 uint 代替 unsigned int
uint  Tp = 0;                      //机器周期数
uchar n = 0;                       //定义外部中断的次数
//函数声明
void setup(void);
void display(uint dat);
void delayms(uint ms);

main()
{
    setup();                       //调用初始化设置函数
    while(1)
     {
         display(Tp);              //显示函数（略），显示测量结果
     }
```

```c
}

void setup(void)                     //初始化设置函数
{
    TMOD = 0x01;                     //T0 以方式 1 定时
    TH0 = 0;
    TL0 = 0;                         //初值为 0
    IT0 = 1;                         //外部中断 0 以下降沿触发
    EX0 = 1;                         //允许中断
    EA  = 1;                         //开通中断系统的总允许控制位
}

void INTEX0(void) interrupt 0 using 1    //外部中断 0 子程序
{
    TR0 = 1;                         //启动定时器,开始计数
    n++;                             //中断次数加 1
    if(n==2)                         //判断是否经过了 2 次中断
    {
        TR0 = 0;                     //停止计数机器周期
        Tp = TH0;                    //读取计数寄存器的高位值
        Tp = (Tp<<8|TL0)*2;          //将高位值和低位值组合后换算为周期(机器周期为2μs)
        TH0 = 0;                     //计数值清零
        TL0 = 0;                     //为下一轮测量做准备
        n = 0;                       //中断次数清零
    }
}
```

【例 5-7】用定时/计数器测量脉冲的宽度,系统晶振频率为 6MHz。

图 5-6 所示的矩形波也可以用来测量信号高电平的宽度,其程序在例 5-6 的程序上进行修改,即将"TMOD = 0x01;"改为"TMOD = 0x09;"。

修改的目的是将 T0 的 GATE 位设置为 1,即定时器的启动控制除了受到 TR0 的控制,还受到 $\overline{INT0}$ 引脚的控制。此时的定时器只有在 $\overline{INT0}$ 引脚是高电平时才计数,在低电平时不计数,故测出的是高电平的宽度。如果要测量低电平的宽度,则可以先使信号通过反相器处理,再进行测量。

如果要测量方波的周期,则除了要修改 TMOD 的值,还要修改计算周期的算法。因为计数器只统计半个周期的脉冲数,所以最终的周期要乘以 2。具体程序省略。

对比例 5-6 和例 5-7 可以发现,后者的测量精度比前者高。原因是前者要进入 2 次中断才可以测量出结果,而后者只需进入 1 次中断即可测量出结果。因为中断处理是需要时间的,中断次数越多,处理的时间会越长,测得的脉冲数就会变多。所以,为了提高测量精度,应尽量少进入中断,或者在 1 次中断中测量出结果。

5.2.4 超声波测距应用

在自动驾驶、智能小车、移动机器人等领域，超声波测距的应用非常广泛，主要用于防碰撞、避障。其实，超声波测距的原理比较简单，利用单片机的定时器就可以实现。超声波测距的原理如图 5-12（a）所示。

把 40kHz 的脉冲输入超声波发射器中，超声波元件将脉冲信号转换为超声波信号，以声速（340m/s）向前传播。超声波在遇到障碍物时会被反弹回来，最终被超声波传感器接收。通过记录从发射到接收所经历的时间，就可以计算出超声波到障碍物的距离，为 340×(*t*/2)（*t* 是超声波从发射到接收所经历的时间，单程时间要除以 2）。

超声波所需的 40kHz 脉冲可以利用单片机的定时器生成，但由于很多的现成超声波模块，如 HC-SR04［见图 5-12（b）］已经集成了脉冲发生器，因此没有必要利用单片机的定时器生成。只需给超声波模块的触发引脚（Trig）一个启动信号（该信号是一个宽度至少为 10μs 的脉冲信号），模块收到启动信号之后便产生 8 个连续的 40kHz 的脉冲，通过超声波发射器（T）发射出超声波信号；超声波遇到障碍物后反弹回来被超声波接收器（R）接收，在模块的 Echo 引脚上产生与检测距离成正比的高电平信号，通过测量此高电平信号的宽度就可以测得超声波到障碍物的距离。

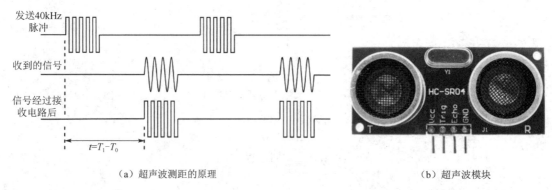

（a）超声波测距的原理　　　　　　　　　　（b）超声波模块

图 5-12　超声波测距

HC-SR04 超声波模块的时序图如图 5-13 所示。

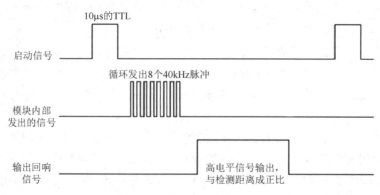

图 5-13　HC-SR04 超声波模块的时序图

通过超声波经历的时间来计算距离可以利用前面所介绍的公式实现，但生产超声波模块的厂家也提供了一个简便的计算公式：距离=时间（μs）/58cm，即用单位为微秒的时间除以

58 就可以获得以厘米（cm）为单位的距离。下面通过一个例子来演示超声波测距的应用。

【例 5-8】编写程序实现利用单片机和超声波测距模块进行距离的测量。

实现方法分析：通过超声波测距的原理可知，超声波测距通过一个 10μs 的脉冲来启动，接收的回响信号由 Echo 引脚产生高电平指示。测量该高电平信号的宽度就可以获得距离。因为要测量高电平信号的宽度，所以由例 5-7 可知，通过将此信号加入单片机的外部中断 $\overline{INT0}$ 引脚上，将定时器工作方式寄存器 TMOD 的 GATE 位设置为 1，就可以通过外部中断 $\overline{INT0}$ 引脚和 TCON 的 TR0 或 TR1 位来控制定时器的计数，从而获得高电平信号的宽度。电路仿真原理图如图 5-14 所示，超声波仿真元件采用 SRF04，距离可以通过上下箭头调整。

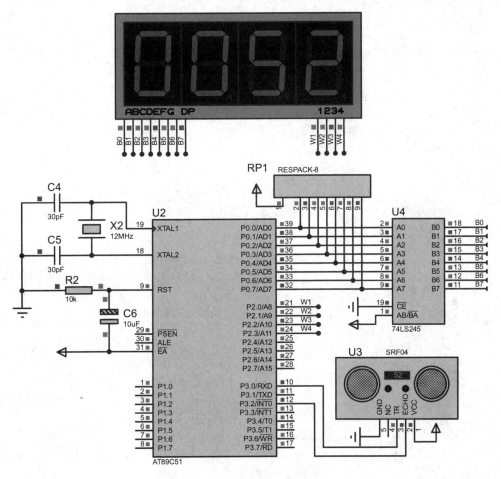

图 5-14 电路仿真原理图

程序的编写方法参考例 5-6 和例 5-7，即利用脉冲宽度的测量方法，按照 HC-SR04 超声波模块的时序图进行读/写控制，并通过 4 位数码管显示出距离。部分参考程序如下：

```
#include <reg51.h>
#include <intrins.h>              //提供_nop_()函数，实现一个空操作
//变量定义，部分省略
sbit TRIG = P3^0;                 //超声波模块启动引脚
bit  END = 0;                     //接收完成标志位
unsigned int Time_Count=0;        //定时器计满溢出次数
```

```c
unsigned int S = 0;                    //距离缓存变量
unsigned long int time = 0;            //时间缓存变量
//函数声明
void delayms(unsigned int ms);
void setup(void);                      //初始化设置函数声明
void display(unsigned int dat);        //显示函数声明
void StartModule(void);                //启动函数声明
void measure(void);                    //测量函数声明
void main(void)
{
    setup();                           //调用初始化设置函数
    while(1)
     {
        measure();                     //测量
        display(S);                    //显示
     }


}
//****************************************************************
//程序功能：设置定时器的工作方式、初值、允许中断
//****************************************************************/
void setup(void)                       //初始化设置函数
{
    TMOD = 0x09;                       //T0 工作于方式 1，运行由 GATE 和 TR0 位控制
    TH0 = 0;
    TL0 = 0;                           //初值为 0
    IT0 = 1;                           //外部中断 0 下降沿触发
    EX0 = 1;                           //允许中断
    EA  = 1;                           //开通中断系统的总允许控制位
}


//****************************************************************
//程序功能：T0 中断服务程序，用来统计定时器计满溢出次数
//****************************************************************/
void INTET0(void) interrupt 1 using 1
{
    Time_Count++;                      //定时器计满溢出次数加 1
    TL0 = 0x00;                        //设置定时初值低 8 位
    TH0 = 0x00;                        //设置定时初值高 8 位
}
```

```c
//***************************************************************
//程序功能：INT0 中断服务程序，用来停止定时器计数，并设置完成标志位
//***************************************************************/
void INTEX0(void) interrupt 0  using 2
{
    TR0 = 0;
    END = 1;
}


//***************************************************************
//程序功能：启动超声波模块
//***************************************************************/
void StartModule(void)
{
    TRIG = 0;
    _nop_();
    TRIG = 1;                          //启动一次模块
    //延时一段时间，至少10μs
    _nop_();_nop_();_nop_();_nop_();_nop_();_nop_();_nop_();_nop_();_nop_();_nop_();
    TRIG = 0;
}
//***************************************************************
//程序功能：测距计算
//***************************************************************/
void measure(void)
{
    StartModule();
    TR0 = 1;                           //开启定时器，等待高电平到来
    while(!END);                       //等待回响信号结束
    END = 0;
    /* 计算距离 */
    time = TH0;
    time = time << 8 | TL0;            //得到的时间
    time = time+(Time_Count*65535);    //计算总时长
    TH0 = 0;                           //定时/计数器清零
    TL0 = 0;
    Time_Count = 0;                    //次数最大值清零
    S=time/58;                         //按照给定的公式计算距离，得到以厘米为单位的距离
}
```

以上案例是定时器的基本应用，在使用定时器时，要注意两个问题：一是计数器的即时读数问题，即在计数过程中不断地读取计数器的值，一般很少这样操作，多数是在满足一定条件后才读数；二是精确定时问题，在定时器的中断服务程序中，没有考虑进出中断及初值重装所用的时间，因此实际的定时时间比设想的定时时间要长。由于指令执行的时间非常短，只有几微秒，因此在要求不高的场合可以不予考虑，本节所介绍的应用例子均未考虑。如果要让定时时间更准确，那么定时器的初值可适当增大一些，以抵消进出中断和初值重装所用的时间。具体的初值可通过实测进行调整。

5.3 定时/计数器的高级应用

前面介绍了定时器的基础应用，除了这些应用，它还可以用作多个时间的延时、无阻塞延时，以及多任务的管理、调度等。这些应用一般在任务复杂、程序量大、对实时性要求高的场合使用。下面就其实现方法做简单介绍。

5.3.1 多个时间的延时

在实际应用中，定时器经常用于实现延时。如果只需要一个时间的延时，就会很简单，但有多个任务在同一个时间内分别需要延时 100ms、500ms、1s、2s、5s……而延时期间还要处理其他任务，这种情况怎么实现呢？显然，如果一个时间的延时用一个定时器来实现，那么单片机的定时器是远远不够的。此时，只能采取一个定时器实现多个时间的延时的方式来实现。

例 5-3 中的时钟的实现方法已经给了我们一些提示，即秒、分和时的实现是通过一个最小定时单位 50ms 来实现的。因此，要实现多个时间的延时也可以借鉴时钟产生的方法，其基本思想如下：

（1）根据给定的定时时间设置多个最小定时单位。例如，对于上面提到的延时 100ms、500ms、1s、2s、5s，可以设置 50ms 为最小定时单位（也可以设置为其他数值），即定时器每 50ms 中断一次并计数，此时，100ms、500ms、1s、2s、5s 定时的中断次数分别是 2、10、20、40、100。

（2）给每个定时时间设置一个启动标识（start_flag）和一个结束标识（end_flag）。当需要定时时，设置启动标识为 1（start_flag = 1），并清除结束标识（end_flag = 0），同时在定时器的中断服务程序中开始计数。当计数次数到达设定的次数，即定时时间结束时，设置结束标识为 1（end_flag = 1），并清除启动标识（start_flag = 0）。

（3）通过查看定时时间的结束标识是否为 1 来判断定时时间到达与否。如果定时时间到达，则清除结束标识（end_flag = 0），并处理定时时间到达后要做的事情。

通过上面几个步骤的操作，利用一个定时器就可以实现多个时间的延时，这也是实际工程项目中常用的方法。下面通过举例来说明。

设采用的定时器为 T0，最小定时单位为 50ms，所需定时的时间为 100ms、500ms、1s、2s、5s。首先，分别设置计数变量和启动/结束标识如下：

```
T1_100ms_count ;            //100ms 定时计数
T2_500ms_count ;            //500ms 定时计数
T3_1s_count ;               //1s 定时计数
```

第 5 章 定时/计数器

```
    T4_2s_count ;                   //2s 定时计数
    T5_5s_count ;                   //5s 定时计数
    /******************启动标识********************/
    T1_start_flag = 0;              //100ms 的启动标识
    T2_start_flag = 0;              //500ms 的启动标识
    T3_start_flag = 0;              //1s 的启动标识
    T4_start_flag = 0;              //2s 的启动标识
    T5_start_flag = 0;              //5s 的启动标识


    /******************结束标识********************/
    T1_end_flag = 0;                //100ms 的结束标识
    T2_end_flag = 0;                //500ms 的结束标识
    T3_end_flag = 0;                //1s 的结束标识
    T4_end_flag = 0;                //2s 的结束标识
    T5_end_flag = 0;                //5s 的结束标识
```

然后，在需要定时的应用程序中设定定时时间的启动标识（start_flag=1），并在定时器的中断服务程序中判断定时器的启动并计数。计数结束后置结束标识为 1（end_flag=1），清除启动标识（start_flag=0）。示例程序如下：

```
void INTET0 (void) interrupt 1 using 1
{
    if(T1_start_flag == 1)          //判断是否启动定时
    {
        T1_100ms_count ++;          //100ms 次数加 1
        if(T1_100ms_count >= 2)     //判断定时时间是否到达,定时时间为 2×50ms
        {
            T1_end_flag = 1;        //置位结束标识
            T1_start_flag = 0;      //清除启动标识
        }
    }
    if(T2_start_flag == 1)          //判断是否启动定时
    {
        T2_500ms_count ++;          //500ms 次数加 1
        if(T2_500ms_count >= 10)    //判断定时时间是否到达,定时时间为 10×50ms
        {
            T2_end_flag = 1;        //置位结束标识
            T2_start_flag = 0;      //清除启动标识
        }
    }

    ……（其他定时类似,省略）
```

}

在应用程序中,从设定定时时间开始,在定时时间到达时进行相应的操作。例如,对于一个接在 P1.0 引脚上的 LED,需要将其点亮 1s,可以进行如下操作:

```
sbit LED = P1^0;
void Led_On (void )              //点亮1s的函数
{
    LED = 0                      //点亮 LED
    T2_start_flag = 1;           //开始定时
}
Void Led_Off (void)              //熄灭函数
{
    T2_end_flag = 0;             //清除结束标识
    LED = 1                      //熄灭 LED
}
```

在需要点亮 LED 处调用 Led_On ()函数,在主程序循环中判断定时时间是否到达,如果定时时间到达,就调用熄灭函数 Led_Off ()。例如:

```
main()
{
    while(1)
    {
        ......
        if (key == 0)             //如果按键被按下,则需要点亮 LED
            Led_On();             //调用点亮函数
        if (T2_end_flag == 1)     //判断定时时间是否到达
        {
            T2_end_flag = 0;      //清除结束标识
            Led_Off ();           //调用熄灭函数
        }
        ......
    }
}
```

在使用以上程序时,需要注意的是,各个定时时间的启动标识和结束标识都要有一个完整的操作(成对操作),即有置位一定要有复位。根据相应要求在某处置位之后,要在使用完该标识之后将其复位,以防止逻辑判断出错。

5.3.2 无阻塞延时

在之前的数码管动态显示的按键消抖程序中,经常用到延时函数 delayms()。该延时函数是通过软件延时的方式实现的。该函数在延时时占用了 CPU 的时间,导致其他非中断的程序不能使用，即阻塞了其他进程，这对实时性要求较高的场合来说是不能使用的。为了提高单片机系统的实时性，实现系统的快速响应，就要禁用此类阻塞延时，采用无阻塞延时。

要实现无阻塞延时，可以参考 5.3.1 节中介绍的多个时间的延时方法，采用定时器方式来延时，同时配以相关的标识来指示延时结束。下面以按键消抖为例进行说明。

在例 3-5 中，对按键的处理程序如下：

```
1: void Key_Deal(void)
2: {
3:    if(Key == 0)                //判断是否有按键被按下
4:    {
5:       delayms(10);             //延时、消抖
6:       if(Key == 0)             //再次判断是否有按键被按下
7:       {
8:          Led_Disp ( );         //命令处理，点亮 LED
9:       }
10:      while(!Key);             //等待按键被释放
11:   }
12: }
```

在以上程序中，有两处阻塞点，即 delayms(10)和 while(!Key)。无论是延时还是等待按键被释放，都是阻塞延时，虽然延时时间不长，但降低了系统的实时性，如果单片机以毫秒级与外部通信，那么肯定会出现丢包现象，此时，该如何改进呢？

参照 5.3.1 节，给按键扫描设定一个周期，如每 5ms 扫描一次，用定时器实现延时。设定按键相关标识如下：

```
key_count = 0;        //按键按下计数变量
key_release = 0;      //按键释放标识
```

把按键处理函数 Key_Deal()修改如下：

```
1: void Key_Deal(void)
2: {
3:    if(Key == 0)                                    //判断是否有按键被按下
4:    {
5:       key_count ++;                                //按键按下计数变量加 1
6:       if (key_count >= 2 && !key_release)          //计时 10ms 且按键被释放后未被按下
7:       {
8:          key_release =1;                           //按键被按下
9:          Led_Disp();                               //命令处理，点亮 LED
10:      }
11:   else                                            //没有按键被按下
12:   {
13:       key_count = 0;                              //没有按键被按下，计时清零
14:       key_release = 0                             //按键被释放
```

```
15:        }
16:     }
17: }
```

程序的第 5、6 行实现了延时、消抖功能,通过定时器定时 5ms 中断次数的计数来实现。按键的释放判断通过定义按键释放标识变量 key_release 来标示是否有按键被按下,以及按键是否被释放。当有按键被按下时,key_release =1,为防止按键未被释放时重复执行动作,程序的第 6 行增加了对按键是否被释放的判断。当检测到没有按键被按下时,把按键按下计数变量和按键释放标识清零,表示一次按键动作结束。程序通过这样的改变,不仅可以实现无阻塞延时,还可以实现按键被长按下而不释放也不影响其他程序的执行,值得初学者好好学习领会。

5.3.3 多任务的管理、调度

在前面所列举的程序中,把需要调用的各个任务函数放在 main()函数的 while(1)循环里按顺序执行,在一次循环中,每个任务被执行的次数都是一样的。这是传统的编程方法,对于功能较少、程序量不大的情况比较适用。这种编程方法存在一个缺点,即每个任务都得到均等的执行次数,而由于有些任务需要实时响应,希望执行的次数多一些;有些任务只需每秒执行一次就可以,这种编程方法显然是无法满足这样的要求的。而且,当系统功能复杂、程序量大、对实时性要求高时,采用这种编程方法就有可能出现程序结构混乱、实时性无法得到满足的情况,故需要进行改进。

前面已经介绍了多个时间的延时方法,即给定时器设定一个最小定时单位,所有的延时都是基于此单位进行计数的,计到设定的时间就代表定时时间到。基于此思想,如果给多个任务设定不同的执行间隔时间,对于对实时性要求高的任务,就设定其间隔时间短一些;对于对实时性要求低的任务,就设定其间隔时间长一些。各自的定时时间到达之后,就执行对应的任务。这样,通过定时器来管理多个任务的执行,程序结构就比较清晰,实时性也能得到满足。这种管理多任务的方法也称为时间片轮询调度算法,是复杂程序应该使用的方法。下面通过举例来讲解该方法的程序框架。

在讲解该方法的程序框架之前,先了解一下 C 语言的结构体。

1. 结构体类型

我们知道,数组是一组具有相同类型的数据的集合,因此可以把具有相同数据类型的数据放在数组中,使用起来较方便,如数码管的段码就放在一个数组中。但有时需要把相关的、不同类型的数据放在一起,如一名学生的姓名、班级、学号、年龄、成绩等,这些都是与学生相关的信息,但是它们的数据类型又不一样,不能放在数组中。于是,C 语言就有了结构体类型,用来放置不同类型的数据。除此之外,结构体还可以用来放置数组、指针、函数,甚至可以放置另一个结构体类型的变量。

(1) 结构体的定义如下:

```
struct student{
    char *name;     //姓名
    char * class;   //班级
    long num;       //学号
```

```
    int age;        //年龄
    float score;    //成绩
};
```

结构体类型以 struct 来表示,其中的 student 是结构体的名称。该结构体内部有 5 个变量,称为结构体成员。

(2)结构体变量声明的格式如下:

  struct 结构体名称 结构体变量1[,结构体变量2];

例如:

```
struct student stu1,stu2;
```

也可以在定义结构体时声明结构体变量。例如:

```
struct student{
    char *name;     //姓名
    char * class;   //班级
    long num;       //学号
    int age;        //年龄
    float score;    //成绩
}stu1,stu2;
```

(3)结构体成员的引用格式如下:

```
结构体变量.成员
```

  例如:

```
stu1.name, stu1.class
```

(4)结构体变量的初始化有多种方法。

方法 1:直接给各个成员赋值。例如:

```
stu1.name = "Li Ming";
stu1.num=20230110;
```

方法 2:类似数组,也可以一次性给所有成员赋值。例如:

```
struct student stu ={"Li Ming","Computer 1",20230110,18,95.5};
```

(5)结构体数组。结构体数组与一般数组相似,也是用来存储多个数据的,只不过它存储的是多个结构体变量,各个变量都包含有各自的成员。在定义一个结构体数组时,可以直接初始化,按照结构体成员的排列顺序直接填写对应的数值。为了区别变量,各个变量之间可以加上"{}",也可以不加。例如,下面定义了一个结构体数组,含有 3 个结构体成员 stu[0]、stu[1]、stu[2]:

```
struct student stu[ ]={
            {"Li Ming","Computer 1",20230110,18,95.5},
            {"Wang bin","Computer 2",20230215,17,98.2},
            {"Zhang shan","Computer 2",20230225,18,96.5}
                }
```

以上仅简单介绍了结构体的语法结构和使用方法,更多用法请参考其他资料。结构体在大型程序中经常用到,使用它来管理某一个类型事务的数据非常方便,它可以把与某个事务相关的各个数据(属性)、函数(方法)等组织在一起。它也是面向对象编程方法的起源,结构体相当于面向对象方法中的类,结构体变量相当于类的对象。结构体在操作系统的编程中经常用到,程序开发人员应该熟悉其使用方法。

2. 时间片轮询调度算法的程序框架

时间片轮询调度算法的基本思想是把要做的事情分为多个小任务,每个小任务都分配有计时调用的时间和一个标志。任务的调用是通过计时时间是否到达来判断的,当计时时间到达之后,将任务标志置1,通过在主程序中查看任务标志是否为1来启动任务。

时间片轮询调度算法的程序框架主要包含如下内容。

(1)任务结构体。

任务结构体包含了一个任务需要的所有信息,包括运行状态标志、计时器、任务运行间隔时间,以及这个任务对应的函数指针。使用类型定义 typedef 将结构体类型定义为 Task_TypeDef。C 语言允许用户使用 typedef 关键字来定义自己习惯的数据类型名称,以替代系统默认的基本数据类型、数组类型、指针类型、结构体类型、共用体类型、枚举类型等名称。一旦用户在程序中定义了自己习惯的数据类型名称,就可以在该程序中使用它来定义变量的类型、数组的类型、指针变量的类型与函数的类型等。

```
typedef struct Task{
    unsigned char Run;              //程序运行标志:0表示不运行,1表示运行
    unsigned int Timer;             //计时器
    uinsigned int ItvTime;          //任务运行间隔时间
    void (*TaskHook) (void);        //要运行的任务函数
} Task_TypeDef;                     //任务类型定义
```

(2)任务数组。

任务数组其实就是任务的结构体数组,包含各个任务的参数。当需要添加一个任务到时间片轮询队列中时,只需在任务数组中添加函数指针,并设置好相关参数即可。

```
static Task_TypeDef TaskComps[] =
{
    {0, 0, 20, Task_DisplayClock},   //显示时钟
    {0, 0, 50, Task_KeyScan},        //按键扫描
    {0, 0, 100, Task_DispStatus},    //显示工作状态
    ......                           //在这里添加新的任务
};
```

(3)任务列表。

任务列表的作用主要是给任务数组的元素标注名称,用到了 C 语言的枚举变量 enum。枚举变量的元素编号是从 0 开始的,依次递增。任务数组元素编号也是从 0 开始递增的,因此,用枚举变量表示数组元素看起来更直观一些。任务列表中也使用 typedef 关键字将该任务列表定义为 TASK_LIST_TypeDef 类型。

```
typedef enum TASK_LIST
{
```

```
    TAST_DISP_CLOCK,                    //0, 显示时钟
    TAST_KEY_SAN,                       //1, 按键扫描
    TASK_DISP_WKST,                     //2, 工作状态显示
    ......                              //在这里添加新的任务
    TASKS_MAX                           //任务最大值，表明可供分配的定时任务的数目
} TASK_LIST_TypeDef;
```

（4）标志位处理函数。

标志位处理函数是用来更新每个任务的计时器及其运行标志位的，在单片机的定时器中断服务函数中调用它。它的作用是对每个任务的计时器进行计数，可以采用递增计数方式（计时初值设为 0），也可以采用递减计数方式（计时初值设为任务间隔时间）。在计数的同时判断任务运行间隔时间是否到达，如果到达，就将任务标志置 1，并恢复计时初值。函数定义如下：

```
void TaskRemarks (void)
{
    uint8 i;
    for (i=0; i<TASKS_MAX; i++)              //对每个任务的计时时间进行处理
    {
        if (TaskComps[i].Timer)              //时间不为 0
        {
            TaskComps[i].Timer--;            //采用递减计数方式，减去一个节拍
            if (TaskComps[i].Timer == 0)     //计时结束
            {
                TaskComps[i].Timer = TaskComps[i].ItvTime;  //恢复计时初值
                TaskComps[i].Run = 1;        //任务可以运行
            }
        }
    }
}
```

（5）各个任务函数。
```
/*****************************************************************
函数名称：Task_DisplayClock()
函数功能：显示任务
*****************************************************************/
void Task_DisplayClock(void)
{
    (略)
}


/*****************************************************************
函数名称：Task_KeySan()
函数功能：扫描任务
```

```
**********************************************************************/
void Task_KeySan(void)
{
    (略)
}

/**********************************************************************
函数名称：Task_DispStatus()
函数功能：工作状态显示
**********************************************************************/
void Task_DispStatus(void)
{
    (略)
}

/**********************************************************************
函数名称：TimerInterrupt()
函数功能：中断服务函数
**********************************************************************/
void TimerInterrupt(void) interrupt n
{
    TaskRemarks( );
}

/**********************************************************************
函数名称：main()
函数功能：主函数
**********************************************************************/
int main(void)
{
    InitSys();                    //初始化
    while (1)
    {
        TaskProcess();            //任务处理
    }
}
```

整个程序的执行流程：定时中断服务函数，不断检查并刷新每个任务的状态，实时更新任务数组的数据（时间和标志）。任务处理函数根据这些状态来判断要执行哪些函数，如果条件满足，就调用相应的任务函数执行。时间片轮询调度算法的程序框架流程图如图5-15所示。

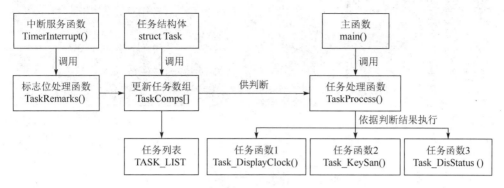

图 5-15 时间片轮询调度算法的程序框架流程图

5.4 项目训练：数字电子钟设计

5.4.1 项目要求

本项目的具体任务是用单片机设计一个简单的数字电子钟，能显示时、分、秒，并能进行调整。具体要求如下。

（1）开机时，显示 12:00:00，开始计时。
（2）按键 1 控制"秒"的调整，每按一次加 1 秒。
（3）按键 2 控制"分"的调整，每按一次加 1 分。
（4）按键 3 控制"时"的调整，每按一次加 1 小时。

5.4.2 项目分析

要设计一个时钟，关键是秒基准的产生。以前在写延时程序时，多数采用的是循环延时的方法。这种方法虽然简单，但延时时间不准确，如果用来产生时钟的秒基准，那么势必会产生很大的误差。因此，最好的方法就是用定时器来产生秒基准。

例 5-3 已经演示了秒基准的产生方法。有了秒时钟，分、时就会迎刃而解。对秒进行计数，计到 60s 时，分钟数加 1，计到 60min 时，小时数加 1，计到 24h 后全部归零即可。本项目只是在例 5-3 的基础上增加了小时的计数和显示，以及按键实现时钟的调整。

时间的显示参考之前的数码管动态显示的方法，按键调整同样可以参考独立按键的检测方法来实现。使用传统的编程方法很容易实现，本项目尝试使用时间片轮询调度算法来实现。

5.4.3 原理图设计

原理图设计可以参照多位数码管的显示原理，把数码管的位数增加到 8 位，选取仿真元件 7SEG-MPX8-CC-BLUE，将数据段码接到 P1 口上，将位控制码接到 P2 口上。由于数据的连接线较多，因此可以采用网络标号标注的方式。这样原理图看起来更加简洁。本项目要增加 3 个按键并接到 P0 口上，具体如图 5-16 所示。

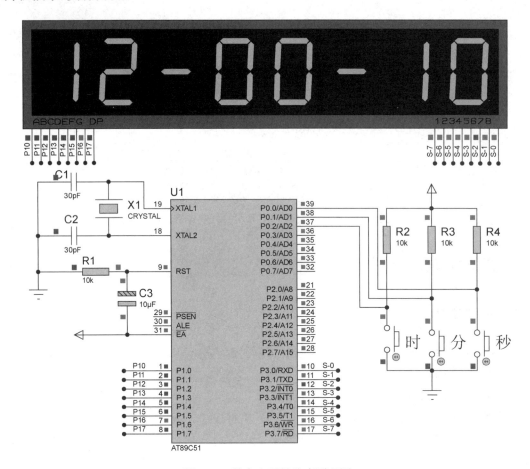

图 5-16 数字电子钟仿真原理图

5.4.4 程序设计

程序设计采用时间片轮询调度算法的程序框架来编程。按照程序框架的要求,将数字电子钟各个需要实现的相对独立的任务封装成一个函数,确定好各个函数运行的时间间隔,并填充到结构体数组中。根据数字电子钟的要求,划分出 4 个相对独立的任务,分别是时钟显示、按键扫描、状态指示、时钟处理。它们的函数功能、名称,对应的列表名称,运行的间隔时间如表 5-4 所示。

表 5-4 各个任务参数表

函 数 功 能	函 数 名 称	列 表 名 称	间 隔 时 间
时钟显示	Task_DisplayClock()	TAST_DISP_CLOCK	2ms
按键扫描	Task_KeyScan()	TAST_KEY_SCAN	5ms
状态指示	Task_LedToggle()	TASK_LED_TOG	500ms
时钟处理	Task_ClockDeal()	TASK_CLOCK_DEAL	1000ms

设置各个任务参数之后,就可以按照程序框架来编写程序了。由于程序量偏多,因此,为了让整个程序的结构更加清晰,需要把程序按照功能分为 2 个文件。为了实现文件之间的函数调用,还需要编写相应的头文件。

因此,程序一共有 3 个文件,分别是 clock.c、clock.h、main.c。

```c
/************************************************************************
* 文件名称：clock.c
************************************************************************/
#include <REG51.H>
#include "Clock.h"
//共阴极接法的段码
unsigned char code SEG[]={0x3f,0x06,0x5b,0x4f,0x66,0x6d,0x7d,0x07,
             0x7f,0x6f,0x77,0x7c,0x39,0x5e,0x79,0x71,0x40};
unsigned char BIT[]={0xfe,0xfd,0xfb,0xf7,0xef,0xdf,0xbf,0x7f};  //位控制码
unsigned char dispbuf[8]={0,0,16,0,0,16,2,1};      //显示缓冲区初始值12:00:00
unsigned char bit_cnt;                              //数码管位计数


//LED的I/O口
sbit LED = P3^7;


//按键I/O口
sbit sec_adj = P0^0;                                //秒按键调整
sbit min_adj = P0^1;                                //分按键调整
sbit hour_adj = P0^2;                               //时按键调整

unsigned char sec_count = 0;                        //秒按键按下计时
unsigned char min_count = 0;                        //分按键按下计时
unsigned char hour_count = 0;                       //时按键按下计时

bit sec_release = 0;                                //秒按键释放标识
bit min_release = 0;                                //分按键释放标识
bit hour_release = 0;                               //时按键释放标识

//时钟变量
unsigned char second;                               //秒变量
unsigned char minute;                               //分变量
unsigned char hour;                                 //时变量
unsigned int us_cnt;                                //微秒计数变量

//函数声明
void Time_Init(void);
void Task_KeyScan(void);
void Task_DisplayClock(void);
void Task_ClockDeal(void);
void Task_LedToggle(void);
```

```c
void TaskRemarks (void);
void TaskProcess(void);

//任务结构体数组
struct TaskStruct TaskComps[]=
{
  //任务运行标志    计时时间    运行的间隔时间    任务函数指针
    { 0,            0,          2,              Task_DisplayClock},
    { 0,            0,          5,              Task_KeyScan    },
    { 0,            0,          500,            Task_LedToggle},
    { 0,            0,          1000,           Task_ClockDeal},
};//任务列表
typedef enum TASK_LIST
{
    TAST_DISP_CLOCK,        //0,时钟显示
    TAST_KEY_SCAN,          //1,按键扫描
    TASK_CLOCK_DEAL,        //2,时钟处理
    TASK_LED_TOG,           //3,状态指示
    TASKS_MAX               //任务最大值,表明可供分配的定时任务的数目
} TASK_LIST_TypeDef;

/******************************************************************
*函数名称:Time_Init()
*函数功能:定时器初始化
******************************************************************/
void Time_Init(void)
{
    TMOD=0x02;              //设定定时器0工作于方式2
    TH0=0x06;               //250µs 溢出中断
    TL0=0x06;
    TR0=1;
    ET0=1;
    EA=1;
    hour=12;
}

/******************************************************************
*函数名称:Task_LedToggle()
*函数功能:LED 闪烁,状态指示
```

```
****************************************************************/
void Task_LedToggle(void)
{
    LED = !LED;
}
/*****************************************************************
*函数名称: Task_KeyScan()
*函数功能: 按键扫描
****************************************************************/
void Task_KeyScan(void)
{
    P0=0xff;
    if(sec_adj ==0)
    {
        sec_count++;
        if(sec_count >= 2 && !sec_release)
        {
            sec_release = 1;
            second++;
            if(second==60)
            {
                second=0;
            }
            dispbuf[0]=second%10;      //如果有按键被按下，就重写显示缓冲区
            dispbuf[1]=second/10;
        }
    }
    else
    {
        sec_count = 0;                 //按键按下计时清零
        sec_release = 0;               //按键被释放
    }
    if(min_adj==0 )
    {
        min_count ++;
        if(min_count == 2 && !min_release)
        {
            min_release=1;
            minute++;
            if(minute==60)
```

```
                {
                    minute=0;
                }
                dispbuf[3]=minute%10;
                dispbuf[4]=minute/10;
            }
        }
        else
        {
            min_count=0;
            min_release =0;
        }
        if(hour_adj==0 )
        {
            hour_count++;
            if(hour_count==2 && !hour_release)
            {
                hour_release =1;
                hour++;
                if(hour==24)
                {
                    hour=0;
                }
                dispbuf[6]=hour%10;
                dispbuf[7]=hour/10;
            }
        }
        else
        {
            hour_count=0;
            hour_release = 0;
        }
    }
}

/******************************************************************
*函数名称：Task_DisplayClock()
*函数功能：时钟显示
******************************************************************/
void Task_DisplayClock(void)
{
```

```c
    dispbuf[0]=second%10;
    dispbuf[1]=second/10;
    dispbuf[3]=minute%10;
    dispbuf[4]=minute/10;
    dispbuf[6]=hour%10;
    dispbuf[7]=hour/10;

    P2=0xff;                        //关闭所有显示
    P1=SEG[dispbuf[bit_cnt]];       //由位变量数确定时间参数,由参数值找出显示段码
    P2=BIT[bit_cnt];                //位控制
    bit_cnt++;                      //下一位显示
    if(bit_cnt==8)
    {
        bit_cnt=0;
    }
}


/***********************************************************************
*函数名称: Task_ClockDeal()
*函数功能: 时钟处理
***********************************************************************/
void Task_ClockDeal(void)
{
    second++;
    if(second==60)                  //计到60s,分钟数加1
    {
        second=0;
        minute++;
        if(minute==60)              //计到60min,小时数加1
        {
            minute=0;
            hour++;
            if(hour==24)            //计到24h,复位
            {
                hour=0;
            }
        }
    }
}
```

```c
/******************************************************************
*函数名称：TaskProcess()
*函数功能：任务处理
******************************************************************/
void TaskProcess(void)
{
    if(TaskComps[TAST_DISP_CLOCK].Run)            //根据任务标志状态执行相应的任务
    {
        TaskComps[TAST_DISP_CLOCK].TaskHook();    //执行时钟显示函数
        TaskComps[TAST_DISP_CLOCK].Run=0;         //任务运行标志清零
    }
    if(TaskComps[TAST_KEY_SCAN].Run)
    {
        TaskComps[TAST_KEY_SCAN].TaskHook();      //执行按键扫描函数
        TaskComps[TAST_KEY_SCAN].Run=0;           //任务运行标志清零
    }
    if(TaskComps[TASK_CLOCK_DEAL].Run)
    {
        TaskComps[TASK_CLOCK_DEAL].TaskHook();    //执行时钟处理函数
        TaskComps[TASK_CLOCK_DEAL].Run=0;         //任务运行标志清零
    }
    if(TaskComps[TASK_LED_TOG].Run)
    {
        TaskComps[TASK_LED_TOG].TaskHook();       //执行状态指示函数
        TaskComps[TASK_LED_TOG].Run=0;            //任务运行标志清零
    }
//  以上函数也可以使用for循环来实现：
//  unsigned char i;
//  for (i = 0;i<TASKS_MAX;i++)
//  {
//      if(TaskComps[i].Run)                      //根据任务标志状态执行相应的任务
//      {
//          TaskComps[i].TaskHook();              //执行该任务的函数
//          TaskComps[i].Run=0;                   //任务运行标志清除
//      }
//  }
}

/******************************************************************
```

```
*函数名称：INTET0()
*函数功能：定时器中断，每250μs产生一次中断
***********************************************************************/
void INTET0(void) interrupt 1 using 1
{
    us_cnt++;
    if(us_cnt==4)                      //1ms 时间
    {
        us_cnt = 0;
        TaskRemarks();                 //调用任务处理函数
    }
}
/***********************************************************************
*函数名称：TaskRemarks()
*函数功能：任务运行状态标志处理
***********************************************************************/
void TaskRemarks (void)
{
    unsigned char i;
    for(i=0;i<TASKS_MAX;i++)           //遍历所有循环
    {
        if(!TaskComps[i].Run)
        {
            TaskComps[i].Timer++;      //计时
            if(TaskComps[i].Timer >= TaskComps[i].ItvTime)//判断是否到达定时时间
            {
                askComps[i].Timer = 0;
                TaskComps[i].Run = 1;
            }
        }
    }
}
/***********************************************************************
* 文件名称：clock.h
***********************************************************************/
#ifndef   __CLOCK_H                   //防止头文件重复包含
#define   __CLOCK_H
struct TaskStruct
{
```

```c
    unsigned char Run;                //程序运行标志:0表示不运行,1表示运行
    unsigned int Timer;               //计时器
    unsigned int ItvTime;             //任务运行间隔时间
    void (*TaskHook) (void);          //要运行的任务函数
};
void Time_Init(void);
void TaskProcess(void);
#endif

/****************************************************************
* 文件名称: clock.h
*****************************************************************/
#include <reg51.h>
#include "clock.h"
void main(void)
{
    Time_Init();                      //定时器初始化
    while(1)
    {
        TaskProcess();                //任务处理
    }
}
```

本项目采用时间片轮询调度算法来组织程序结构,提供了一个程序框架。该框架看似复杂,但结构很清晰,而且易于扩展。如果还需要增加其他任务,则只需在任务数组、任务列表中增加相应的参数和名称,并编写出任务函数便可,无须考虑函数的调用关系,使用起来简单。就如同一个操作系统一样,用户只需编写应用程序,并向系统注册后,系统就可以按照注册信息来调用函数。因此,该方法也是值得学习的一种编程思想,对处理多个任务、复杂的程序尤其适用。初学者只要掌握该程序框架的写法,使用起来便会得心应手。

5.5 本章小结

本章主要讲解了定时/计数器的工作原理、具体用法,以及它在实际中的应用。学习本章,要掌握好如下内容。

(1) 定时/计数器的基本工作原理。

(2) TCON 中有关定时/计数器的位的功能和设置方法。

(3) TMOD 中各位的功能和设置方法。

(4) 定时/计数器在不同工作方式下的最大计数值、初值的计算和赋值方法。

(5) 定时/计数器中断的应用方法。

（6）定时/计数器的基础应用，如输出脉冲波形、测量脉冲频率、测量脉冲周期等。

（7）了解定时/计数器的高级应用，并能够在项目案例中进行应用。

5.6 本章习题

1. 定时/计数器的本质是计数器，它是如何实现定时、计数两种功能的？
2. 简述 TMOD 的功能。
3. 定时/计数器对外部脉冲计数时，有什么条件要求？
4. 简述定时/计数器的使用步骤。
5. 对于 8051 单片机，当 f_{osc} = 6MHz 和 f_{osc} = 12MHz 时，定时器的最长定时时间各为多少？
6. 已知 8051 单片机系统的 f_{osc} = 6MHz，试编写程序，在 P1.7 引脚上产生频率为 200Hz 的方波。
7. 假设 f_{osc} = 6MHz，利用定时器编写实现电子钟的程序。其中，时、分、秒分别存储在 60H、61H、62H 中。
8. 设单片机系统的 f_{osc} = 6MHz，试计算定时器工作于方式 1 时定时 1ms、10ms、100ms 的初值。
9. 已知 8051 单片机系统的 f_{osc} = 12MHz，试编写程序，使 P1.0 引脚输出如图 5-17 所示的波形。

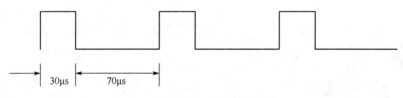

图 5-17　习题 9 图

10. 让 T0 工作在方式 3，产生如图 5-17 所示的输出波形。
11. 已知一单片机应用系统的 f_{osc} = 12MHz，有负跳变脉冲从 P3.3 引脚输入，试编制程序，实现每当计满 10 个负跳变脉冲时，单片机控制 P1.0 引脚的小灯亮 1s 后熄灭。
12. 在例 5-6 的基础上修改程序，让程序只需一次中断就可以获得结果。
13. 用传统方法实现 5.4 节中的数字电子钟。

第6章 单片机串口数据通信

在单片机控制系统中,经常需要多个控制系统配合工作,这就要求在多个单片机系统之间进行通信。通信的方法有多种,本章仅从串行通信角度介绍串行传输的一般概念及基本应用,从单片机串口的内部结构、工作方式、串行通信接口 RS-232 标准等方面进行介绍,并对单片机与单片机之间、单片机与远程服务器之间的通信应用进行介绍。

6.1 串行通信基础知识

6.1.1 串行通信与并行通信的比较

通信一般分为并行通信和串行通信两种。

并行通信:通过一组数据总线,同时对数据的各位进行传输,每位数据占据一根数据总线,如图 6-1 所示。并行通信的优点是控制简单、传输速度快;缺点是由于传输线较多,因此长距离传输时成本高。

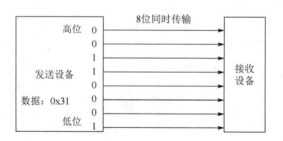

图 6-1 并行通信

串行通信:使用一根数据总线,将数据一位接一位地依次传输,每位数据占据一个固定的时间长度,如图 6-2 所示。串行通信的优点是传输线少,长距离传输时成本低;缺点是传输速度慢。

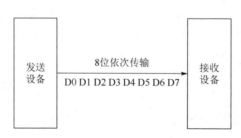

图 6-2 串行通信

通俗地理解，并行通信就是 8 个人一次性通过一座桥，这样，桥面的宽度需要大于或等于 8 个人所需的宽度；串行通信就是 8 个人依次通过一座桥，这样，桥面的宽度只需大于或等于 1 个人所需的宽度。这里，数据就是人，数据总线就是桥面的宽度。可见，并行通信的传输速率应该比串行通信的传输速率高，而串行通信则节省了数据总线。目前，串行通信的传输速率不断提升，如 USB2.0 的传输速率达到了 480Mbit/s，而 USB3.0 的理论传输速率已经达到 5Gbit/s。

6.1.2 串行通信的制式

串行通信的制式有单工、半双工和全双工 3 种，如图 6-3 所示。

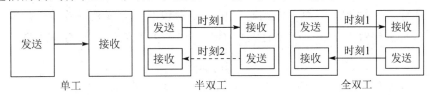

图 6-3 串行通信的制式

单工：在通信过程中的任意时刻，信息只能由一方 A（B）传输到另一方 B（A）。

半双工：在通信过程中的任意时刻，信息既可由 A 传输到 B，又能由 B 传输到 A，但同一时刻只能有一个方向上的传输存在。

全双工：在通信过程中的任意时刻，线路上同时存在 A 到 B 和 B 到 A 的双向信息传输。

想一想，生活中经常见到的一些设备，如手机、对讲机、卫星电话等，它们的数据通路形式属于哪种制式？

6.1.3 同步串行通信与异步串行通信

同步串行通信与异步串行通信都要规定通信双方的传输速率，如图 6-4 所示。

图 6-4 串行通信的两种形式

同步串行通信采用数据包形式来装载数据。数据包中有特殊的"同步位"，可以用来协调并统一通信双方的传输步调。它一次可以收发几十到几千字节的数据，效率较高，对通信双方时钟的一致性要求较高，如图 6-5 所示。简单地说，就是一段时间对一次步调。

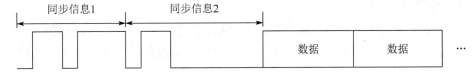

图 6-5 同步串行通信

异步串行通信采用数据帧形式来装载数据，如图6-6所示。

图 6-6 异步串行通信

每个数据帧都包括起始位、数据位、校验位和停止位，如图6-7所示。异步串行通信每收/发一帧数据就调整一次双方的步调，保证传输的正常进行。异步串行通信传输的信息中，冗余位较多，传输效率较低，但对双方的时钟精度要求较低，对线路的要求也远比同步串行通信低得多。它是一种较"宽容"的串行通信形式，用在大多数设备间的数据通信上。

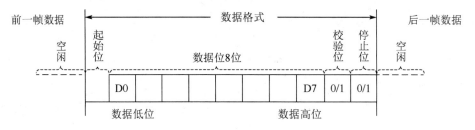

图 6-7 异步串行通信的数据帧格式

6.1.4 串行通信的校验方式

1. 奇偶校验

对于奇偶校验，在发送数据时，数据位后的1位为奇偶校验位（1或0）。对于奇校验，数据中"1"的个数与校验位"1"的个数之和应为奇数；对于偶校验，数据中"1"的个数与校验位"1"的个数之和应为偶数。在接收字符时，对"1"的个数进行校验，若发现与所发送数据不一致，则说明在传输数据的过程中出现了差错。

2. 代码和校验

代码和校验是指发送方对所发送数据块进行求和（或各字节异或）运算，产生1字节的校验字符（校验和），附加到数据块末尾。接收方在接收数据的同时对数据块（除校验字节外）进行求和（或各字节异或）运算，将所得的结果与发送方的校验和进行比较，如果两者相符，则认为在传输数据的过程中没有出现差错，否则即认为在传输数据的过程中出现了差错。

3. 循环冗余校验（CRC）

循环冗余校验指通过某种数学运算实现有效信息与校验位之间的循环校验，常用于对磁盘信息的传输、存储区的完整性进行校验等。这种校验方法的纠错能力强，广泛应用于各种通信系统中。

6.1.5 传输速率与传输距离

1. 传输速率

比特率（Bit Rate）：每秒传输二进制代码的位数，单位是 bit/s。例如，每秒传送 240 帧数据，而每个数据帧包含 10 位（1 个起始位、1 个停止位、8 个数据位），这时的比特率为

$$10 \times 240 = 2400 （bit/s）$$

波特率（Baud Rate）：传输数据中每秒信号的变化量。严格来说，波特率与比特率并不总相等，这是因为，有时单个信号的改变是通过多位数据实现的。但在本课程中，传输的数据的每一位的变化就代表信号的变化，因此，波特率就等于比特率。波特率的单位也是 bit/s。

2. 传输距离

串行通信应用广泛，通信距离范围很宽。

（1）板级（<0.5m）。

标准串行总线（IIC）：24CXX（EEPROM）、PCF8563（RTC）。

非标准串行总线：X5045（EEPROM&WATCHDOG）、DS1302（RTC）、TLC549（A/D）、MAX1241（D/A）。

（2）设备级（1～15m）。

常用串行设备：键盘、条码扫描器、IC 卡、显示器和鼠标等。

（3）远程级（>15m）。

远程级指从 15m（不包括 15m）到全球的距离，如控制器局域网总线（CAN）、以太网等。

6.2 单片机的串口及其寄存器

6.2.1 单片机串口的内部结构

8051 单片机串口的内部结构如图 6-8 所示。其中，SBUF 为串口的收/发缓冲器，它是一个特殊的专用寄存器，其中包含了接收寄存器［SBUF（接收）］和发送寄存器［SBUF（发送）］，可以实现全双工通信。但这两个寄存器具有同一个地址（99H）。8051 单片机的串行传输很简单，只要向 SBUF（发送）写入数据即可发送数据，而从 SBUF（接收）中读出数据即可接收数据。

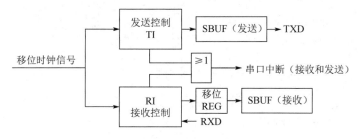

图 6-8　8051 单片机串口的内部结构

此外，从图 6-8 中还可以看出，在 SBUF（接收）前还加上了一级输入移位寄存器（移位 REG），8051 单片机采用这种结构的目的是在接收数据时避免发生数据帧重叠现象，以免出

错,部分文献称这种结构为双缓冲器结构。而在发送数据时就不需要这样设置,因为在发送数据时,CPU 是主动的,不会出现数据帧重叠现象。

更详细的 8051 单片机串口的内部结构如图 6-9 所示,包含了串口中断和移位时钟来源电路。

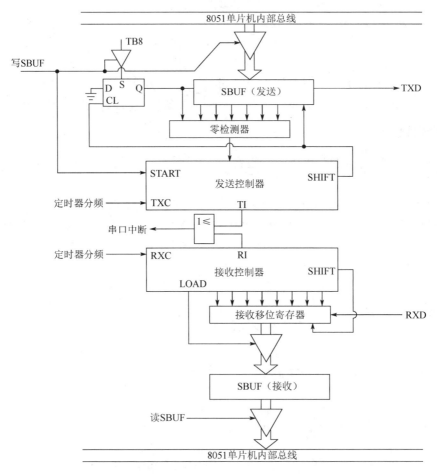

图 6-9 更详细的 8051 单片机串口的内部结构

6.2.2 与单片机的串口相关的寄存器

与单片机的串口相关的寄存器较多,且它们之间相互有联系和限制,在对其进行初始化时,要认真配置相关寄存器的值。

1. 串口控制(Serial Control,SCON)寄存器

SCON 寄存器是一个可进行位寻址的专用寄存器,用于串行数据的通信控制,单元地址是 98H,其各位的地址和符号如表 6-1 所示。

表 6-1 SCON 寄存器各位的地址和符号

位 地 址	9FH	9EH	9DH	9CH	9BH	9AH	99H	98H
位 符 号	SM0	SM1	SM2	REN	TB8	RB8	TI	RI

(1) SM0 和 SM1：两者的组合取值为 00、01、10、11，分别代表选择串口工作于方式 0～方式 3，如表 6-2 所示。一般只使用前两种工作方式（10 位为一帧的异步串行通信方式）。

表 6-2　串口工作方式

SM0	SM1	工作方式	用　　　途	波　特　率
0	0	0	8 位移位寄存器 I/O	晶振频率/12
0	1	1	10 位 UART	可变
1	0	2	11 位 UART	晶振频率/32 或晶振频率/64
1	1	3	11 位 UART	可变

(2) SM2：多机通信时的控制位。如果 SM2 为 1，那么仅当传来 RB8 = 1 时，串口才会将接收的数据送入 SBUF 并置位 RI；如果 SM2 为 0，那么无论 RB8 为何值，串口都会将接收的数据送入 SBUF 并置位 RI。多机通信时，子机先让 SM2 为 1，待收到的地址（RB8 = 1）与本机地址相符时，将 SM2 改为 0，接收随后的数据。这样的工作方式可以在主机与某子机之间传输数据时，使不相关的子机受到的干扰最小。

(3) REN：允许接收控制位，仅在不使用串口或使用单工通信方式（只发送不接收）时将其设置为 0。在一般通信程序中，都应将其设置为 1。

(4) TB8：发送数据第 9 位，用于在方式 2 和方式 3 下存储发送数据第 9 位。TB8 由软件置位或复位。

(5) RB8：接收数据第 9 位，用于在方式 2 和方式 3 下存储接收数据第 9 位。在方式 1 下，若 SM2 为 0，则 RB8 用于存储收到的停止位；在方式 0 下，不使用 RB8。

(6) TI：发送中断标志位，用于指示一帧数据是否发送完毕。在方式 0 下，发送电路在发送完第 8 位数据时，TI 由硬件置位；在其他方式下，TI 在发送电路开始发送停止位时置位，即 TI 在发送前必须由软件复位，发送完一帧数据后由硬件置位。因此，CPU 通过查询 TI 的状态便可知一帧数据是否已发送完毕。

(7) RI：接收中断标志位，用于指示一帧数据是否接收完毕。在方式 1 下，在接收电路收到第 8 位数据时，RI 由硬件置位；在其他方式下，在接收电路收到停止位时，由硬件置位。RI 也可供 CPU 查询，以决定 CPU 是否需要从 SBUF（接收）中提取收到的字符或数据。RI 也由软件复位。

2．电源管理（Power Control，PCON）寄存器

PCON 寄存器主要是为 CHMOS 型单片机的电源控制而设置的专用寄存器，单元地址是 87H，其结构格式如表 6-3 所示。

表 6-3　PCON 寄存器的结构格式

PCON	D7	D6	D5	D4	D3	D2	D1	D0
位　符　号	SMOD	—	—	—	GF1	GF0	PD	IDL

在 CHMOS 型单片机中，除 SMOD 位外，其他位均为虚设位。SMOD 位是串口波特率倍增位，当 SMOD = 1 时，串口的波特率加倍。系统复位后，默认 SMOD = 0。

3. 中断允许（Interrupt Enable，IE）寄存器

IE 寄存器对中断的允许（开放）实行两级控制，即以 EA 位为总控制位，以各中断源的中断允许控制位为分控制位。它的单元地址为 A8H，其结构格式如表 6-4 所示。

表 6-4　IE 寄存器的结构格式

PCON	AFH	AEH	ADH	ACH	ABH	AAH	A9H	A8H
位 符 号	EA	—	—	ES	ET1	EX1	ET0	EX0

其中，ES 位为串行中断允许控制位，在 EA = 1 的情况下，ES = 1 表示允许串行中断，ES = 0 表示禁止串行中断。

在使用串口前，应对其进行初始化，主要设置用来产生波特率的 T1、串口控制和中断控制。具体步骤如下。

（1）确定 T1 的工作方式（编程 TMOD 寄存器）。
（2）计算 T1 的初值，装载 TH1、TL1 寄存器。
（3）启动 T1（编程 TCON 中的 TR1 位）。
（4）确定串口控制（编程 SCON 寄存器）。
（5）串口在中断方式下工作时，要对其进行中断设置（编程 IE、IP 寄存器）。

通过以上步骤可见，串口的使用比定时器复杂。它使用 T1 作为波特率发生器，因此要选择定时器的工作方式，计算其初值并装载 TH1 和 TL1 寄存器。此外，还需要设置与串口相关的寄存器，具体设置将在 6.3 节进行介绍。

6.3　单片机串口的应用

与定时器类似，单片机在使用串口时，首先也要选择其工作方式。前面提到，SCON 寄存器的高两位 SM0 和 SM1 就是用来选择串口的工作方式的，共有 4 种工作方式可以选择。下面对各种工作方式的具体用法进行介绍。

6.3.1　方式 0

对于方式 0，串口工作于同步移位寄存器的输入和输出方式下，主要用于扩展并行 I/O 口；数据由 RXD（P3.0）引脚输入或输出，同步移位脉冲由 TXD（P3.1）引脚输出；发送和接收的均为 8 位数据，且低位在前、高位在后，如图 6-10、图 6-11 所示；波特率固定为 $f_{osc}/12$。

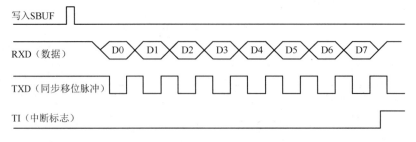

图 6-10　方式 0 输出时序图

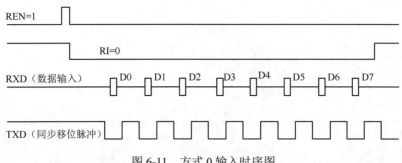

图 6-11　方式 0 输入时序图

1. 方式 0 输出

当 1 字节的数据被写入 SBUF 时，数据将在同步移位脉冲的作用下，按低位在前、高位在后的顺序一个接一个地通过 RXD 引脚发送出去。当所有数据位发送完成之后，TI 位置 1，提示发送完成。同步移位脉冲是串口内部自动产生的，它同时被送到 TXD 引脚，供外部芯片使用。

2. 方式 0 输入

在 SCON 寄存器的 REN 位置 1（允许接收）的情况下，把 RI 位清零。此时，RXD 引脚的数据位将在同步移位脉冲的作用下被接收进入 SBUF。8 位数据接收完毕，RI 位自动置 1，提示接收完成，此时从 SBUF 中读取数据即可。

方式 0 主要用于 I/O 口的扩展，当 I/O 口不够用时，可以考虑使用扩展的方式。通过搭配串行移位输入或输出转换芯片，可以实现多个 I/O 口的扩展，增加 I/O 口的数量。当需要 I/O 口的数量很多时，如 LED 点阵屏控制，就需要扩展 I/O 口才能满足要求。搭配的串行移位输出转换芯片可以采用 74LS164 或 74HC595，两者的主要区别是 74HC595 具有数据移位寄存和存储功能，可以等到 1 字节数据移位完成后控制存储器输出，这样可以保证数据在移动过程中不会直接输出而影响控制功能；而 74LS164 只有数据移位寄存功能，数据移动过程直接表现在输出口上，容易产生误动作。串行移位输入的扩展可采用 74LS165 来实现。方式 0 用于 I/O 口扩展的电路连接图如图 6-12 所示。

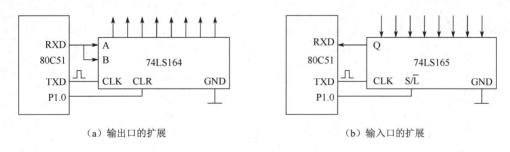

（a）输出口的扩展　　　　　　　　　　　　（b）输入口的扩展

图 6-12　方式 0 用于 I/O 口扩展的电路连接图

【例 6-1】用 74HC595 扩展单片机的输出口，电路如图 6-13 所示。试编写程序，依次点亮 8 个 LED，即 D1~D8，待所有 LED 均被点亮后，重新开始。要求采用中断方式编程。

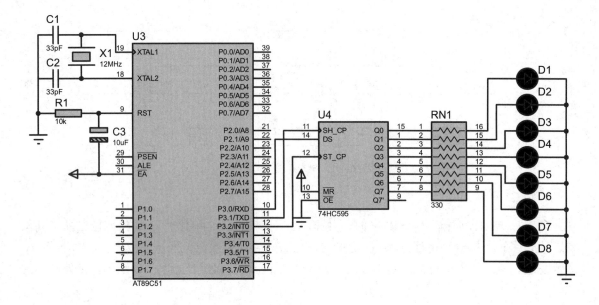

图 6-13　单片机串口扩展 I/O 口应用图

（1）硬件电路分析。

74HC595 具有一个 8 位移位寄存器和一个 8 位存储寄存器,还具有三态输出功能。其中,8 位移位寄存器和 8 位存储寄存器使用不同的时钟。数据在 SH_CP 时钟的上升沿输入 8 位移位寄存器中,在 ST_CP 时钟的上升沿输入 8 位存储寄存器中。如果两个时钟连在一起,则 8 位移位寄存器总是比 8 位存储寄存器早一个脉冲。8 位移位寄存器有一个串行移位输入(DS)端口、一个串行移位输出(Q7′)端口和一个异步的低电平复位端口。8 位存储寄存器有一个并行 8 位的三态总线输出端口,当使能 $\overline{OE}$ 时(为低电平),8 位存储寄存器的数据输出到三态总线上。74HC595 的内部结构框图(仅列出数据端口)如图 6-14 所示。

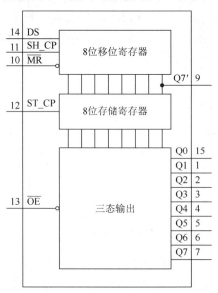

图 6-14　74HC595 的内部结构框图(仅列出数据端口)

（2）程序实现分析。

任务要求是通过串口来控制 LED 的亮灭，这里采用 74HC595 来实现输出 I/O 口的扩展，采用方式 0 实现数据的串行输出。因为采用的是串行移位输出方式，所以可以将 LED 点亮的数据放在一个数组中，按照时间间隔要求将数据写入 SBUF 即可。因为此处发送的是多个数据，而且，在发送下一个数据之前，要先等待上一个数据发送完成。判断数据发送完成可以采用串口中断来实现，即允许串口中断，发送完成时即可进入中断服务程序，将 TI 位清零，同时模拟一个锁存上升沿脉冲，这样就可以实现多个数据的发送。时间间隔的定时采用定时器来实现，在定时时间到达之后，将待发送的数据写入 SBUF，数据便自动移位传输给 74HC595。具体的参考程序如下：

```c
#include <reg51.h>
sbit RCK = P3^2;              //锁存时钟
unsigned char data i;         //循环控制变量
//流水灯数据
unsigned char data Patten[8] = { 0x80,0x40,0x20,0x10,0x08,0x04,0x02,0x01 };
unsigned int CNT = 0;         //50ms 计数
/***********************************************************
函数功能：定时器中断服务程序
***********************************************************/
void Time0( void ) interrupt 1 using 1
{
    CNT++;                    //50ms 定时时间到达，计数值加 1
    if( CNT==10 ){            //500ms 定时时间到达
        CNT = 0;              //计数值清零
        SBUF = Patten[i];     //启动单片机串口输出
        i++;
        if(i==8) i = 0;       //8 位输出结束后重新开始
    }
    TH0 = 0x3c;               //重装定时器初值
    TL0 = 0xb0;
}
/***********************************************************
函数功能：串口中断服务程序
***********************************************************/
void Serial( void ) interrupt 4 using 2
{
    TI = 0;                   //清零，发送结束标识
    RCK = 0;                  //锁存时钟，上升沿有效
    RCK = 1;
```

```
}
void main( void )
{
    TMOD = 0x01;            //设置 T0 工作于方式 1
    TH0 = 0x3c;             //为定时器赋初值
    TL0 = 0xb0;
    EA = 1;                 //打开中断
    ET0 = 1;                //允许 T0 请求中断
    TR0 = 1;                //启动 T0
    ES = 1;                 //允许串行通信请求中断
    SCON = 0x00;            //串口工作于方式 0，REN = 0，禁止接收，TI = 0
    for( ; ; );             //等待中断
}
```

利用上面的电路及程序很容易进行 I/O 口的扩展。74LS164 与 74HC595 具有级联功能，当需要扩展更多的 I/O 口时，可以将它们串联起来。我们平常见到的 LED 点阵屏就是采用这种方式把要显示的数据通过移位方式送到显示屏上的。

6.3.2 方式 1

方式 1 代表串口 10 位数据的异步通信口。其中，TXD 为数据发送引脚，RXD 为数据接收引脚。方式 1 数据帧的格式如图 6-15 所示，包括 1 位起始位，8 位数据位，1 位停止位。

图 6-15　方式 1 数据帧的格式

1. 方式 1 输出时序

方式 1 输出时序图如图 6-16 所示。当数据被写入 SBUF 时，串口按照数据帧格式，以低位在前、高位在后的顺序将各位发送到 TXD 引脚上。当发送完最后一位时，TI 位置 1。

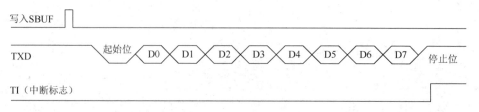

图 6-16　方式 1 输出时序图

2. 方式 1 输入时序

方式 1 输入时序图如图 6-17 所示。当 RXD 引脚为低电平时，数据在位采样脉冲的作用下被送到 SBUF 中存储，并置位 RI。

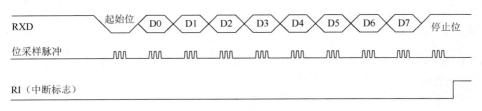

图 6-17　方式 1 输入时序图

6.3.3　方式 2 和方式 3

方式 2 和方式 3 都是 11 位异步收发方式。两者的差异仅在于通信的波特率有所不同：方式 2 的波特率由 8051 主频 f_{osc} 经 32 或 64 分频后提供；方式 3 的波特率由定时器 T1 的溢出率经 32 分频后提供，故它的波特率是可调的。

方式 2 和方式 3 的发送过程类似方式 1，所不同的是方式 2 和方式 3 下的数据帧有 9 位有效数据位。发送时，CPU 除要把发送字符装入 SBUF 外，还要把第 9 数据位预先装入 SCON 寄存器的 TB8 中。第 9 数据位可由用户安排，可以是奇偶校验位，也可以是其他控制位。第 9 数据位的装入由 TB8 决定。

第 9 数据位的值装入 TB8 中后，便可用一条以 SBUF 为目的的传送指令把发送数据装入 SBUF 中来启动发送过程。一帧数据发送完成后，TI = 1，CPU 便可以通过查询 TI 来以同样的方法发送下一个数据帧。

方式 2 和方式 3 的接收过程也与方式 1 类似，所不同的是：在方式 1 下，RB8 中存储的是停止位；在方式 2 和方式 3 下，RB8 中存储的是第 9 数据位。因此，在方式 2 和方式 3 下，必须满足接收有效数据的条件变为 RI=0 和 SM2＝0 或收到的第 9 数据位为 1，只有上述两个条件同时满足，收到的数据才能被送入 SBUF 中，第 9 数据位才能被装入 RB8 中，并使 RI=1；否则，这次收到的数据无效，RI 也不置位。

其实，上述第一个条件用于要求 SBUF 为空，即用户应预先读走 SBUF 中的信息，使接收电路确认它已清空；第二个条件利用 SM2 和第 9 数据位共同对接收加以控制：若第 9 数据位是奇偶校验位，则可令 SM2=0，以保证串口能可靠接收；若要求第 9 数据位参与接收控制，则可令 SM2=1，依靠第 9 数据位的状态来决定收到的数据是否有效。

6.3.4　波特率的计算

在串行通信中，收发双方对发送或接收数据的速率要有约定。可对单片机的串口进行设定，选用 4 种工作方式之一。串口工作于方式 0 时的波特率是固定的，其数值是晶振频率的 1/12；串口工作于方式 2 时的波特率只有两个，其数值即晶振频率的 1/32 和 1/64；串口工作于方式 1 和方式 3 时的波特率是可变的，由定时器 T1 的溢出率来决定。也就是说，串口由于输入的移位时钟的来源不同，在各种工作方式下的波特率计算公式也不相同。

方式 0 的波特率 = $f_{osc}/12$。

方式 2 的波特率 $=\dfrac{2^{\text{SMOD}}}{64}\times f_{\text{osc}}$。

方式 1 的波特率 $=\dfrac{2^{\text{SMOD}}}{32}\times$ T1 的溢出率。

方式 3 的波特率 $=\dfrac{2^{\text{SMOD}}}{32}\times$ T1 的溢出率。

当 T1 作为波特率发生器时，典型的用法是使 T1 工作于自动重装方式（方式 2）。这时，T1 的溢出率取决于 TH1 中的初值：

$$\text{T1 的溢出率}=\dfrac{f_{\text{osc}}}{12}\times\dfrac{1}{2^{k}-\text{初值}}$$

式中，k 为定时器 T1 的位数，在方式 2 下，定时器 T1 的位数为 8，因此定时器 T1 的溢出率为

$$\text{T1 的溢出率}=\dfrac{f_{\text{osc}}}{12}\times\dfrac{1}{256-\text{TH1}}$$

在单片机应用中，常用的晶振频率为 12MHz 和 11.0592MHz，选用的波特率也相对固定。一般串口通信时选用频率为 11.0592MHz 的晶振，原因是此时定时器初值的计算能够正好取得整数，而对于频率为 12MHz 的晶振，在有些波特率下计算定时器初值无法取得整数。串口波特率速查表如表 6-5 所示。

表 6-5 串口波特率速查表（定时器 T1 的 8 位自动重载、12T 模式）

波特率/（bit/s）	f_{osc} = 12MHz			f_{osc} = 11.0592MHz		
	SMOD	T1 的工作方式	初值	SMOD	T1 的工作方式	初值
19200	—	—	—	1	2	FDH
9600	—	—	—	0	2	FDH
4800	1	2	F3H	0	2	FAH
2400	1	2	F3H	0	2	F4H
1200	0	2	E6H	0	2	E8H

【例 6-2】设单片机采用频率为 11.0592MHz 的晶振，串口以方式 1 工作，波特率选定为 9600bit/s。试编程实现单片机从串口输出数字 0～9。

（1）分析：因为晶振频率为 11.0592MHz，所以根据波特率，可查询表 6-5 获得定时器的初值。这里输出数字不是直接把该值输出，而是要输出其 ASCII 码值。

（2）程序如下：

```
#include <reg51.h>
unsigned char ASCII = 0x30;      //字母 0 的 ASCII 码值
unsigned char COUNT = 0;         //用来记录发送的数字个数
void main( void )
{
    SP = 0x60;                   //设栈指针
    TMOD = 0x20;                 //设 T1 工作于方式 2，作为定时器使用
    TL1 = 0xFD;                  //设波特率为 9600bit/s
    TH1 = 0xFD ;                 //设置重置值
```

```
        PCON = 0x00;                    //SMOD = 0,波特率不倍增
        TR1 = 1;                        //启动 T1
        SCON = 0x40;                    //设串口工作于方式1,关接收
        for( ; COUNT<10; COUNT++ )
        {
            SBUF = ASCII;               //发送字符"0"
            while( !TI ) ;              //使用查询方式,等待发送结束
            TI = 0;                     //清除发送完成标志
            ASCII++;                    //ASCII 码值加 1
        }
        while( 1 ) ;
    }
```

在 Keil 中编译该程序,进入调试模式,把串口窗口"UART #1"打开,运行该程序,如图 6-18 所示。

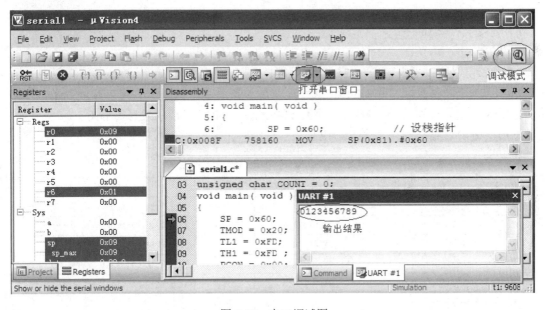

图 6-18 串口调试图

(3)拓展训练:把本例程序改为以中断方式发送。

6.4 串行通信接口 RS-232 标准

串行通信接口按电气标准及协议来分,包括 RS-232、RS-422、RS-485、USB 等。RS-232、RS-422 与 RS-485 标准只对接口的电气特性做出规定,不涉及接插件、电缆或协议。

目前,RS-232 是计算机与通信工业中应用最广泛的一种串行通信接口。RS-232 被定义为一种在低传输速率串行通信中增加通信距离的单端标准。RS-232 采取不平衡传输方式,即单端通信。由于 RS-232 是在 TTL 电路之前被研制出来的,因此与 TTL 以高低电平表示逻辑状

态的规定不同，RS-232 是用正、负电平来表示逻辑状态的。RS-232 采用负逻辑：+5～+15V 为逻辑"0"，-15～-5V 为逻辑"1"，-5～+5V 为过渡区。

典型的 RS-232 信号在正、负电平之间摆动，在发送数据时，发送端驱动器输出的正电平为+5～+15V，负电平为-15～-5V。当无数据传送时，线上为 TTL 电平，从开始传送数据到结束，线上电平先从 TTL 电平到 RS-232 电平，再返回 TTL 电平。接收端典型的工作电平为+3～+12V 与-12～-3V。RS-232 是为点对点（只用一对收、发设备）通信设计的，其驱动器负载为 3～7kΩ。由于 RS-232 的发送电平与接收电平的差仅为 2～3V，因此其共模抑制能力差，再加上双绞线上的分布电容，其传送距离最长约为 15m，最高传输速率为 20kbit/s。因此，RS-232 适合本地设备之间的通信。可以通过测量 DTE（数据终端设备）的 TXD［或 DCE（数据通信设备）的 RXD］和 GND 之间的电压来了解串口的状态，在空载状态下，它们之间应有-10V 左右（-15～-5V）的电压，否则该串口可能已损坏或驱动能力弱。

为了能够同计算机接口或终端的 TTL 器件相连接，必须在 RS-232 与 TTL 电路之间进行电平和逻辑关系的转换，否则将使 TTL 电路烧坏，在实际应用时必须注意。可用分立元件实现这种转换，也可用集成电路芯片（如 MC1488、MC1489、MAX232 等）实现这种转换。

6.4.1 RS-232 引脚定义

RS-232 物理接口标准可分成 25 芯和 9 芯 D 型插座两种，均有针、孔之分。其中，TX（发送数据）、RX（接收数据）和 GND（信号地）是 3 条最基本的引线，可以实现简单的全双工通信。DTR（数据终端就绪）、DSR（数据设备就绪）、RTS（请求发送）和 CTS（清除发送）是最常用的硬件联络信号。表 6-6 给出了 RS-232 中 DB9 引脚信号的定义。

表 6-6 RS-232 中 DB9 引脚信号的定义

针 脚 号	信 号 名 称	信 号 流 向	简 称	信 号 功 能
3	发送数据	DTE→DCE	TXD	DTE 发送串行数据
2	接收数据	DTE←DCE	RXD	DTE 接收串行数据
7	请求发送	DTE→DCE	RTS	DTE 请求切换到发送方式
8	清除发送	DTE←DCE	CTS	DCE 已切换到准备接收方式
6	数据设备就绪	DTE←DCE	DSR	DCE 准备就绪，可以接收
5	信号地	—	GND	公共信号地
1	载波检测	DTE←DCE	DCD	DCE 已收到远程载波
4	数据终端就绪	DTE→DCE	DTR	DTE 准备就绪，可以接收
9	振铃指示	DTE←DCE	RI	通知 DTE 通信线路已接通

按照 RS-232 标准，传输速率一般不超过 20kbit/s，传输距离一般不超过 15m。实际使用时，传输速率最高可达 115200bit/s。

6.4.2 RS-232 的基本接线原则

设备之间的串行通信线的连接方式取决于设备接口的定义。设备之间采用 RS-232 串行电缆连接时有以下两类连接方式。

直通线：相同信号（RXD 对 RXD、TXD 对 TXD）相连，用于 DTE 与 DCE 的连接，如计算机与 MODEM（或 DTU）相连。

交叉线：不同信号（RXD 对 TXD、TXD 对 RXD）相连，用于 DTE 与 DTE 的连接，如计算机与计算机相连、计算机与采集器相连、计算机与单片机相连、单片机与单片机相连。

6.4.3 RS-232 的三线连接方式

9 针 RS-232 的物理接口及数据通信连接如图 6-19 所示。

RS-232 的三线连接方式：两端设备的串口只连接接收、发送、地 3 根线，如图 6-19（b）所示。一般情况下，RS-232 的三线连接方式即可满足要求，如监控主机与采集器及大部分智能设备相连。

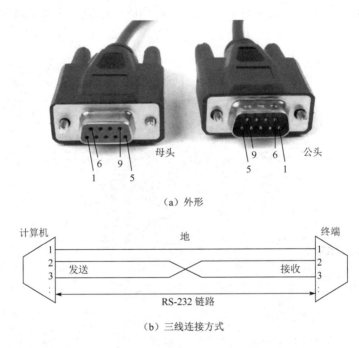

图 6-19 9 针 RS-232 的物理接口及数据通信连接

简易接口方式：两端设备的串口除连接接收、发送、地 3 根线外，还增加了一对握手信号（一般是 DSR 和 DTR）。

6.5 项目训练一：单片机双机通信

6.5.1 项目要求

设计一个单片机与另一个单片机之间的短距离通信电路，假设一个为主机，一个为从机。要求主机通过按键发送一位数据给从机，从机接收数据后通过 LED 数码管显示出来，并将数据加上 1 后返回给主机，主机显示收到的数据。要求波特率为 9600bit/s，采用中断方式进行收发。

6.5.2 项目分析

该通信电路因为距离较短,所以可以采用直连的方法,即使用导线直接连接,信号电平均为 TTL 电平,无须转换为 RS-232 电平。

主机电路设计可以参考之前的矩阵键盘电路,按键检测程序也可以参考矩阵键盘检测程序。因为波特率为 9600bit/s,所以只能使串口工作于方式 1 或方式 3;而又因为只有两个单片机进行通信,所以可使串口工作于方式 1。

6.5.3 原理图设计

原理图设计参考图 6-20,需要注意两个单片机的串口的接线,要求两者的发送端和接收端相互交叉。

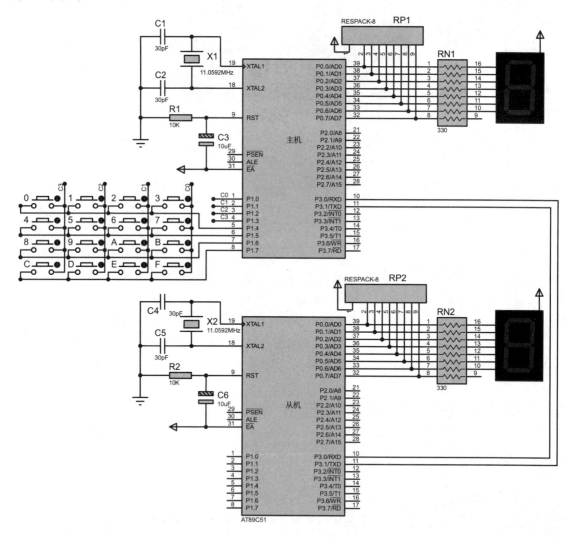

图 6-20 单片机之间的通信原理图

6.5.4 程序设计

1．串口的应用流程

一般串口的应用流程如下。

首先，要对串口进行初始化，内容包括波特率的选择、工作方式的选择、定时器初始化，以及选择采用何种方式进行数据的发送和接收，如采用中断方式时需要打开中断。

其次，要确定通信协议。这里所谓的协议，就是指确定数据帧格式，包括特殊数据的含义、数据校验方法、出错处理方法等。例如，某产品项目的实际数据帧格式如表 6-7 所示。

表 6-7 某产品项目的实际数据帧格式

第 N 字节	内 容	注 释
1	FA	开始标识（以十六进制形式表示，FAH）
2	稳定标志字节	0 稳定/1 不稳定（30H/31H）
3	N/G/T/Z	当前状态字
4	+/−	符号字节（2BH/2DH）
5	数据	数据高位字节
6	数据	中间数据
7	数据	中间数据
8	数据	中间数据
9	数据	数据低位字节
10	小数点位置 9	从右到左（0～5），0 表示没有小数（ASCII 码）
11	单位	k（如果单位为 g，就用空格填充（20H））
12	单位	g
13	异或校验	以十六进制形式表示
14	FB	结束标识（以十六进制形式表示，FBH）

如果数据较为简单，那么也可不定义数据帧格式而直接对数据进行收发，本项目采用的就是直接收发数据的方式。

最后，进行数据的收发，可以采用查询方式，也可以采用中断方式。查询方式编程较为简单，但效率低；中断方式编程稍复杂，但效率高。

2．串口中断的处理

串口中断的处理是应用的关键，处理不好会出现通信错误。在一个同时有收发任务的项目中，一般来说，我们关心的往往是何时收到数据，采用中断方式进行接收是理想的选择。只要串口的中断允许，收到数据就会触发中断，在中断服务程序中读取数据即可。我们一般不太关心数据的发送情况（除非要连续发送数据），因为只要将数据放到发送缓冲区中，数据就会自动发送出去了。但是，在数据发送结束的同时会引起中断，只要中断打开，单片机就会进入中断服务程序，如果处理不好，就会产生意想不到的后果。串口中断服务程序处理流程如图 6-21 所示。串口在产生中断时，要先判断这是由接收数据引起的还是由发送数据引起的，可以通过 RI 和 TI 的置位情况来判断。如果是由接收数据引起的中断，那么在需要接收多个数据的情况下，要根据通信协议判断数据是否接收完成；如果是由发送数据引起的中断，那么要判断是否需要继续发送，如果需要继续发送，则继续发送下一个数据，否则结束发送。

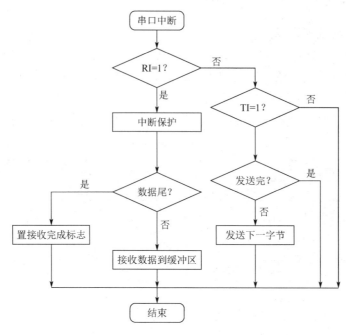

图 6-21 串口中断服务程序处理流程

3．具体参考程序

（1）主机程序：主要实现矩阵键盘的扫描、串口数据的发送，以及返回数据的介绍和显示。

```
    #include <reg51.h>
//***************************************************************
    //程序功能：变量定义
//***************************************************************
    unsigned char code table[] = {0xc0,0xf9,0xa4,0xb0,
                                  0x99,0x92,0x82,0xf8,
                                  0x80,0x90,0x88,0x83,
                                  0xc6,0xa1,0x86,0x0e};  //0～F共阳极接法数码管编码表
    unsigned char temp;                                  //用于检测按键的临时变量
    unsigned char key;                                   //存储键值
    sbit P1_4 = P1^4;                                    //I/O端口线定义
    sbit P1_5 = P1^5;
    sbit P1_6 = P1^6;
    sbit P1_7 = P1^7;
//***************************************************************
    //程序功能：函数的声明
//***************************************************************
    void delayms(unsigned int ms);
```

```c
void keyscan(void);
void serialInit(void);
void sentData(unsigned char sd);
void main(void)
{
    serialInit();
    while(1)
    {
        keyscan();              //键盘扫描
        sentData(key);          //发送数据
        delayms(50);            //延时，避免连续发送引起死机
    }
}

//****************************************************************
    //程序功能:串口初始化
//****************************************************************
    void serialInit(void)
    {
        TMOD = 0x20;            //设置定时器1工作于方式2
        SCON = 0x50 ;           //方式1，允许接收
        PCON = 0x00 ;           //波特率不加倍
        ES   = 1;               //打开串口中断
        EA   = 1;               //打开全局中断
        TH1  = 0xFD ;           //波特率为9600bit/s的定时器初值
        TL1  = 0xFD ;
        TR1  = 1;               //定时器工作
    }

//****************************************************************
    //程序功能：串口发送数据
//****************************************************************
    void sentData(unsigned char sd)
    {
        SBUF = sd;              //将数据送到SBUF（发送）中
    }

//****************************************************************
    //程序功能：串口接收数据，采用中断方式接收
```

```c
//************************************************************************
    void SerialISR(void) interrupt 4 using 3
    {
        unsigned char rcdata = 0;                //存储接收的数据
      if(RI)                                     //判断是由谁引起的中断
      {
        REN = 0;                                 //暂时关闭接收功能
        RI = 0;                                  //清除接收完成标志
        rcdata = SBUF;                           //读取 SBUF（接收）中的数据
        P0 = table[rcdata];                      //显示接收的数据
        REN = 1;                                 //打开接收功能
      }
      else if(TI)
      {
        TI = 0;                                  //清除发送完成标志，待进行下一次发送
      }
    }
```

注：按键扫描程序参照第 3 章的矩阵键盘扫描程序，此处省略。

（2）从机程序：主要实现串口的数据接收和显示，并将数据加 1 后发送给主机。

```c
    #include <reg51.h>
//************************************************************************
    //程序功能：变量定义
//************************************************************************
    unsigned char code table[] = {0xc0,0xf9,0xa4,0xb0,
                       0x99,0x92,0x82,0xf8,
                       0x80,0x90,0x88,0x83,
                       0xc6,0xa1,0x86,0x0e}; //0～F 共阳极接法数码管编码表
//************************************************************************
    //程序功能：函数的声明
//************************************************************************
    void delayms(unsigned int ms);
    void serialInit(void);

    void main(void)
    {
      serialInit();
      while(1)
        {
          delayms(50);
        }
```

```c
    }
//**************************************************************************
    //程序功能：串口初始化
//**************************************************************************
    void serialInit(void)
    {
        TMOD = 0x20;                        //设置定时器1工作于方式2
        SCON = 0x50 ;                       //方式1，允许接收
        PCON = 0x00 ;                       //波特率不加倍
        ES   = 1;                           //打开串口中断
        EA   = 1;                           //打开全局中断
        TH1  = 0xFD ;                       //波特率为9600bit/s的定时器初值
        TL1  = 0xFD ;
        TR1  = 1;                           //定时器工作
    }

//**************************************************************************
    //程序功能：串口接收数据，采用中断方式接收，同时将数据送到数码管中进行显示
//**************************************************************************
    void SerialISR(void) interrupt 4 using 1
    {
        unsigned char rcdata = 0;           //存储接收的数据
        if(RI)
        {
            REN = 0;
            RI = 0;                         //清除接收完成标志
            rcdata = SBUF;                  //读取SBUF（接收）中的数据
            P0 = table[rcdata];             //显示接收的数据
            SBUF = rcdata+1;                //将接收的数据加1后发送给主机
            REN = 1;
        }
        else if(TI)
        {
            TI = 0;
        }
    }
    void delayms(unsigned int ms)
    {
        unsigned int x,y;
```

```
        for(x = ms;x > 0;x--)
            for(y = 120;y>0;y--);
}
```

4．调试注意事项

在用 Proteus 软件对程序进行仿真调试时，要求将两个单片机的晶振频率设置为 11.0592MHz，以确保通信数据的正常收发。如果通信数据能正常收发，但通信数据不正确，那么一般是因为双方的波特率选择不同，改为相同的波特率即可。

6.5.5 拓展训练

（1）如果将上面的中断服务程序中对 TI 判断清零的语句删除，会产生什么后果？
（2）将以上程序改为查询方式。

6.6 项目训练二：ESP8266 无线网络透传

6.6.1 项目要求

设计一个单片机与计算机之间的无线通信电路，假设计算机为服务器，单片机为客户端。要求单片机通过串口与 ESP8266 芯片（ESP-12F 模块，见图 6-22）连接，经 ESP8266 芯片转发后连接远程服务器。采用 AT 指令方式，单片机通过串口发送字符串"Wifi Test success"给服务器，实现串口到服务器的网络透传功能。

图 6-22 ESP-12F 模块

6.6.2 项目分析

将一台计算机当作服务器，在计算机中，使用网络调试助手建立一个 TCP Server，采用本地主机地址作为服务器的地址（假设为 192.168.0.102），主机端口号为 8888。设置 Wi-Fi 热点名称为 linlimcupc，密码为 12345678（Wi-Fi 热点名称和密码也可以自行设定）。

要实现这些功能，需要了解 ESP8266 芯片的 AT 指令的用法。表 6-8 列出了一部分与本项目相关的 AT 指令的格式和功能，更多指令请参考芯片手册中的说明。

表 6-8 ESP8266 芯片的 AT 指令（部分）

序 号	AT 指令格式	参 数 说 明	功 能	响 应 值
1	AT+CWMODE=<mode> 例：AT+CWMODE=3	<mode> 1—Station 模式 2—AP 模式 3—AP 兼 Station 模式	设置工作模式	OK
2	AT+RST	无	重启模块	OK
3	AT+CIFSR	无	查询设备的 IP 地址	返回设备 IP 的地址
4	AT+CWJAP=<ssid>,<pwd> 例：AT+CWJAP="abc","123"	<ssid>—接入 AP 的名称 <pwd>—Wi-Fi 密码	连接 AP（Wi-Fi 热点）	OK 或 ERROR
5	AT+CIPSTART= <type>,<addr>,<port> 例：AT+CIPSTART="TCP", "192.168.0.102",8888	<type>—连接类型，其中，TCP 表示建立 TCP 连接，UDP 表示建立 UDP 连接 <addr>—远程服务器的 IP 地址 <port>—远程服务器的端口号	设备连接服务器	OK
6	AT+CIPMODE=<mode> 例如，AT+CIPMODE=1	<mode> 0—非透传模式 1—透传模式	开启透传模式	OK
7	AT+CIPSEND	无	开始透传	OK

6.6.3 通信连接设计

通信连接设计参考图 6-23，单片机通过串口连接 Wi-Fi ESP-12F 模块，ESP-12F 模块通过 Wi-Fi 热点连接远程服务器。

图 6-23 通信连接设计

6.6.4 程序设计

要使用 AT 指令发送数据，需要通过串口来发送字符串，因此可以设计一个字符串发送函数 UARTSendString(unsigned char * p_Str)，该函数调用单个字符发送函数 UARTSendData (unsigned char sd)完成字符串的发送。函数示例如下。

字符串发送函数：

```
void UARTSendString (unsigned char * p_Str)
{
    while(*p_Str)                    //判断是否有字符
    {
        UARTSendData(*(p_Str++));    //发送当前字符
```

```
        }
}
```

单个字符发送函数：

```
Void UARTSendData (unsigned char sd)
{
    SBUF = sd;                              //将数据送到 SBUF（发送）中
}
```

单片机串口的设置同前面的任务代码。注意：ESP-12F 模块默认的波特率为 115200bit/s，因此单片机的波特率也设置为 115200bit/s。

本项目主要的操作步骤如下。

1. 创建 Wi-Fi 热点

ESP-12F 模块与远程服务器之间的通信是通过 Wi-Fi 热点进行连接的，因此需要创建 Wi-Fi 传输链路。可以使用无线路由器或笔记本电脑来创建 Wi-Fi 热点，为了方便，这里使用笔记本电脑来创建。Wi-Fi 热点的名称为 linlimcupc、密码为 12345678、网络频带为 2.4GHz，如图 6-24 所示。

2. 在笔记本电脑端新建 TCP Server

（1）打开网络调试助手，如图 6-25 所示。

图 6-24　在笔记本电脑端新建的 Wi-Fi 热点

图 6-25　网络调试助手工具

（2）新建一个 TCP Server，在"本地主机地址"下拉列表中选择或输入笔记本电脑的 IP 地址，本地主机端口号为 8888，单击"打开"按钮。

如图 6-26 所示，在"客户端"下拉列表处显示目前客户端连接到本服务器上的数量为 0。

第 6 章　单片机串口数据通信

图 6-26　新建一个 TCP Server

3．ESP-12F 模块连接 Wi-Fi 热点

连接 Wi-Fi 热点之前，先将模块的工作模式设置为"station"模式，调用字符串发送函数来设置，代码如下：

```
UARTSendString("AT+CWMODE = 1 \r\n");
```

接着发送连接 Wi-Fi 热点的 AT 指令，填写要连接的热点名称和密码。示例代码如下：

```
UARTSendString("AT+CWJAP = \"linlimcupc\",
\"12345678\"\r\n");
```

在 ESP-12F 模块连接 Wi-Fi 热点后，电脑端显示的"移动热点"界面如图 6-27 所示。

图 6-27　ESP-12F 模块连接 Wi-Fi 热点后的"移动热点"界面

4．ESP-12F 模块通过 Wi-Fi 热点连接远程服务器

根据网络调试助手中的信息（IP 地址和端口号），将 ESP-12F 模块连接至远程服务器。示例代码如下：

```
UARTSendString("AT+CIPSTART = \"TCP\",\"192.168.0.102\",8888\r\n");
```

5．使能透传模式，并开启数据传输功能

```
UARTSendString("AT+CIPMODE = 1\r\n");        //使能透传模式
UARTSendString("AT+CIPSEND\r\n");            //开启数据传输功能
```

6．测试数据传输功能

至此，已经完成模块和远程服务器的连接，网络调试助手的客户端信息部分显示其客户端连接数为 1。单片机通过 ESP-12F 模块发送一个字符串"Wifi Test success"，服务器的网络调试助手如果收到此信息（见图 6-28），则表明模块发送数据正常。示例代码如下：

```
UARTSendString("Wifi Test success\r\n");     //开启数据传输功能
```

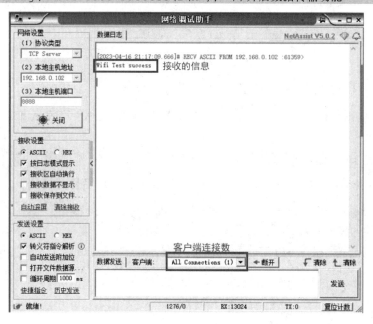

图 6-28　网络调试助手收到信息

6.6.5　拓展训练

在前面的任务中，通过发送字符串（AT 指令）控制 ESP-12F 模块，但没有分析模块的返回数据。假如模块没有返回指令执行成功（OK），则需要重复指令发送过程。请完成对 AT 指令返回值的判断，设计对应的代码，提高程序的可靠性。

6.7　本章小结

本章主要学习了单片机串行通信的概念，主要内容有串行通信基础知识、单片机的串口

及其寄存器、单片机串口的应用、串行通信接口 RS-232 标准等。本章的重点在于串口的寄存器及串口的各种工作方式的使用方法。基于单片机的串口，可以方便地与各种智能模块进行通信，可以使用有线方式进行连接；也可以使用无线方式进行连接，利用 AT 指令实现单片机的无线远程通信。

6.8 本章习题

1. 什么叫通信？包括哪些内容？
2. 串行通信和并行通信有什么区别？各有什么特点？
3. 串行同步通信和串行异步通信有什么区别？
4. 串行通信有哪几种制式？
5. 什么叫波特率？它与通信速率有什么区别？
6. 串行通信常用的校验方法有哪几种？
7. 单片机串口的工作方式有哪几种？各有什么特点？
8. 简述 8051 单片机串口的使用步骤。
9. 已知 f_{osc} = 11.0592MHz，波特率为 2400bit/s，SMOD = 0，串口工作于方式 1，试计算定时器初值。
10. RS-232 电平与 TTL 电平有什么区别？两者如何进行连接？

第 7 章 液晶显示接口设计

液晶显示屏以其功耗低、体积小、显示内容丰富、超薄轻巧的诸多优点,在袖珍式仪表和低功耗应用系统中得到越来越广泛的应用。液晶显示屏的种类繁多,本章介绍常用的字符型液晶显示模块 SMC1602、图形液晶显示模块 OCM12864。

7.1 SMC1602 的基础应用

7.1.1 SMC1602 概述

SMC1602 是一种用 5×7(单位为像素,以后如果没有特殊说明,则点阵的单位均为像素)点阵图形来显示字符的液晶显示屏,每个字符由 5 列 7 行、共 35 个点构成,根据显示的容量可以分为 1 行 16 个字符、2 行 16 个字符、2 行 20 个字符等,这里以常用的 2 行 16 个字符为例来介绍它的编程方法。SMC1602 的外观如图 7-1 所示。

图 7-1 SMC1602 的外观

SMC1602 的主要技术参数如表 7-1 所示。

表 7-1 SMC1602 的主要技术参数

技 术 参 数	说 明	技 术 参 数	说 明
显示容量	2×16 个字符(TN 型)	模块最佳工作电压	5.0V
工作电压	4.8~5.2V	字符尺寸	2.95×4.35($W×H$, mm)
工作电流	2mA(5.0V)	工作温度	0~+50℃
背光源颜色	黄绿	存储温度	−20~70℃
背光源电流	<100mA	—	—

1. SMC1602 的引脚

SMC1602 采用标准的 16 引脚接口(见表 7-2)。

表 7-2　SMC1602 的引脚及其说明

编号	符号	引脚说明	编号	符号	引脚说明
1	VSS	电源地	9	DB2	数据 I/O
2	VDD	电源正极	10	DB3	数据 I/O
3	VO	LCD 偏压输入	11	DB4	数据 I/O
4	RS	数据/命令选择端（H/L）	12	DB5	数据 I/O
5	R/W	读/写控制信号（H/L）	13	DB6	数据 I/O
6	E	使能信号	14	DB7	数据 I/O
7	DB0	数据 I/O	15	BLA	背光源正极
8	DB1	数据 I/O	16	BLK	背光源负极

VSS：电源地。

VDD：接 5V 电源正极。

VO：液晶显示屏对比度调整端，接电源时对比度最低，接地时对比度最高。对比度过高时会产生"鬼影"效果，使用时可以通过一个 10kΩ 的电位器来调整对比度。

RS：寄存器类型选择，高电平时选择数据寄存器，低电平时选择指令寄存器。

R/W：读/写信号线，高电平时进行读操作，低电平时进行写操作。

当 RS 和 R/W 共同为低电平时，可以写入指令或显示地址；当 RS 为低电平、R/W 为高电平时，可以读取忙状态信号；当 RS 为高电平、R/W 为低电平时，可以写入数据。

E：使能端，当其由高电平跳变为低电平时，模块执行命令。

DB0～DB7：8 位双向数据总线。

BLA：背光 LED 的正极引脚。

BLK：背光 LED 的负极引脚。

2．字符发生存储器（Character Generator ROM，CGROM）

SMC1602 内部的 CGROM 已经存储了 160 个点阵字符图形（字模），如图 7-2 所示。这些字模有阿拉伯数字、英文字母、常用的符号等，每个字符都有一个固定的代码。例如，大写字母 A 的代码是 01000001B（41H），显示时把地址 41H 中的字模显示出来，我们就能看到字母 A。

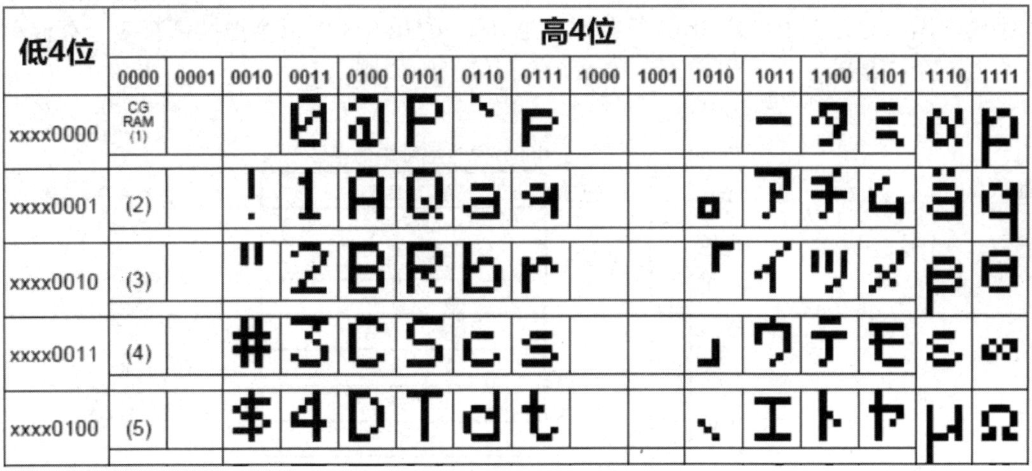

图 7-2　CGROM 中存储的字模

低4位	高4位															
	0000	0001	0010	0011	0100	0101	0110	0111	1000	1001	1010	1011	1100	1101	1110	1111
xxxx0101	(6)		%	5	E	U	e	u			·	オ	ナ	ユ	σ	ü
xxxx0110	(7)		&	6	F	V	f	v			ヲ	カ	ニ	ヨ	ρ	Σ
xxxx0111	(8)		'	7	G	W	g	w			ァ	キ	ヌ	ラ	g	π
xxxx1000	(1)		(	8	H	X	h	x			ィ	ク	ネ	リ	√	x̄
xxxx1001	(2)		)	9	I	Y	i	y			ゥ	ケ	ノ	ル	・	y
xxxx1010	(3)		*	:	J	Z	j	z			ェ	コ	ハ	レ	j	千
xxxx1011	(4)		+	;	K	[	k	{			ォ	サ	ヒ	ロ	×	万
xxxx1100	(5)		,	<	L	¥	l					ャ	シ	フ	ワ	¢	円
xxxx1101	(6)		-	=	M	]	m	}			ュ	ス	ヘ	ン	ŧ	÷
xxxx1110	(7)		.	>	N	^	n	→			ョ	セ	ホ	゛	ñ	
xxxx1111	(8)		/	?	O	_	o	←			ッ	ソ	マ	°	ö	■

图 7-2 CGROM 中存储的字模（续）

3. 自定义字符存储器（Character Generator RAM，CGRAM）

SMC1602 内部的 CGRAM 能存储 8 个自定义字符，在 SMC1602 初始化时，向 CGRAM 写入字模，写入地址为 0x00~0x07（共 8 个地址）。CGRAM 的每个地址都有 8 个存储单元，可以写入一个字模的 8 字节数据。CGRAM 的存储空间如图 7-3 所示。

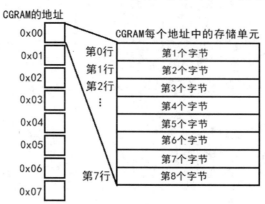

图 7-3 CGRAM 的存储空间

要显示 CGRAM 中的字模,需要先确定显示的位置,再向显示数据随机存储器写入数值 0~7 中的一个值,即可显示出该地址对应的字模。

4．显示数据随机存储器（Display Data RAM，DDRAM）

DDRAM 用来寄存待显示的字符代码,类似显示器的显存。它一共有 80 字节,其地址和液晶显示位置的对应关系会在后面讲解。

7.1.2　SMC1602 与单片机的接口

SMC1602 的内部结构框图如图 7-4 所示,它由 KS0066、KS0065,以及几个电阻、电容组成。其中,KS0066 是采用低功耗 CMOS 技术的大规模点阵 LCD 控制器（兼带驱动器）,与 4 位/8 位微处理器相连,它能使点阵 LCD 显示大小写英文字母、符号。KS0065 用于扩展显示字符,16 个字符×1 行的模块就不用 KS0065 了,16 个字符×2 行的模块就要用 1 片 KS0065。它是采用低功耗 CMOS 技术的大规模 LCD 驱动芯片,既可作为行驱动使用,又可作为列驱动使用,由二进制移位寄存器、数据锁存器和驱动器组成。

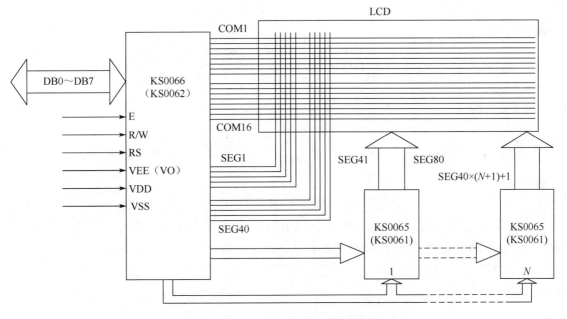

图 7-4　SMC1602 的内部结构框图

在对外接口方面,SMC1602 有 8 根数据总线,3 根控制线,可与微控制器相连。通过送入数据和指令,就可使模块正常工作。它采用总线连接方式,数据总线连接单片机的 P0 口,使能端通过单片机的 $\overline{RD}$ 和 $\overline{WR}$ 引脚及 P2.7 引脚,加上与非门来控制。R/W 和 RS 引脚分别采用 P2.1 与 P2.0 引脚来控制,如图 7-5 所示。

它也可以采用模拟 I/O 端口线连接方式,如图 7-6 所示。其中,数据总线可与单片机除 P0 口外的其他口连接（如 P1 口）,控制线可以用其他 I/O 口来控制（如图 7-6 中的 P3.0、P3.1 和 P3.5 引脚）。

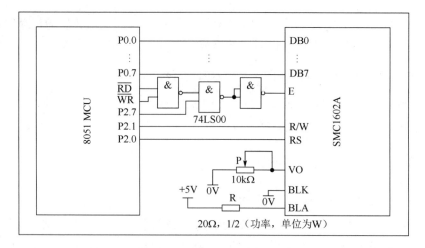

图 7-5　SMC1602 总线连接方式

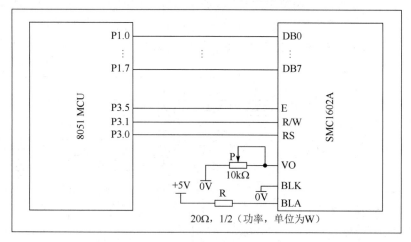

图 7-6　SMC1602 模拟 I/O 端口线连接方式

SMC1602 读操作时序如图 7-7 所示。当 R/W 和 E 引脚均为高电平时，通过从 E 引脚信号算起的时间 t_D，即可从 SMC1602 数据口读出指令或数据。

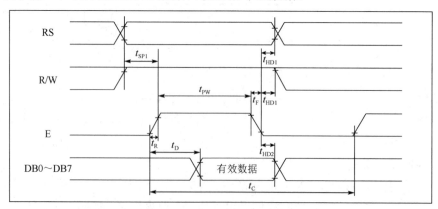

图 7-7　SMC1602 读操作时序

SMC1602 写操作时序如图 7-8 所示。当 R/W 引脚为低电平、E 引脚为高电平时，在从 E

引脚信号算起的时间 t_{PW} 内，都可将指令或数据向 SMC1602 的数据口写入。

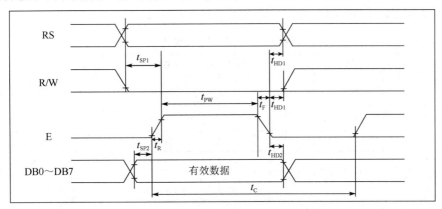

图 7-8 SMC1602 写操作时序

SMC1602 的时序参数如表 7-3 所示，在使用 STC 单片机的 1T（1 个机器=1 个时钟周期）单片机时，请注意这些参数。

表 7-3 SMC1602 的时序参数

时序参数	符号	极限值			单位	测试条件
		最小值	典型值	最大值		
E 引脚信号周期	t_C	400	—	—	ns	引脚 E
E 引脚脉冲宽度	t_{PW}	150	—	—	ns	
E 引脚上升沿/下降沿时间	t_R、t_F	—	—	25	ns	
地址建立时间	t_{SP1}	30	—	—	ns	引脚 E、RS、R/W
地址保持时间	t_{HD1}	10	—	—	ns	
数据建立时间（读操作）	t_D	—	—	100	ns	引脚 DB0~DB7
数据保持时间（读操作）	t_{HD2}	20	—	—	ns	
数据建立时间（写操作）	t_{SP2}	40	—	—	ns	
数据保持时间（写操作）	t_{HD2}	10	—	—	ns	

7.1.3 SMC1602 内部寄存器介绍

DDRAM 地址映射图如图 7-9 所示。SMC1602 共有 2 行，每行有 16 个字符。例如，地址 00 表示第 1 行第 1 个字符的位置，如果要在这个位置显示某个字符，则只要送出地址 00 和这个字符的 ASCII 码即可。

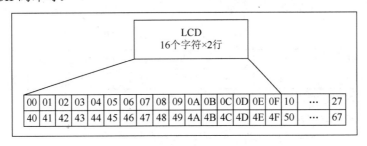

图 7-9 DDRAM 地址映射图

SMC1602 内部的控制器共有 11 条控制指令，如表 7-4 所示。它的读/写操作、屏幕和光标的操作都是通过指令编程来实现的。

表 7-4 SMC1602 控制指令

序号	指令	RS	R/W	DB7	DB6	DB5	DB4	DB3	DB2	DB1	DB0
1	清显示	0	0	0	0	0	0	0	0	0	1
2	光标复位	0	0	0	0	0	0	0	0	1	*
3	设置字符和光标移动模式	0	0	0	0	0	0	0	1	I/D	S
4	显示开/关控制	0	0	0	0	0	0	1	D	C	B
5	光标或字符移位	0	0	0	0	0	1	S/C	R/L	*	*
6	功能设置	0	0	0	0	1	DL	N	F	*	*
7	设置 CGROM 的地址	0	0	0	1	CGROM 的地址					
8	设置 DDRAM 的地址	0	0	1	DDRAM 的地址						
9	读忙状态信号和光标地址	0	1	BF	计数器的地址						
10	写数据到 CGRAM 或 DDRAM 中	1	0	要写的数据							
11	从 CGRAM 或 DDRAM 中读取数据	1	1	读取的数据							

现对这些指令进行如下说明。

指令 1：清显示，指令码为 01H，同时光标复位到 DDRAM 地址 00H 位置。

指令 2：光标复位。光标返回 DDRAM 地址 00H 位置。

指令 3：光标和显示模式设置，即设置字符和光标移动模式。其中，I/D 用于设置光标移动方向，高电平右移、低电平左移；S 用于设置屏幕上所有文字是否左移或右移。

指令 4：显示开/关控制。其中，D 控制整体显示的开与关，高电平表示开显示、低电平表示关显示；C 控制光标的开与关，高电平表示有光标、低电平表示无光标；B 控制光标如何闪烁，高电平闪烁、低电平不闪烁。

指令 5：光标或字符移位。S/C 表示低电平时移动光标，高电平时移动显示的文字。

指令 6：功能设置。DL 是低电平时为 4 位总线、高电平时为 8 位总线，N 是低电平时单行显示、高电平时双行显示，F 是低电平时显示 5×7 的点阵字符、高电平时显示 5×10 的点阵字符。

指令 7：设置 CGROM 的地址。DB5～DB3 为自定义字符的地址（0x00～0x07）；DB2～DB0 为字符的行号（一个字符占 8 行，共 8 字节）。

指令 8：设置 DDRAM 的地址。

指令 9：读忙状态信号和光标地址。其中，BF 为忙状态标志位，高电平表示模块在忙，此时，模块不能接收数据或指令；如果为低电平，则表示模块不忙，此时可以写入数据或指令。SMC1602 状态字说明如表 7-5 所示。

表 7-5 SMC1602 状态字说明

STA7	STA6	STA5	STA4	STA3	STA2	STA1	STA0
DB7	DB6	DB5	DB4	DB3	DB2	DB1	DB0

注：①STA7 的含义是读/写操作使能，1 表示禁止，0 表示允许。

②STA6～STA0 的含义是当前数据地址指针的值。

液晶显示模块是一个慢显示器件，因此在执行每条指令之前，一定要确认模块的忙状态标志位为低电平，表示不忙，否则执行的指令会无效。

指令 10：写数据（写数据到 CGRAM 或 DDRAM 中）。当写入一个字节后，SMC1602 内部的地址计数器会自动加 1，在写下一个字节时不用指定地址。

指令 11：读数据（从 CGRAM 或 DDRAM 中读取数据）。

7.1.4 SMC1602 基础应用仿真

1. 任务要求

利用前面学到的理论知识设计一个 SMC1602 的显示电路，编写驱动程序，显示一些简单的字符。

2. 原理图设计

原理图设计参考图 7-10。

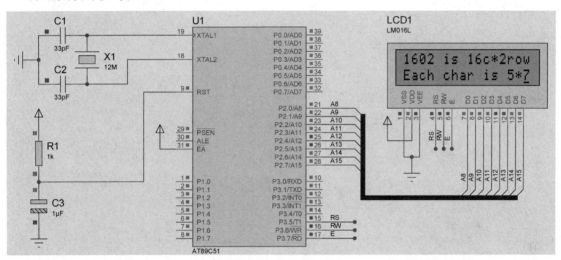

图 7-10　原理图设计[①]

3. SMC1602 基础应用的完整源码

```
#include <reg51.h>
#include <intrins.h>


#define uchar unsigned char
#define uint  unsigned int


sbit LCD_RS = P3^5;                        //定义 LCD 的控制线
sbit LCD_RW = P3^6;
sbit LCD_E  = P3^7;


uchar code Line1[] = "1602 is 16c*2row";   //1 行最多显示 16 个字符
```

---

① 仿真软件中的元件引脚名称可能与实际产品的引脚名称不一样。

```c
uchar code Line2[] = "Each char is 5*7";

void Lcd_Init(void);                    //函数声明
void Lcd_WriteCmd(void);
void Lcd_WriteData(uchar *ch, uchar n);
void Delay_1mS(uint t);

/*********************************************************************
函数功能：主函数，在指定位置显示指定的字符串
*********************************************************************/
void main(void)
{
    while(1)
    {
        Lcd_Init( );                    //LCD 初始化

        P2 = 0x80;                      //指令 8：DDRAM 第 1 行起始地址
        Lcd_WriteCmd();
        Lcd_WriteData(Line1, 16);       //写入第 1 行 16 个字符

        P2 = 0xC0;                      //指令 8：DDRAM 第 2 行起始地址
        Lcd_WriteCmd();
        Lcd_WriteData(Line2, 16);       //写入第 2 行 16 个字符

        P2 = 0xCF;                      //指令 8：光标停留在第 2 行最后一个字符位置
        Lcd_WriteCmd();

        Delay_1mS(3000);                //在当前显示处停留 3s
    }
}

/*********************************************************************
函数功能：LCD 初始化
*********************************************************************/
void Lcd_Init(void)
{
    P2 = 0x01;                          //指令 1：清显示
    Lcd_WriteCmd();

    P2 = 0x38;                          //指令 6：功能设置指令，8 位，2 行，5×7 点阵
```

```
    Lcd_WriteCmd();

    P2 = 0x0F;                       //指令4：开显示指令，显示屏ON，光标ON，闪烁ON
    Lcd_WriteCmd();

    P2 = 0x06;                       //指令3：设置字符和光标移动模式，光标右移，整屏显示不移动
    Lcd_WriteCmd();
}

/******************************************************************
函数功能：写指令到LCD指令寄存器
******************************************************************/
void Lcd_WriteCmd(void)
{
    LCD_RS = 0;                      //选择LCD指令寄存器
    LCD_RW = 0;                      //执行写入操作
    LCD_E = 1;                       //使能LCD
    Delay_1mS(50);                   //$t_{PW} \geqslant 150ns$
    LCD_E = 0;
    Delay_1mS(50);                   //$t_C \geqslant 400ns$
}

/******************************************************************
函数功能：写数据到LCD数据寄存器，指针ch指向数据的首地址，n为数据个数
******************************************************************/
void Lcd_WriteData(uchar *ch, uchar n)
{
    uchar i;

    for( i=0; i<n; i++ ){
        P2 = *(ch+i);                //送字符数据

        LCD_RS = 1;                  //选择LCD数据寄存器
        LCD_RW = 0;                  //使能写入操作
        LCD_E = 1;                   //启动LCD
        Delay_1mS(50);               //$t_{PW} \geqslant 150ns$
        LCD_E = 0;
        Delay_1mS(50);               //$t_C \geqslant 400ns$
    }
}
```

```
/***************************************************************
函数功能：延时 1ms
***************************************************************/
void Delay_1mS(uint t)
{
   uint i, j;

   for(i=t; i>0; i--)
   {
      for(j=120; j>0; j--);
   }
}
```

7.1.5 SMC1602 温度显示的仿真

1. 任务要求

在 SMC1602 基础应用仿真任务的基础上修改驱动程序，不仅要显示字符，还要显示数值，如温度值。

2. 原理图设计

原理图设计的参考图不变，显示效果如图 7-11 所示。

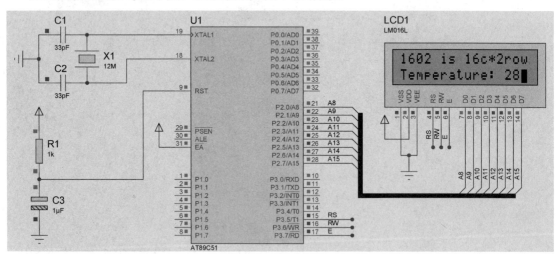

图 7-11　SMC1602 温度显示效果

3. SMC1602 温度显示改动的源码

这里主要增加了 Value2Ascii()函数，将温度变量 temp 转换成字符串 tempAscii[]，并显示温度字符串。

```
uchar code Line1[] = "1602 is 16c*2row";   //一行最多显示16个字符
```

```c
uchar code Line2[] = "Temperature: ";

/******************************************************************
函数功能：主函数，在指定位置显示指定的字符串
******************************************************************/
void main(void)
{
    uchar temp = 28;                        //温度变量
    uchar tempAscii[2];

    while(1)
    {
        Lcd_Init( );                        //LCD 初始化

        P2 = 0x80;                          //指令 8：DDRAM 第 1 行起始地址
        Lcd_WriteCmd();
        Lcd_WriteData(Line1, 16);           //写入第 1 行 16 个字符

        P2 = 0xC0;                          //指令 8：DDRAM 第 2 行起始地址
        Lcd_WriteCmd();
        Lcd_WriteData(Line2, 13);           //写入第 2 行 13 个字符
        Value2Ascii(temp, tempAscii);       //将温度变量转换成字符串
        Lcd_WriteData(tempAscii, 2);        //显示温度字符串

        P2 = 0xCF;                          //指令 8：光标停留在第 2 行最后一个字符位置
        Lcd_WriteCmd();

        Delay_1mS(3000);                    //在当前显示处停留 3s
    }
}

/******************************************************************
函数功能：将数值转换成字符串
******************************************************************/
void Value2Ascii(uchar val, uchar *valAscii)
{
    valAscii[0] = val/10 + '0';
    valAscii[1] = val%10 + '0';
}
```

7.2 SMC1602 温度快速显示和忙状态判断

7.2.1 任务要求

在 SMC1602 温度显示的仿真任务的基础上修改驱动程序，要求每个字符的显示没有延时，快速显示所有字符。

7.2.2 任务分析

在 SMC1602 温度显示的仿真任务中，Lcd_WriteCmd()和 Lcd_WriteData()函数都用到了延时函数 Delay_1mS(50)。在第 5 章曾介绍过，软件的延时是阻塞式延时，会影响程序的执行速度，特别是毫秒级的延时。因此，本任务通过减少延时时间，采用微秒级延时，或者判断 SMC1602 忙状态来实现快速显示所有字符。

7.2.3 原理图设计

原理图设计的参考图不变，显示效果如图 7-11 所示。

7.2.4 SMC1620 温度快速显示的程序设计

1. 增加延时函数 Delay_100uS()

增加一个延时 100μs 的延时函数 Delay_100uS()，并在 main()函数中调用 Delay_100uS(1)，修改 j 的初值，就可以调整 Delay_100uS()函数的延时时间。

```
void Delay_100uS(uint t)
{
    uint i, j;

    for(i=t; i>0; i--)
    {
        for(j=10; j>0; j--);
    }
}
```

2. 调试 Delay_100uS()函数中的参数

在 Keil 中可以查看 Delay_100uS()函数的延时时间，如果延时时间不够准确，与 100μs 相差较大，则可以修改 j 的初值。

单击"Debug"按钮，进入调试状态，同时显示 Disassembly 汇编代码窗口，如图 7-12 所示。如果修改了程序，则必须先编译（快捷键 F7），再单击"Debug"按钮。

第 7 章 液晶显示接口设计

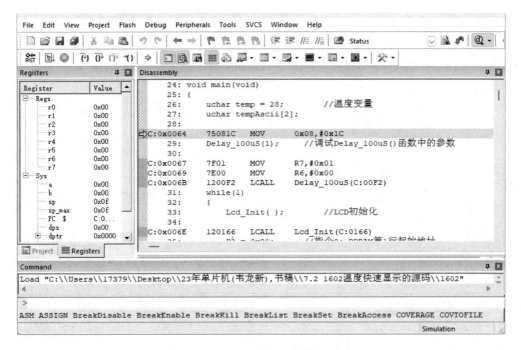

图 7-12 Disassembly 汇编代码窗口

如图 7-13 所示，切换回 Main.c 汇编代码窗口，箭头所指位置表示将要执行的语句，灰色块表示对应语句可以执行（若无灰色块，则表示该行语句不可执行）。

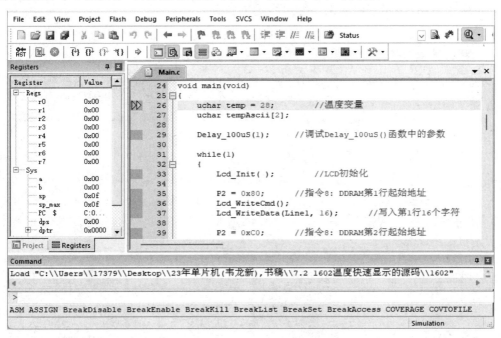

图 7-13 Main.c 汇编代码窗口

（1）增加两个断点。

在 Delay_100uS(1)所在行任意处双击，增加第一个断点（圆点），在下一个灰色块，即 Lcd_Init()所在行任意处双击，增加第二个断点，如图 7-14 所示。

· 187 ·

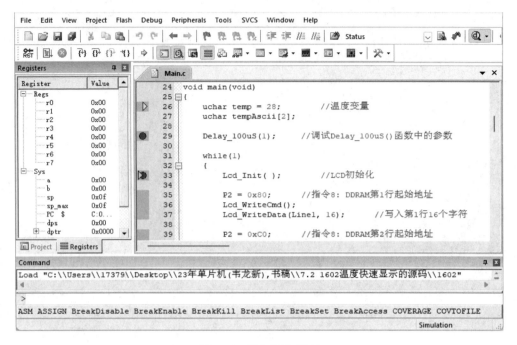

图 7-14 增加两个断点

在 Keil 的菜单栏中选择"View"→"Analysis Windows"→"Performance Analyzer Window"选项，打开执行时间分析窗口，其中"total time"数值框中的值表示程序已经运行的时间（单位为 s），这里为 0，表示程序还未运行，如图 7-15 所示。

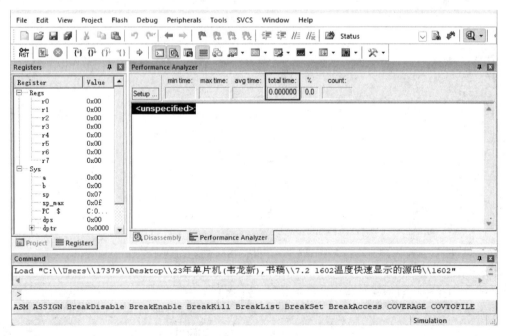

图 7-15 执行时间分析窗口

（2）程序运行到第一个断点处。

单击"Run"按钮，程序运行到第一个断点处，如图 7-16 所示。

第 7 章 液晶显示接口设计

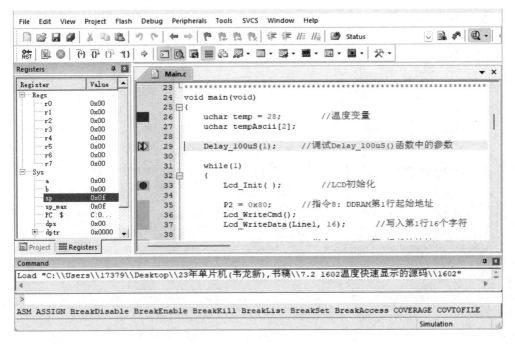

图 7-16 程序运行到第一个断点

查看执行时间分析窗口，此时程序运行了 0.000391s，如图 7-17 所示。

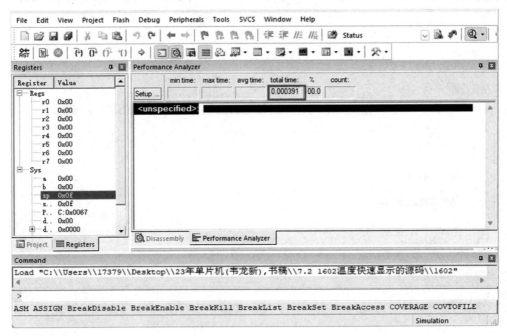

图 7-17 程序运行到第一个断点处的时间

（3）程序运行到第二个断点。

再次单击"Run"按钮，程序运行到第二个断点处，如图 7-18 所示。这里也可以使用"Step Over"单步按钮使程序运行到第二个断点处。

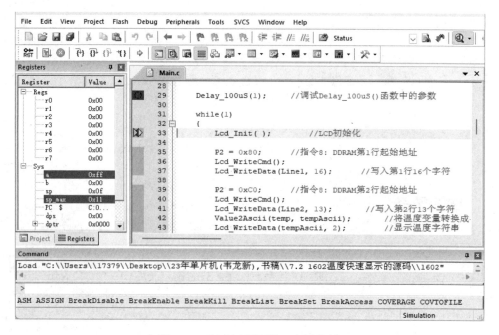

图 7-18 程序运行到第二个断点处

查看执行时间分析窗口，此时，程序运行了 0.000497s（见图 7-19），计算得 0.000497s−0.000391s= 106μs，表示执行 Delay_100uS(1)函数使用了 106μs，符合任务要求。

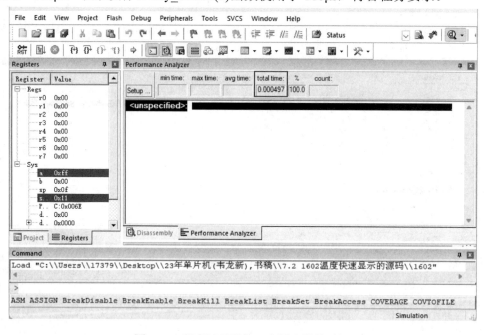

图 7-19 程序运行到第二个断点处的时间

3. 改写 Lcd_WriteCmd()、Lcd_WriteData()函数

将程序中的 Delay_1mS(50)改为 Delay_100uS(9)，尽量减少操作 LCD 所需的时间，即可达到快速显示所有字符的要求。

/**

函数功能：写指令到 LCD 指令寄存器
**/
```c
void Lcd_WriteCmd(void)
{
    LCD_RS = 0;              //选择 LCD 指令寄存器
    LCD_RW = 0;              //执行写入操作
    LCD_E = 1;               //使能 LCD
    Delay_100uS(9);          //t_PW>150ns
    LCD_E = 0;
    Delay_100uS(9);          //t_C>400ns
}


/***********************************************************************
函数功能：写数据到 LCD 数据寄存器，指针 ch 指向数据的首地址，n 为数据个数
***********************************************************************/
void Lcd_WriteData(uchar *ch, uchar n)
{
    uchar i;

    for( i=0; i<n; i++ ){
        P2 = *(ch+i);        //送字符数据

        LCD_RS = 1;          //选择 LCD 数据寄存器
        LCD_RW = 0;          //使能写入操作
        LCD_E = 1;           //启动 LCD
        Delay_100uS(9);      //t_PW>150ns
        LCD_E = 0;
        Delay_100uS(9);      //t_C>400ns
    }
}
```

7.2.5 SMC1602 忙状态判断

1. 使用 STC-ISP 生成 Delay_100uS()函数

可以使用 STC-ISP 直接生成 Delay_100uS()函数，在"8051 指令集"下拉列表中选择"STC-Y1"选项即可，如图 7-20 所示。

7.2.4 节介绍的使用 Keil 调试函数运行时间的方法是编程人员在进行程序调试时必备的一项技能，但用该方法调试 Delay_100uS()延时函数中的参数较麻烦，不建议使用。而使用 STC-ISP 设置好系统频率和定时长度，在"8051 指令集"下拉列表中选择"STC-Y1"选项，直接生成 Delay_100uS()函数，这样可以得到准确的延时。

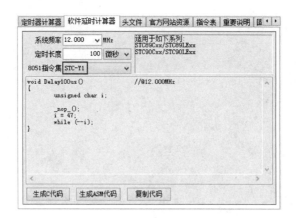

图 7-20　使用 STC-ISP 直接生成 Delay_100uS()函数

2. 忙等待异常

将 SMC1602 温度快速显示源码中的 Delay_100uS(9)改为 Delay_100uS(8)。此时，SMC1602 第 2 行不能显示，Proteus 日志窗口提示"Controller received command whilst busy."（LCD1 接收命令时正忙）（单击"Message"按钮可显示），如图 7-21 所示，说明 Delay_100uS(8)这个延时时间太短，即单片机在向 SMC1602 发送指令或数据时，SMC1602 正忙。

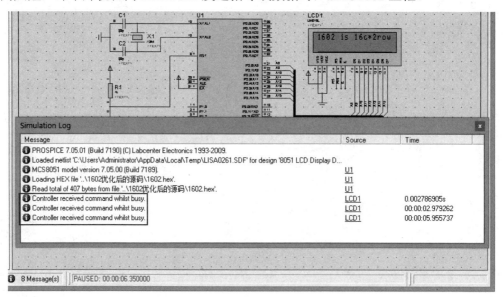

图 7-21　LCD1 接收命令时正忙

3. 忙状态的读取

上面用来调试忙等待的方法需要不断尝试，较为麻烦。如果晶振频率提高，或者 SMC1602 参数中的忙等待时间变长（如生产工艺发生变化），那么 Delay_100uS(9)也会导致 SMC1602 显示异常。最好的方法就是通过读取 SMC1602 忙状态来判断 SMC1602 的状态，如果它处于空闲状态，就继续操作它。

```
sbit LCD_BUSY = P2^7;
```

```
/****************************************************************
函数功能：忙等待
****************************************************************/
void Lcd_BusyWait(void)
{
    uchar i = 0;
    P2 = 0xFF;              //在读取SMC1602忙状态时，它会输出一个字节
    LCD_RS = 0;
    LCD_RW = 1;
    LCD_E  = 1;
    while(LCD_BUSY==1);     //忙否：SMC1602模块坏了或被拔下，程序将在此进入死循环
    /*while(i++<255)
    {
        if( LCD_BUSY==0 ) break; //忙否：推荐这种写法
    }//while
    */
    LCD_E  = 0;
}
```

上述程序说明：在读取 SMC1602 忙状态时，SMC1602 会输出一个字节，只要通过最高位 P2.7 来判断 SMC1602 忙否即可。单片机在读引脚前先将引脚置 1，只有这样，读取的数据才正确。但如果只将 P2.7 引脚置 1，即 LCD_BUSY = 1，那么 Proteus 日志窗口会提示 A8 等引脚逻辑电平冲突，如图 7-22 所示。此时，需要将 LCD_BUSY = 1 改为 P2 = 0xFF，以接收 SMC1602 一字节的状态字。

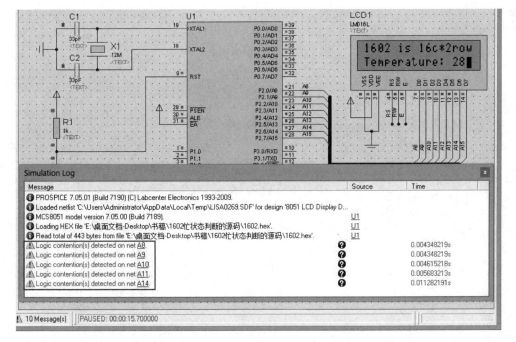

图 7-22　A8 等引脚逻辑电平冲突

4. 改写 Lcd_WriteCmd 和 Lcd_WriteData()函数

在读、写函数 Lcd_WriteCmd()和 Lcd_WriteData()的前面调用忙等待函数 Lcd_BusyWait()，表示在每次写指令、读/写数据之前检测忙状态信号，并将 Delay_100uS(9)改为最小的 Delay_100uS(1)，仿照 Lcd_WriteData()函数优化 Lcd_WriteCmd()函数的写法，均在函数内部写 P2 口。

```
/****************************************************************
函数功能：写指令到 LCD 指令寄存器
****************************************************************/
void Lcd_WriteCmd(uchar cmd)
{
    Lcd_BusyWait();         //忙等待
    P2 = cmd;
    LCD_RS = 0;             //选择 LCD 指令寄存器
    LCD_RW = 0;             //执行写入操作
    LCD_E = 1;              //使能 LCD
    Delay_100uS(1);         //t_PW≥150ns
    LCD_E = 0;
    Delay_100uS(1);         //t_C≥400ns
}
```

5. 改写 main()和 Lcd_Init()函数

使用优化后的 Lcd_WriteCmd()函数简化 SMC1602 温度快速显示的源码中的相关部分代码，结果如下：

```
/****************************************************************
函数功能：主函数，在指定位置显示指定的字符串
****************************************************************/
void main(void)
{
    uchar temp = 28;        //温度变量
    uchar tempAscii[2];

    //Delay_100uS(1);       //调试 Delay_100uS()函数中的参数

    Lcd_Init( );            //LCD 初始化函数只需执行一次，将其放到 while(1)循环外面

    while(1)
    {
        Lcd_WriteCmd(0x80);            //指令 8：DDRAM 第 1 行起始地址
        Lcd_WriteData(Line1, 16);      //写入第 1 行 16 个字符
```

```c
        Lcd_WriteCmd(0xC0);                    //指令8:DDRAM第2行起始地址
        Lcd_WriteData(Line2, 13);              //写入第2行13个字符
        Value2Ascii(temp, tempAscii);          //将温度变量转换成字符串
        Lcd_WriteData(tempAscii, 2);           //显示温度字符串

        Lcd_WriteCmd(0xCF);                    //指令8:光标停留在第2行最后一个字符的位置

        Delay_1mS(3000);                       //在当前显示处停留3s
    }
}

/******************************************************************
函数功能:LCD初始化
******************************************************************/
void Lcd_Init(void)
{
    Lcd_WriteCmd_NoChk(0x01);         //指令1:清屏指令
    Delay_1mS(2);
    Lcd_WriteCmd(0x38);   //指令6:功能设置指令,8位,2行,5×7点阵
    Lcd_WriteCmd(0x0F);   //指令4:开显示指令,显示屏ON,光标ON,闪烁ON
    Lcd_WriteCmd(0x06);   //指令3:设置字符和光标移动模式,光标右移,整屏显示不移动
}
```

上述程序在 Lcd_Init() 函数中调用了 Lcd_WriteCmd_NoChk() 函数,该函数较 Lcd_WriteCmd()函数只少了忙等待函数 Lcd_BusyWait(),因为上电后,SMC1602 默认为忙状态,所以需要向 SMC1602 中写入一个指令并等待一小段时间,只有这样,SMC1602 才会变成空闲状态。

```c
/******************************************************************
函数功能:写指令到LCD指令寄存器
******************************************************************/
void Lcd_WriteCmd_NoChk(uchar cmd)
{
    P2 = cmd;

    LCD_RS = 0;              //选择LCD指令寄存器
    LCD_RW = 0;              //执行写入操作
    LCD_E = 1;               //使能LCD
    Delay_100uS(1);          //$t_{PW} \geq 150ns$
    LCD_E = 0;
    Delay_100uS(1);          //$t_C \geq 400ns$
}
```

7.3 SMC1602 汉字显示与 4 位数据总线

7.3.1 SMC1602 汉字显示

1. 任务要求

在 SMC1602 忙状态判断任务的基础上修改驱动程序,要求第 1 行显示一些简单常用的汉字,如年月日时分秒;第 2 行显示的温度值后面带符号"℃"。

2. 原理图设计

原理图设计的参考图不变,显示效果如图 7-23 所示。

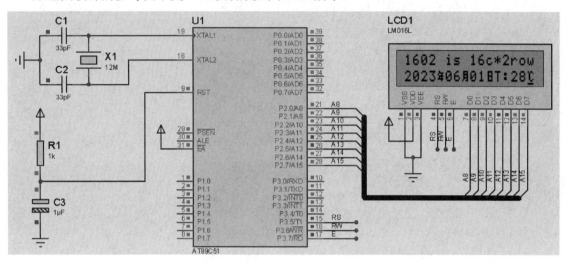

图 7-23　SMC1602 汉字显示效果

3. 汉字显示的原理

前面已经介绍过 CGRAM 的相关知识,这里不再赘述。CGRAM 中第一个字符的存储空间如图 7-24 所示。需要注意的是,由于 CGROM 地址中包含了 CGRAM 地址(高 4 位为 0000 的地址),在设置 CGROM 地址的指令中,命令字节中 D6 的值为 1。因此,在写命令到 CGRAM 中时,写入值为 0x40~0x47,对应的 CGRAM 地址为 0x00~0x07。

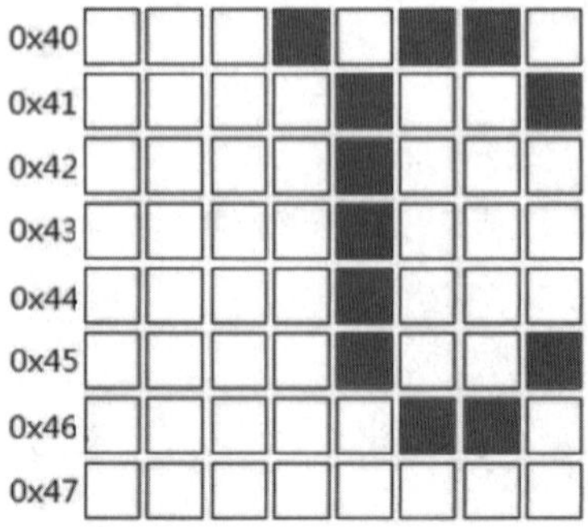

图 7-24　CGRAM 中第一个字符的存储空间

在取模软件 PCtoLCD 中选择"模式"→"图形模式"选项，如图 7-25 所示。

图 7-25　选择"模式"→"图形模式"选项

新建点阵大小为 8×8，如图 7-26 所示。

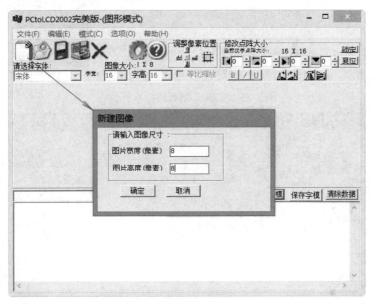

图 7-26　新建点阵大小为 8×8

单击选出"℃"的形状，如图 7-27 所示。

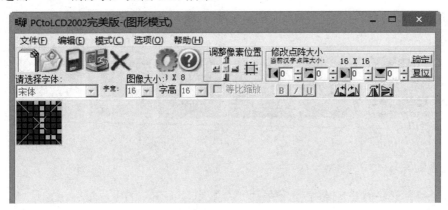

图 7-27　单击选出"℃"的形状

打开"字模选项"对话框，具体设置如图 7-28 所示。

设置好后单击"生成字模"按钮，得到"℃"的字模{0x16,0x09,0x08,0x08,0x08,0x09,0x06,0x00}，如图 7-29 所示。

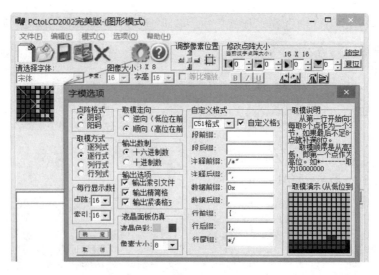

图 7-28 字模选项对话框具体设置

图 7-29 "℃"的字模

其余 6 个汉字（年月日时分秒）的形状如图 7-30 所示，制作其字模的过程与符号"℃"类似。

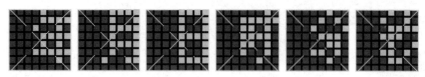

图 7-30 年月日时分秒的形状

4．汉字的写入

将 7 个自定义字符生成的字模保存到一维数组 g_ucFont[]中，该数组位于 51 单片机的 ROM 空间。

```
/************************************************************
SMC1602 要显示 7 个自定义字符，其字模由取模软件生成
有 6 个汉字和 1 个"℃"符号
************************************************************/
```

```c
uchar code g_ucFont[] = { 0x08,0x0F,0x12,0x0F,0x0A,0x1F,0x02,0x02,
                          0x0F,0x09,0x0F,0x09,0x0F,0x09,0x13,0x00,
                          0x0F,0x09,0x09,0x0F,0x09,0x09,0x0F,0x00,
                          0x02,0x1F,0x1A,0x1E,0x1A,0x12,0x04,0x00,
                          0x04,0x0A,0x11,0x0E,0x06,0x1A,0x04,0x00,
                          0x0A,0x12,0x0F,0x1C,0x09,0x1A,0x0C,0x00,
                          0x16,0x09,0x08,0x08,0x08,0x09,0x06,0x00,
                        };
```

在 SMC1602 初始化 Lcd_Init()函数中，将 7 个自定义字符的字模写入 CGRAM。

```c
/*****************************************************************
函数功能：LCD 初始化
*****************************************************************/
void Lcd_Init(void)
{
    Lcd_WriteCmd_NoChk(0x01);        //指令 1：清屏指令
    Delay_1mS(2);
    Lcd_WriteCmd(0x38);    //指令 6：功能设置指令，8 位，2 行，5×7 点矩阵
    Lcd_WriteCmd(0x0F);    //指令 4：开显示指令，显示屏 ON，光标 ON，闪烁 ON
    Lcd_WriteCmd(0x06);    //指令 3：设置字符和光标移动模式，光标右移，整屏显示不移动
    Lcd_WriteCmd(0x40);    //指令 7：CGRAM 的开始地址
    Lcd_WriteData(g_ucFont, 8*7);    //将 7 个自定义字符的字模写入 CGRAM
}
```

5. 汉字的显示

在主函数 main()中，在显示温度字符串后紧接着显示符号"℃"。数组 UserChar[]中保存着这 7 个自定义字符在 DDRAM 中的值，分别为 0～6。为了显示汉字，Line2[] 数组的内容改为：

```c
uchar code Line2[] = "2023*06*01*T:";
/*****************************************************************
函数功能：主函数，在指定位置显示指定的字符串
*****************************************************************/
void main(void)
{
    uchar temp = 28;         //温度变量
    uchar tempAscii[2];
    uchar UserChar[] = { 0,1,2,3,4,5,6 };   //7 个自定义字符在 DDRAM 中的值

    //Delay_100uS(1);                        //调试 Delay_100uS()函数中的参数
    Lcd_Init( );         //LCD 初始化函数只需执行一次，将其放到 while(1)循环外面
    while(1)
```

```
        {
            Lcd_WriteCmd(0x80);                    //指令 8：DDRAM 第 1 行起始地址
            Lcd_WriteData(Line1, 16);              //写入第 1 行 16 个字符
            Lcd_WriteCmd(0xC0);                    //指令 8：DDRAM 第 2 行起始地址
            Lcd_WriteData(Line2, 13);              //写入第 2 行 13 个字符
            Lcd_WriteCmd(0xC0+4);
            Lcd_WriteData(&UserChar[0], 1);        //年在 DDRAM 中的值为 0
            Lcd_WriteCmd(0xC0+7);
            Lcd_WriteData(&UserChar[1], 1);        //月在 DDRAM 中的值为 1
            Lcd_WriteCmd(0xC0+10);
            Lcd_WriteData(&UserChar[2], 1);        //日在 DDRAM 中的值为 2
            Value2Ascii(temp, tempAscii);          //将温度变量转换成字符串
            Lcd_WriteCmd(0xC0+13);
            Lcd_WriteData(tempAscii, 2);           //显示温度字符串
            Lcd_WriteData(&UserChar[6], 1);        //℃在 DDRAM 中的值为 6
            Lcd_WriteCmd(0xCF);           //指令 8：光标停留在第 2 行最后一个字符的位置
            Delay_1mS(3000);                       //在当前显示处停留 3s
        }
}
```

7.3.2　SMC1602 4 位数据总线

1. 4 位数据总线的原理

当单片机引脚不够用时，SMC1602 采用四线接法，可以多留出 4 个端口，以备单片机连接其他外围电路。四线接法把 DB3～DB0（仿真软件中的 D3～D0）引脚悬空不接，其他引脚的接法与八线接法一样，显示效果如图 7-31 所示。

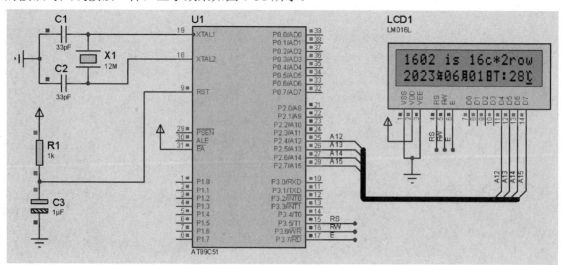

图 7-31　SMC1602 4 位数据总线显示效果

2. 改写 Lcd_WriteCmd_NoChk()、Lcd_WriteCmd()、Lcd_WriteData()函数

四线数据传输只需通过 DB4~DB7 引脚，其程序与八线接法大同小异，只需在写指令或数据时，先传输相应的高 4 位，再传输低 4 位即可。

```
/****************************************************************
函数功能：写指令到 LCD 指令寄存器
****************************************************************/
void Lcd_WriteCmd_NoChk(uchar cmd)
{
    LCD_RS = 0;                 //选择 LCD 指令寄存器
    LCD_RW = 0;                 //执行写入操作

    P2 = cmd;                   //先写高 4 位给 P2 口的高 4 位
    LCD_E = 1;                  //使能 LCD
    Delay_100uS(1);             //t_PW≥150ns
    LCD_E = 0;
    Delay_100uS(1);             //t_C≥400ns

    P2 = cmd<<4;                //再写低 4 位给 P2 口的高 4 位
    LCD_E = 1;                  //使能 LCD
    Delay_100uS(1);             //t_PW≥150ns
    LCD_E = 0;
    Delay_100uS(1);             //t_C≥400ns
}


/****************************************************************
函数功能：写指令到 LCD 指令寄存器（不使用忙等待）
****************************************************************/
void Lcd_WriteCmd(uchar cmd)
{
    //Lcd_BusyWait();           //使用 4 位数据总线时不能使用忙等待函数

    LCD_RS = 0;                 //选择 LCD 指令寄存器
    LCD_RW = 0;                 //执行写入操作

    P2 = cmd;                   //先写高 4 位给 P2 口的高 4 位
    LCD_E = 1;                  //使能 LCD
    Delay_100uS(1);             //t_PW≥150ns
    LCD_E = 0;
    Delay_100uS(1);             //t_C≥400ns
```

```
        P2 = cmd<<4;                //再写低4位给P2口的高4位
        LCD_E = 1;                  //使能LCD
        Delay_100uS(1);             //t_PW≥150ns
        LCD_E = 0;
        Delay_100uS(1);             //t_C≥400ns
}

/****************************************************************
函数功能：写数据到LCD数据寄存器，指针ch指向数据的首地址，n为数据个数
****************************************************************/
void Lcd_WriteData(uchar *ch, uchar n)
{
    uchar i;

    for( i=0; i<n; i++ ){
        //Lcd_BusyWait();           //使用4位数据总线不能使用忙等待函数

        LCD_RS = 1;                 //选择LCD数据寄存器
        LCD_RW = 0;                 //使能写入操作

        P2 = *(ch+i);               //先写高4位给P2口的高4位
        LCD_E = 1;                  //启动LCD
        Delay_100uS(1);             //t_PW≥150ns
        LCD_E = 0;
        Delay_100uS(1);             //t_C≥400ns

        P2 =(*(ch+i))<<4;           //再写低4位给P2口的高4位
        LCD_E = 1;                  //启动LCD
        Delay_100uS(1);             //t_PW≥150ns
        LCD_E = 0;
        Delay_100uS(1);             //t_C≥400ns
    }
}
```

3. 改写Lcd_Init()函数

将Lcd_WriteCmd(0x38)改为Lcd_WriteCmd(0x28)，将SMC1602设为4位数据总线，并在这条语句前面增加Lcd_WriteCmd_NoChk(0x32)。需要注意的是，这个说明在SMC1602的数据手册中并没有提到。

另外，在本例程序中即可把Delay_1mS(2)删除，也可把Lcd_WriteCmd_NoChk(0x32)改为

Lcd_WriteCmd(0x32)，都不影响程序的执行效果。

```
/******************************************************************
函数功能：LCD 初始化
******************************************************************/
void Lcd_Init(void)
{
//指令 6：经试用，0x30～0x3F 中只有 0x32 才能正常显示，还可使用 0x02 和 0x12
    Lcd_WriteCmd_NoChk(0x32);
    Delay_1mS(2);                    //该延时可去掉，上一条语句改为 Lcd_WriteCmd(0x32)

    Lcd_WriteCmd(0x28);    //指令 6：功能设置指令，4 位，2 行，5×7 点矩阵
    Lcd_WriteCmd(0x0F);    //指令 4：开显示指令，显示屏 ON，光标 ON，闪烁 ON
    Lcd_WriteCmd(0x06);    //指令 3：设置字符和光标移动模式，光标右移，整屏显示不移动
    Lcd_WriteCmd(0x40);    //指令 7：CGRAM 的地址
    Lcd_WriteData(g_ucFont, 8*7);    //将 7 个自定义字符的字模写入 CGRAM
}
```

7.4 OCM12864 使用基础

7.4.1 OCM12864 概述

OCM12864 是 128×64（有 128 列 64 行）点阵型液晶显示模块，可显示各种字符及图形，可与单片机直接连接，具有 8 位标准数据总线、6 根控制线及电源线，采用 KS0108 控制芯片，其实物图如图 7-32 所示。

图 7-32　OCM12864 的实物图

OCM12864 的主要技术参数如表 7-6 所示。

表 7-6 OCM12864 的主要技术参数

最大工作范围
逻辑工作电压（VCC）：4.5～5.5V（12864-3、12864-5 可使用 3V 供电）
电源地（GND）：0V
工作温度：0～55℃（常温）/-20～70℃（宽温）
保存温度：-30～80℃
电气特性（测试条件 Ta==25、VDD=5.0+/-0.25V）
输入高电平：3.5Vmin
输入低电平：0.55Vmax
输出高电平：3.75Vmin
输出低电平：1.0Vmax
工作电流：5.0mA（最大值）（注：不开背光的情况下）

OCM12864 的接口丰富多样，有串口的和并口的，工作电压有 5V 的和 3.3V 的，下面以常用的并口为例进行说明。OCM12864 的引脚及其说明如表 7-7 所示。

表 7-7 OCM12864 的引脚及其说明

引脚号	引脚名	方向	说明
1	VSS	—	逻辑电源地
2	VDD	—	逻辑电源+5V
3	VO	I	LCD 调整电压，应用时接 10kΩ 电位器可调端
4	RS	I	数据/指令选择，H 表示将 DB7～DB0 送入显示 RAM，L 表示将 DB7～DB0 送入指令寄存器
5	R/W	I	读/写选择，H 表示读数据，L 表示写数据
6	E	I	读写使能，H 有效，下降沿锁定数据
7	DB0	I/O	数据输入/输出引脚
8	DB1	I/O	数据输入/输出引脚
9	DB2	I/O	数据输入/输出引脚
10	DB3	I/O	数据输入/输出引脚
11	DB4	I/O	数据输入/输出引脚
12	DB5	I/O	数据输入/输出引脚
13	DB6	I/O	数据输入/输出引脚
14	DB7	I/O	数据输入/输出引脚
15	CS1	I	片选信号，H 表示选择左半屏
16	CS2	I	片选信号，H 表示选择右半屏
17	/RET	I	复位信号，L 有效
18	VEE	O	LCD 驱动，负电压输出，对地接 10kΩ 电位器
19	LEDA	—	背光电源，5V
20	LEDK	—	背光电源，0V

注：以上引脚排列的适用型号为 12864-1、12864-2、12864-5。

7.4.2 OCM12864 与单片机的接口

OCM12864 采用模拟端口线连接方式，如图 7-33 所示。

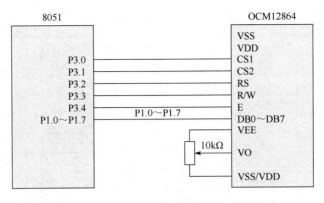

图 7-33　OCM12864 的模拟端口线连接方式

OCM12864 读操作时序如图 7-34 所示。其中，当 R/W 引脚为高电平、E 引脚为高电平时，通过从 E 引脚信号算起的时间 t_r，即可从 OCM12864 数据口读出指令或数据。

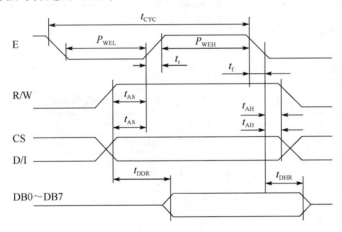

图 7-34　OCM12864 读操作时序

OCM12864 写操作时序如图 7-35 所示。其中，当 R/W 引脚为低电平、E 引脚为高电平时，在从 E 引脚信号算起的时间 P_{WEH} 内，都可将指令或数据向 OCM12864 的数据口写入。

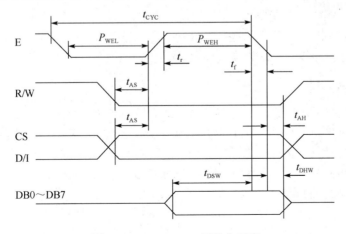

图 7-35　OCM12864 写操作时序

OCM12864 时序参数如表 7-8 所示，在使用 STC 的 1T 单片机时请注意这些参数。

表 7-8　OCM12864 时序参数

名　称	符　号	最　小　值	典　型　值	最　大　值	单　位
E 引脚周期时间	t_{CYC}	1000	—	—	ns
E 引脚高电平宽度	P_{WEH}	450	—	—	ns
E 引脚低电平宽度	P_{WEL}	450	—	—	ns
E 引脚上升时间	t_r	—	—	25	ns
E 引脚下降时间	t_f	—	—	25	ns
地址建立时间	t_{AS}	140	—	—	ns
地址保持时间	t_{AH}	10	—	—	ns
数据建立时间	t_{DSW}	200	—	—	ns
数据延迟时间	t_{DDR}	—	—	320	ns
写数据保持时间	t_{DHW}	10	—	—	ns
读数据保持时间	t_{DHR}	20	—	—	ns

7.4.3　OCM12864 的控制指令

OCM12864 控制指令相对于 SMC1602 要简单，其主要指令及引脚数据设置如表 7-9 所示。

表 7-9　OCM12864 的主要指令及引脚数据设置

指令功能	引脚数据									
	R/W	RS	DB7	DB6	DB5	DB4	DB3	DB2	DB1	DB0
显示开/关设置	L	L	L	L	H	H	H	H	H	H/L
设置显示起始行	L	L	H	H	行地址（0～63）					
设置页地址	L	L	H	L	H	H	H	页地址（0～7）		
设置列地址	L	L	L	H	列地址（0～63）					
状态检测	H	L	BF	L	ON/OFF	RST	L	L	L	L
写显示数据	L	H	D7	D6	D5	D4	D3	D2	D1	D0
读显示数据	H	H	D7	D6	D5	D4	D3	D2	D1	D0

1．显示开/关设置

功能：设置液晶显示屏显示开/关。DB0=H 表示开显示，DB0=L 表示关显示。不影响显示 DDRAM 中的内容。其中，H 为高电平（1），L 为低电平（0）。

2．设置显示起始行

功能：执行该指令后，所设置的行将显示在液晶显示屏的第 1 行。显示起始行是由 Z 地址计数器控制的。该指令自动将 DB5～DB0 这几位地址送入 Z 地址计数器，起始地址可以是 0～63 范围内的任意一行。Z 地址计数器具有循环计数功能，用于显示行扫描同步，扫描完一行后自动加 1。例如，如果将地址 A0～A5 设为 62，则显示的起始行与 DDRAM 行的对应关系如下。

DDRAM 行：62　63　0　1　2　3 ……60　61。

屏幕显示行：1　2　3　4　5　6 ……63　64。

3．设置页地址

功能：执行该指令后，后面的读/写操作将在指定页内进行，直到重新设置。页地址就是 DDRAM 的行地址，存储在 X 地址计数器中，DB2～DB0 可以表示 8 页，读/写数据对页地址没有影响。除该指令可改变页地址外，复位信号（RST）也可把 X 地址计数器内容清零。DDRAM 地址映射表如表 7-10 所示。

表 7-10 DDRAM 地址映射表

数据字节	Y 地址（列地址）								X 地址（页地址）
	0	1	2	…	61	62	63		
DB0～DB7	PAGE0								X=0
DB0～DB7	PAGE1								X=1
⋮	⋮								⋮
DB0～DB7	PAGE6								X=6
DB0～DB7	PAGE7								X=7

4．设置列地址

功能：DDRAM 的列地址存储在 Y 地址计数器中，读/写数据对列地址有影响，在对 DDRAM 进行读/写操作后，Y 地址计数器的值自动加 1。整个屏幕分为左区、右区，每个区都有 64 列。

5．状态检测

功能：读忙信号标志位（BF）、复位标志位（RST）和显示状态位（ON/OFF）。
BF=H 表示内部正在执行操作，BF=L 表示空闲状态。
RST=H 表示正处于复位初始化状态，RST=L 表示正常状态。
ON/OFF=H 表示显示关闭，ON/OFF=L 表示显示开。

6．写显示数据

功能：写数据到 DDRAM，DDRAM 是用来存储图形显示数据的，写指令执行后，Y 地址计数器的值自动加 1。DB7～DB0 位数据为 1 表示显示，为 0 表示不显示。在写数据到 DDRAM 前，需要先执行"设置页地址"及"设置列地址"命令。

7．读显示数据

功能：从 DDRAM 中读数据，读指令执行后，Y 地址计数器的值自动加1。在从 DDRAM 中读数据前，要先执行"设置页地址"及"设置列地址"命令。

注：设置列地址后，在首次读 DDRAM 中的数据时，必须连续读两次，第二次读的数据为正确数据。如果读内部状态，则不需要如此操作。

7.4.4 OCM12864 的基础显示

1．任务要求

利用前面学到的理论知识设计一个 OCM12864 的显示电路，编写驱动程序，显示一些简单的字符，包括中文、英文、数字、符号等。

2．原理图设计

原理图设计参考图 7-36。

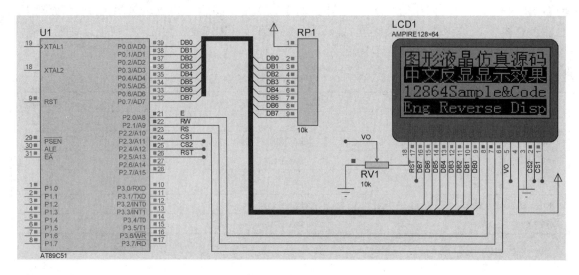

图 7-36　原理图设计

3. 汉字、英文的字模

OCM12864 是图形液晶显示模块，不能像 SMC1602 那样直接显示字符，而必须先取得要显示的汉字或英文的字模，汉字字模一般为 32 字节（16×16 点阵），英文字模一般为 16 字节（16×8 点阵）。可以使用取模软件 PCtoLCD 来取字模，执行"模式"→"字符模式"命令，进入字符模式，如图 7-37 所示。

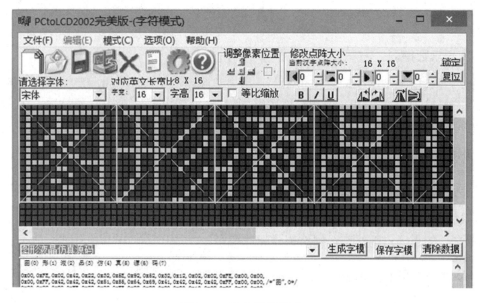

图 7-37　进入字符模式

单击"选项"菜单，打开"字模选项"对话框，将取模方式设置为"列行式"、取模走向设置为"逆向（低位在前）"，勾选"自定义格式"复选框，具体设置如图 7-38 所示。图 7-36 所示的液晶显示屏上显示的"图形液晶仿真源码"和"12864Sample&Code"是正常的显示效果。在"字模选项"对话框的"点阵格式"选区中，默认选中"阴码"单选按钮，即点亮用"1"表示。

而显示屏上的"中文反显显示效果"和"Eng Reverse Disp"是反显效果,故在图 7-38 中,还应选中"阳码"单选按钮。

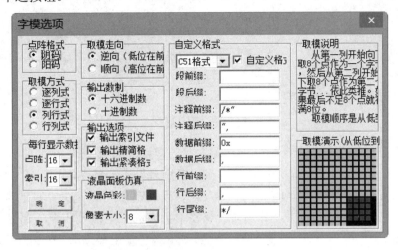

图 7-38　OCM12864 字模选项设置

液晶显示屏显示与 DDRAM 地址的映射关系如表 7-11 所示。

表 7-11　液晶显示屏显示与 DDRAM 地址的映射关系

页号	行号	Y0	Y1	Y2	…	Y61	Y62	Y63	数据
X=0	Line0	1/0	1/0	1/0	…	1/0	1/0	1/0	DB0
	Line1	1/0	1/0	1/0	…	1/0	1/0	1/0	DB1
	Line2	1/0	1/0	1/0	…	1/0	1/0	1/0	DB2
	Line3	1/0	1/0	1/0	…	1/0	1/0	1/0	DB3
	Line4	1/0	1/0	1/0	…	1/0	1/0	1/0	DB4
	Line5	1/0	1/0	1/0	…	1/0	1/0	1/0	DB5
	Line6	1/0	1/0	1/0	…	1/0	1/0	1/0	DB6
	Line7	1/0	1/0	1/0	…	1/0	1/0	1/0	DB7
⋮	⋮				…				⋮
	⋮				…				
X=7	Line4	1/0	1/0	1/0	…	1/0	1/0	1/0	DB4
	Line5	1/0	1/0	1/0	…	1/0	1/0	1/0	DB5
	Line6	1/0	1/0	1/0	…	1/0	1/0	1/0	DB6
	Line7	1/0	1/0	1/0	…	1/0	1/0	1/0	DB7

在字符模式下,在输入框中输入汉字、英文、数字、符号等,单击"生成字模"按钮,即可得到所需的字模。

4．图片的模

如果要取图片的模,则执行"文件"→"打开"命令,如图 7-39 所示。先选择 bmp 图片,该图片应为黑白图片,大小应为 128×64(单位为像素)。它的字模选项设置与汉字、英文的字模一样,最终也是单击"生成字模"按钮。

图 7-39 图片取模

5. 汉字、英文显示的流程图

为了便于理解汉字、英文显示的原理,画出其流程图,如图 7-40 所示。这里总共要显示 4 行汉字、英文。其中,汉字为 16×16 点阵,英文为 16×8 点阵,因为一页的宽度为 8 位,所以每个汉字或英文都要占用两页,分别对应汉字、英文的上半部分和下半部分。

当显示完汉字上半部分的 16 字节后,就要显示汉字下半部分的 16 字节,而英文的上半部分、下半部分都为 8 字节。

当显示完上半部分后,就要定位到 OCM12864 的下一页来显示下半部分,这是在 Lcd_DisOneRow()函数中调用 Lcd_SetPageCol()函数来实现的,具体见例程源码。

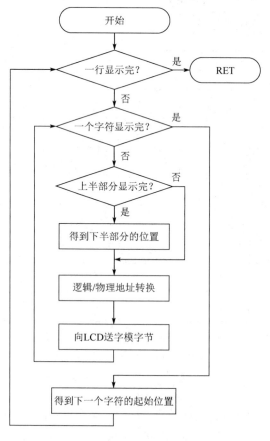

图 7-40 汉字、英文显示的流程图

6. OCM12864 的基础显示的完整源码

```c
#include <reg52.h>
#include <intrins.h>

#define uint              unsigned int
#define uchar             unsigned char

/****************************************************************
OCM12864 指令码
****************************************************************/
#define LCD_DISP_ON       0x3F    //显示 ON 指令
#define LCD_DISP_OFF      0x3E    //显示 OFF 指令
#define LCD_DISP_FIRST    0xC0    //显示起始行定义指令
#define LCD_SETX          0xB8    //页地址设定指令
#define LCD_SETY          0x40    //列地址设定指令


/****************************************************************
OCM12864 硬件参数
****************************************************************/
#define LCD_TOTALCOLS     128     //LCD 的总列数
#define LCD_COLS          64      //LCD 每区的列数, 128/64=2 区, 即有左区和右区
#define LCD_PAGES         8       //LCD 的页数, 1 页 1 字节, 共 8×8=64 行


#define LCD_CMD           0
#define LCD_DATA          1


sbit LCD_PIN_DI        = P2^2;    //H 表示写数据, L 表示写指令
sbit LCD_PIN_RW        = P2^1;    //H 表示读, L 表示写
sbit LCD_PIN_E         = P2^0;    //读写使能
sbit LCD_PIN_LEFT_CS   = P2^3;    //H 表示选择左区
sbit LCD_PIN_RIGHT_CS  = P2^4;    //H 表示选择右区
sbit LCD_PIN_RST       = P2^5;    //复位: 低电平有效
#define LCD_PIN_DATA      P0      //数据口

sbit LCD_PIN_RD_BUSY   = P0^7;    //读忙状态
sbit LCD_PIN_RD_RST    = P0^4;    //读复位状态


/****************************************************************
4 行汉字、英文的字模由取模软件 PCtoLCD 生成
第 1 行: 图形液晶仿真源码          //8 个汉字, 每个汉字占 16 列, 共 128 列
```

第2行：中文反显显示效果   //一行占2页，1页8行，共64行
第3行：12864Sample&Code   //16个英文（含空格），每个英文占8列，共128列
第4行：Eng Reverse Disp   //一个英文也占2页
***/
uchar code ucChn[] =   //"图形液晶仿真源码"的字模，宋体，高×宽=16×16
{   //篇幅所限，这里省略字模，具体见例程源码
};

uchar code ucChnRev[] =   //"中文反显显示效果"的字模，宋体，高×宽=16×16
{   //篇幅所限，这里省略字模，具体见例程源码
};

uchar code ucEng[] =   //"12864Sample&Code"的字模，宋体，高×宽=16×8
{   //篇幅所限，这里省略字模，具体见例程源码
};

uchar code ucEngRev[] =   //"Eng Reverse Disp"的字模，宋体，高×宽=16×8
{   //篇幅所限，这里省略字模，具体见例程源码
};

uchar code ucImg[] =   //图片，高×宽=64×128（单位为像素）
{   //篇幅所限，这里省略字模，具体见例程源码
};

/***
函数功能：延时1μs，不准确
***/
void Delay_uS(uint us)
{
    while(us--);
}

/***
函数功能：延时1ms
***/
void Delay_1mS(uint t)
{
    uint i, j;
    for(i=t; i>0; i--)
    {

```c
        for(j=120; j>0; j--);
    }
}

/********************************************************************
函数功能：写数据或命令到LCD
********************************************************************/
void Lcd_WriteByte(bit bDataType, uchar Val)
{
    /*
    Lcd_BusyWait();                    //在仿真中，忙等待和忙状态读取函数无法通过
    while(Lcd_BusyRead());
    */

    LCD_PIN_DI = bDataType;
    LCD_PIN_RW = 0;
    LCD_PIN_DATA = Val;
    LCD_PIN_E = 1;
    LCD_PIN_E = 0;
}

/********************************************************************
函数功能：初始化
********************************************************************/
void Lcd_Init(void)
{
    LCD_PIN_RST = 0;                              //OCM12864复位
    Delay_uS(50);
    LCD_PIN_RST = 1;

    Lcd_WriteByte(LCD_CMD, LCD_DISP_ON);          //显示开
}

/********************************************************************
函数功能：设置页地址和列地址
********************************************************************/
void Lcd_SetPageCol(unsigned char ucPage, unsigned char ucCol)
{
    uchar ucPageScope, ucColScope;
```

```c
    ucPageScope = LCD_PAGES-1;
    ucColScope = LCD_COLS-1;

    switch( ucCol&0xC0 )                        //只保留低6位
    {
       case 0:                                  //在左区
          LCD_PIN_LEFT_CS = 0;
          LCD_PIN_RIGHT_CS = 1;
          break;
       case 0x40:                               //在右区（0x40=64）
          LCD_PIN_LEFT_CS = 1;
          LCD_PIN_RIGHT_CS = 0;
          break;
    }//switch

    Lcd_WriteByte(LCD_CMD, ucPage|LCD_SETX);    //页地址范围为0～7
    Lcd_WriteByte(LCD_CMD, ucCol|LCD_SETY);     //列地址范围为0～63
}

/**********************************************************************
函数功能：在指定位置显示一行
**********************************************************************/
void Lcd_DisOneRow(uchar ucPage, uchar ucCol, uchar code *pt, uchar ucLng)
{
    uchar i, j, ucTmpPage, ucTmpCol, ucFontWidth, ucNum;

    ucTmpPage = ucPage;
    ucTmpCol = ucCol;

    if( ucLng==0 )
    {
       ucFontWidth = 32;                        //一个汉字占16×16点阵，字模有32字节
       ucNum = 8;                               //一行有8个汉字
    }
    else
    {
       ucFontWidth = 16;                        //一个英文占16×8点阵，字模有16字节
       ucNum = 16;                              //一行有16个英文
    }
```

```c
    for(i=0; i<ucNum; i++)
    {
        for(j=0; j<ucFontWidth; j++)           //显示一个汉字或英文
        {
            if( j==ucFontWidth/2 )             //显示字模的上半部分后显示下半部分
            {
                ucPage++;
                ucCol = ucTmpCol;
            }
            Lcd_SetPageCol(ucPage, ucCol++);
            Lcd_WriteByte(LCD_DATA, pt[i*ucFontWidth+j]);
        }
        ucPage = ucTmpPage;                    //显示一个汉字或英文后，页不变，但列变
        ucTmpCol = ucCol;
    }
}

/******************************************************************
函数功能：在指定位置显示一张图片
******************************************************************/
void Lcd_DisImg(uchar code *pt)
{
    uchar ucPage, ucCol;

    for(ucPage=0; ucPage<8; ucPage++)          //总共 8 页
    {
        for(ucCol=0; ucCol<128; ucCol++)       //显示 1 页
        {
            AddrConversion(ucPage, ucCol);
            Lcd_WriteByte(LCD_DATA, *(pt++));
        }
    }
}

/******************************************************************
函数功能：主函数，在指定位置显示中文、英文、数字、符号、图片等
******************************************************************/
void main ()
{
    Lcd_Init();
```

```
    while(1)
    {
        Lcd_DisOneRow(0, 0, ucChn, 0);       //在第 0 页最前面显示中文
        Lcd_DisOneRow(2, 0, ucChnRev, 0);    //在第 2 页最前面显示中文反显
        Lcd_DisOneRow(4, 0, ucEng, 1);       //在第 4 页最前面显示英文
        Lcd_DisOneRow(6, 0, ucEngRev, 1);    //在第 6 页最前面显示英文反显
        Delay_1mS(3000);

        Lcd_DisImg(ucImg);                   //显示图片
        Delay_1mS(3000);
    }
}
```

7.5 OCM12864 温度显示

7.5.1 任务要求

在 OCM12864 的基础显示任务的基础上修改驱动程序，不仅要显示汉字、英文，还要显示数值，如温度值。

7.5.2 任务分析

本任务要显示温度值，可将温度值中的每个数值拆开，找到对应的字模后送到 OCM12864 中显示即可。

7.5.3 原理图设计

原理图设计的参考图不变，显示效果如图 7-41 所示。

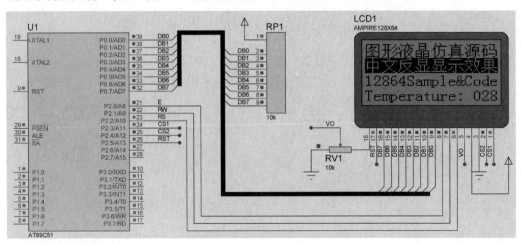

图 7-41　OCM12864 温度显示效果

7.5.4 OCM12864 温度显示的程序设计

与前面的操作一样，使用取模软件生成"Temperature："和数字 0～9 的字模。

```
uchar code ucTemp[] =          //"Temperature："的字模，宋体，高×宽=16×8
{         //篇幅所限，这里省略字模，具体见例程源码
};
uchar code ucNumber[] =        //数字 0～9 的字模，宋体，高×宽=16×8
{         //篇幅所限，这里省略字模，具体见例程源码
};
```

参考 Lcd_DisOneRow()函数，编写一个在指定位置显示温度值的函数 Lcd_DisTemp()，数字为 16×8 点阵，故其与显示英文的代码是一样的。

```
/************************************************************
函数功能：在指定位置显示温度
************************************************************/
void Lcd_DisTemp(uchar ucPage, uchar ucCol, uchar ucTemp)
{
    uchar i, j, ucTmpPage, ucTmpCol;
    uchar tmp[3];

    ucTmpPage = ucPage;
    ucTmpCol = ucCol;

    tmp[0] = 0;                            //温度值有 3 位，最高位固定为 0
    tmp[1] = ucTemp/10;
    tmp[2] = ucTemp%10;

    for(i=0; i<3; i++)
    {
        for(j=0; j<16; j++)                //显示一个数字
        {
            if( j==16/2 )                  //显示字模的上半部分后显示下半部分
            {
                ucPage++;
                ucCol = ucTmpCol;
            }
            Lcd_SetPageCol(ucPage, ucCol++);
            Lcd_WriteByte(LCD_DATA, ucNumber[tmp[i]*16+j]);
        }
        ucPage = ucTmpPage;                //显示一个汉字或英文后，页不变，但列变
        ucTmpCol = ucCol;
```

```
        }
    }
/*************************************************************
函数功能：主函数，在指定位置显示中文、英文、数字、符号、图片等
*************************************************************/
void main ()
{
    uchar temp=28;                              //温度变量
    Lcd_Init();
    while(1)
    {
        Lcd_DisOneRow(0, 0, ucChn, 0);          //在第0页最前面显示中文
        Lcd_DisOneRow(2, 0, ucChnRev, 0);       //在第2页最前面显示中文反显
        Lcd_DisOneRow(4, 0, ucEng, 1);          //在第4页最前面显示英文
        Lcd_DisOneRow(6, 0, ucTemp, 1);         //在第6页最前面显示温度
        Lcd_DisTemp(6, 13*8, temp);             //ucTemp[]中有13个英文和字符
        Delay_1mS(3000);
        Lcd_DisImg(ucImg);                      //显示图片
        Delay_1mS(3000);
    }
}
```

7.6 本章小结

本章主要介绍了 SMC1602、OCM12864 的显示原理、控制指令、接口技术、驱动程序等。

编写驱动程序就是显示原理、控制指令、接口技术等内容在代码中的具体实现，要熟悉控制指令的用法、地址的映射关系、操作时序等。

此外，还要学会使用 Keil 的调试模式测试程序的运行时间，掌握取模软件 PCtoLCD 的使用方法。

液晶显示作为人机交互的重要组成部分，在单片机系统中不可缺少，这里涉及的工作量虽不少，但难度不大，只要按照例程进行练习就可以掌握。

7.7 本章习题

1. 请完成下列关于 SMC1602 的基础应用的习题。

（1）关闭 SMC1602 的光标显示。

（2）不使用 Value2Ascii()函数，为 tempAscii[]赋初值，显示 3 位的温度值，如 100℃。

(3)使用 Value2Ascii()函数显示 3 位的温度值,如 120℃。

2. 请完成下列关于 SMC1602 温度快速显示和忙状态判断的习题。

(1)验证忙等待异常:将 SMC1602 温度快速显示源码中的 Delay_100uS(9)改为 Delay_100uS(8),发现 SMC1602 第 2 行不能显示,Proteus 日志窗口提示"Controller received command whilst busy."(LCD1 接收命令时正忙)。

(2)使用 STC-ISP 直接生成 Delay_100uS()函数,替换例程中的同名函数,并验证效果。

(3)验证逻辑电平冲突:只将 P2.7 引脚设为输入,Proteus 日志窗口会提示 A8 等引脚逻辑电平冲突。

3. 请完成下列关于 SMC1602 汉字显示与 4 位数据总线的习题。

(1)显示自定义符号"℃"的语句 Lcd_WriteData(&UserChar[6], 1)为数组的写法,将其改为指针的写法;反过来,P2 = *(ch+i)为指针的写法,将其改为数组的写法。

(2)在第 1 行显示"年月日时分秒"这 6 个自字义的字符。

(3)合并类似函数:尝试将 Lcd_WriteCmd_NoChk()、Lcd_WriteCmd()、Lcd_WriteData()这 3 个函数合并为 1 个函数,名为 Lcd_WriteByte()。

4. 请完成下列关于 OCM12864 使用基础的习题。

(1)在第 1 行显示自己学校的名称。

(2)在第 2 行反显自己的班级、姓名、座号。

5. 请完成下列关于 OCM12864 温度显示的习题。

(1)显示 3 位温度值,如 128℃。

(2)将显示英文"Temperature:"改为反显效果,将显示温度值也改为反显效果。

(3)将显示英文"Temperature:"改为显示中文"温度:28℃",一个中文冒号(16×16 点阵)占 2 个英文的位置(16×8 点阵)。

第8章 单片机 A/D 转换接口设计

在单片机测控系统中,经常需要测量非电量数据,如温度、压力、流量、速度等,要测量这些数据,只有先使用传感器把它们转换成连续变化的模拟电信号(电压或电流),再将模拟电信号转换成数字量后才能在单片机中进行处理。实现把模拟量转换成数字量的器件称为 A/D 转换器(ADC)。本章主要讲解 A/D 转换接口和单片机的连接原理,以及单片机如何实现对 A/D 转换芯片的读/写控制。

8.1 A/D 转换器的工作原理

8.1.1 A/D 转换器概述

只有经过 A/D 转换,单片机才能进行数据处理。随着超大规模集成电路技术的飞速发展,大量结构不同、性能各异的 A/D 转换芯片应运而生。

目前,A/D 转换芯片较多,对设计者来说,只需合理地选择芯片即可。现在部分单片机片内也集成了 A/D 转换器,位数有 8 位、10 位或 12 位等,且转换速度也很快,但是在片内 A/D 转换器不能满足需要的情况下,还需要使用外部 A/D 转换芯片。

8.1.2 A/D 转换器的主要技术指标

在设计 A/D 转换器与单片机接口前,往往要根据各种技术指标选择 A/D 转换器。为此,先介绍一下 A/D 转换器的主要技术指标。

1. 分辨率

分辨率表示输出数字量变化一个最低有效位(Least Significant Bit,LSB)所对应的输入模拟量的变化量。分辨率取决于 A/D 转换器的位数,习惯上用输出的二进制数的位数或 BCD 码的位数来表示其位数。例如,A/D 转换器 AD1674 的满量程输入电压为 5V,可输出 12 位二进制数,即用 2^{12} 个数进行量化,其分辨率为 1LSB;或者 $5V/2^{12}=1.22mV$,其分辨率为 12 位,或者说能分辨出输入电压 1.22mV 的变化。

2. 量化误差

模拟量是连续的,而数字量是离散的,当 A/D 转换器的位数固定后,数字量不能把模拟量的所有值都精确地表示出来,这种由 A/D 转换器的有限分辨率所造成的真实值与转换值之间的误差称为量化误差。一般量化误差为数字量的 LSB 所表示的模拟量,理想的量化误差容限是±1/2LSB。

3. 转换精度

A/D 转换器的转换精度是指与数字输出量所对应的模拟输入量的实际值与理论值之间的差值。在 A/D 转换电路中，与每个数字输出量对应的模拟输入量并不是一个单一的数值，而是一个范围值 Δ，Δ 的大小理论上取决于电路的分辨率。定义 Δ 为数字输出量的 LSB。但在外界环境的影响下，与每个数字输出量对应的模拟输入量的实际范围往往偏离理论值 Δ。转换精度分为绝对精度和相对精度。绝对精度一般以 LSB 为单位给出，目前常用的 A/D 转换芯片的绝对精度为 1/4～2LSB。相对精度是绝对精度与满量程的比值。

4. 转换速度与转换时间

转换速度是 A/D 转换器能够重复进行数据转换的速度，即每秒转换的次数；转换时间是完成一次 A/D 转换所需的时间（包括稳定时间），是转换速度的倒数。转换时间越短，A/D 转换器适应输入信号快速变化的能力越强。

由于生产商在设计 A/D 转换器时考虑了各种技术指标对转换精度的影响，一般各种误差都控制在最小分辨率以内，因此，通常在进行 A/D 转换器选型时，分辨率和转换速度是最重要的技术指标。

5. 温度系数

温度系数反映 A/D 转换器受温度影响的程度，一般用环境温度变化 1℃所产生的相对误差来表示，单位为 PPM/℃（10^{-6}/℃）。

8.1.3 A/D 转换器分类

A/D 转换器的种类很多，按其转换原理可分为逐次比较式（也称为逐次逼近式）A/D 转换器、双积分式 A/D 转换器、量化反馈式 A/D 转换器和并行式 A/D 转换器；按其分辨率可分为 8～24 位的 A/D 转换器。尽管 A/D 转换器的种类很多，但目前广泛应用在单片机应用系统中的主要有逐次比较式 A/D 转换器和双积分式 A/D 转换器。此外，Σ-Δ 式 A/D 转换器也逐渐得到重视和应用。

逐次比较式 A/D 转换器在转换精度、转换速度和价格方面都适中，是最常用的 A/D 转换器，其常用产品有 ADC0801～ADC0805 型 8 位 MOS 型 A/D 转换器、ADC0808/0809 型 8 位 MOS 型 A/D 转换器、ADC0816/0817 型 8 位 MOS 型 A/D 转换器、AD574 型快速 12 位 A/D 转换器。

双积分式 A/D 转换器具有转换精度高、抗干扰性好、价格低廉等优点，与逐次比较式 A/D 转换器相比，其转换速度较低，近年来在单片机应用领域中已得到广泛应用。双积分式 A/D 转换器的常用产品有 ICL7106/ICL7107/ICL7126、MC14433/5G14433、ICL7135 等。

Σ-Δ 式 A/D 转换器具有双积分式与逐次比较式 A/D 转换器的优点。它对工业现场的串模干扰具有较强的抑制能力，不亚于双积分式 A/D 转换器。它与双积分式 A/D 转换器相比，有较高的转换速度。与逐次比较式 A/D 转换器相比，它有较高的信噪比、分辨率，且线性度好。由于具有上述优点，Σ-Δ 式 A/D 转换器得到了人们的重视，已有多种 Σ-Δ 式 A/D 转换芯片可供用户选用。

A/D 转换器按照输出数字量的有效位数分为 8 位、10 位、12 位、14 位、16 位、24 位等并行输出，以及 BCD 码输出的 3 位半、4 位半、5 位半等多种。目前，除并行 A/D 转换器外，带有同步 SPI 串行接口的 A/D 转换器的使用也逐渐增多。它具有占用单片机的端口线少、使用方便、接口简单等优点，已经得到广泛应用。较为典型的带有同步 SPI 串行接口的 A/D 转换器为德州仪器的 TLC549（8 位）、TLC1549（10 位）、TLC1543（10 位）和 TLC2543（12 位）等。

A/D 转换器按照转换速度可大致分为超高速（转换时间≤1ns）、高速（转换时间≤1μs）、中速（转换时间≤1ms）、低速（转换时间≤1s）等几种。目前，许多新型的 A/D 转换器已将多路转换开关、时钟电路、基准电压源、二/十进制译码器和转换电路集成在一块芯片内，为用户提供了极大的方便。

8.1.4 A/D 转换器与单片机接口

A/D 转换器与单片机接口具有硬件和软件相依性。一般来说，A/D 转换器与单片机接口主要考虑的是数字量输出线与单片机的连接方法、A/D 转换器的启动方式、转换结束标志信号处理方法及时钟的连接方法等。

1．数字量输出线与单片机的连接方法

数字量输出线与单片机的连接方法与 A/D 转换器的内部结构有关，对于内部带有三态锁存数据输出缓冲器的 A/D 转换器（如 ADC0809、AD574 等），可直接与单片机相连；对于内部不带有三态锁存数据输出缓冲器的 A/D 转换器，一般通过锁存器或并行 I/O 接口与单片机相连。此外，随着位数的不同，A/D 转换器数字量输出线与单片机的连接方法也不同。对于 8 位 A/D 转换器，其数字量输出线可与 8 位单片机数据总线对应连接；对于 8 位以上的 A/D 转换器，必须增加读取控制逻辑，对 8 位以上的数据分两次或多次读取。为了便于连接，一些 A/D 转换器内部已带有读取控制逻辑，而对于内部不带有读取控制逻辑的 A/D 转换器，其数字量输出线在与 8 位单片机相连时，应增设三态锁存数据输出缓冲器，对转换后的数据进行锁存。

2．A/D 转换器的启动方式

A/D 转换器要开始进行转换，必须为其加一个启动转换信号，这个启动转换信号要由单片机提供。不同型号的 A/D 转换器对启动转换信号的要求也不同，一般分为脉冲启动和电平启动两种。对于脉冲启动型 A/D 转换器，只要给其启动控制端加一个符合要求的脉冲信号即可，如 ADC0809、ADC574 等，通常由单片机 $\overline{WR}$ 引脚和地址译码器的输出经一定的逻辑电路进行控制；对于电平启动型 A/D 转换器，当把符合要求的电平加到启动控制端上时，A/D 转换器就立即开始进行转换，而且，在转换过程中，必须保持这个电平，否则转换会终止。因此，在这种启动方式下，单片机的控制信号必须经过锁存器保持一段时间，一般采用 D 触发器、锁存器或并行 I/O 接口等来实现。AD570、AD571 等都属于电平启动型 A/D 转换器。

3．转换结束标志信号处理方法

当 A/D 转换结束时，它会输出一个转换结束标志信号，通知单片机读取转换结果。单片

机检查并判断 A/D 转换结束的方式一般有中断和查询两种。对于中断方式，可将转换结束标志信号接到单片机的中断请求输入线或允许中断的 I/O 口的相应引脚上，作为中断请求信号；对于查询方式，可将转换结束标志信号经三态锁存数据输出缓冲器送到单片机的某根 I/O 端口线上，作为查询状态信号。

4．时钟的连接方法

A/D 转换器的另一个重要连接信号是时钟，其频率是决定芯片转换速度的基准。整个 A/D 转换过程都是在时钟的作用下完成的。A/D 转换时钟的提供方法有两种：一种是由芯片内部提供（如 AD574），一般不允许外加电路；另一种是由外部提供，有的用单独的振荡电路产生，更多时候是把单片机输出时钟分频后送到 A/D 转换器的相应时钟端。

8.2　A/D 转换芯片及接口设计

8.2.1　ADC0809 及接口设计

1．ADC0809 简介

ADC0809 是美国国家半导体公司生产的 8 路模拟输入的 8 位逐次比较式 A/D 转换器，采用 CMOS 工艺，具有较低的功耗，转换时间为 100μs（时钟输入频率 $f_c=640\text{kHz}$ 时），其内部结构和引脚如图 8-1 所示。

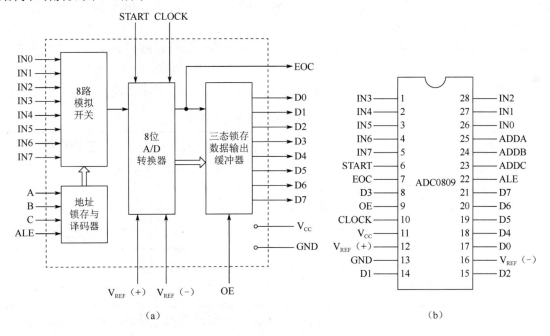

图 8-1　ADC0809 的内部结构和引脚

8 路模拟开关根据地址译码信号选择 8 路模拟输入，允许 8 路模拟量分时输入，公用一个 8 位 A/D 转换器进行转换。地址锁存与译码器完成对 ADDA、ADDB、ADDC（A、B、C）

3个地址位的锁存和译码，其译码输出用于通道选择，只选通8路模拟输入信号中的一个进行A/D转换。ADC0809是国内应用较为广泛的8位通用A/D转换芯片之一。

8位A/D转换器是逐次比较式的，由控制与时序电路、比较器、逐次逼近寄存器（SAR）、树状开关及256R电阻阶梯网络等组成，实现逐次比较A/D转换，在SAR中得到A/D转换完成的数字量。转换结果通过三态锁存数据输出缓冲器输出。也就是说，三态锁存数据输出缓冲器用于存储和输出转换得到的数字量，当OE引脚变为高电平时，就可以从三态锁存数据输出缓冲器中取走A/D转换结果。三态锁存数据输出缓冲器可以直接与系统数据总线相连。

1) ADC0809的主要特性

（1）8路输入通道，8位A/D转换器，即分辨率为8位。

（2）具有转换启停控制端。

（3）转换时间为100μs（时钟输入频率为640kHz时）、130μs（时钟输入频率为500kHz时）。

（4）单个+5V电源供电。

（5）模拟输入电压为0～+5V，不需要零点和满刻度校准。

（6）工作温度为-40～+85℃。

（7）低功耗，约15mW。

2) ADC0809的外部特性（引脚功能）

ADC0809有28个引脚，采用双列直插式封装，如图8-1（b）所示。下面说明各引脚的功能。

IN0～IN7：8路模拟量输入端，用于输入被转换的模拟电压，一次只能选通其中的某一路进行转换，选通的通道由ALE上升沿时送入的ADDC、ADDB、ADDA引脚信号决定。

D0～D7：8位数字量输出端。

ADDA、ADDB、ADDC（A、B、C）：模拟输入通道地址选择线，分别与单片机的3根地址总线相连，其8位编码分别对应IN0～IN7，CBA的取值000～111分别表示选择IN0～IN7。各路模拟输入通道之间的切换由改变加到C、B、A上的编码来实现，如表8-1所示。

表8-1 ADC0809通道地址选择表

C	B	A	选通的通道
0	0	0	IN0
0	0	1	IN1
0	1	0	IN2
0	1	1	IN3
1	0	0	IN4
1	0	1	IN5
1	1	0	IN6
1	1	1	IN7

ALE：地址锁存允许信号，输入，高电平有效。当ALE为高电平时，把3个地址信号，即C、B、A送入地址锁存器，经过译码器得到地址输出，以选择相应的模拟输入通道。

START：A/D转换启动脉冲输入端，正脉冲有效。只有在为它加上正脉冲（至少100ns宽）后，A/D转换才开始进行。（正脉冲上升沿使ADC0809复位，所有内部寄存器清零；下降沿启动A/D转换。）

EOC：A/D 转换结束标志信号输出端。当 A/D 转换结束时，此端输出一个高电平。在 START 下降沿后 10μs 左右，EOC=0，表示正在进行转换；EOC=1，表示 A/D 转换结束。EOC 常用于 A/D 转换状态的查询或作为中断请求信号。转换结果读取方式有延时读数、查询 EOC（EOC=1 时申请中断）。

OE：数据输出允许信号，输入高电平有效。当 A/D 转换结束时，给此端输入一个高电平，只有这样才能打开输出三态锁存数据输出缓冲器，允许转换结果从 D0～D7 引脚送出；若 OE=0，则数字输出口为高阻态。

CLOCK：时钟信号输入端，为 ADC0809 提供逐次比较所需的时钟脉冲。ADC0809 内部没有时钟电路，故需要外加时钟信号。时钟输入要求频率范围一般为 10kHz～1.2MHz，典型值为 640kHz，在实际运用中，需要将主机的脉冲信号降频后接入。

V_{REF}（+）、V_{REF}（-）：参考电压输入线，用于给电阻阶梯网络提供正、负基准电压。

V_{CC}：+5V 电源输入线。

GND：地线。

2．ADC0809 的工作过程

ADC0809 的工作过程：首先输入 3 位地址，并使 ALE=1，将地址存入地址锁存器。此地址经译码器选通 8 路模拟输入之一到 A/D 转换器。START 上升沿将逐次逼近寄存器复位，下降沿启动 A/D 转换，之后 EOC 输出信号变低，指示 A/D 转换正在进行。直到 A/D 转换完成，EOC 变为高电平，指示 A/D 转换结束，结果数据已存入三态锁存数据输出缓冲器，这个信号可用作中断申请信号。当 OE 输入高电平时，输出三态锁存数据输出缓冲器打开，转换结果输出到数据总线上，具体时序如图 8-2 所示。

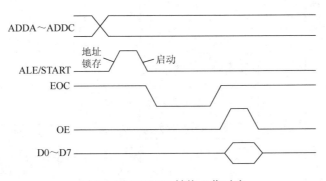

图 8-2 ADC0809 转换工作时序

A/D 转换后得到的数据为数字量，这些数据应传送给单片机进行处理。数据传送的关键问题是如何确认 A/D 转换完成，因为只有在确认 A/D 转换完成后，才能进行数据传送。确认 A/D 转换完成可采用下述 3 种方式。

1）定时传送方式

对一种 A/D 转换器来说，转换时间作为一项技术指标是已知的和固定的。假设 ADC0809 的转换时间为 128μs，相当于 6MHz 的 8051 单片机，共 64 个机器周期。可据此设计一个延时子程序，A/D 转换启动后即调用此子程序，延时时间一到，表明转换已经完成，就可进行数据传送了。

2）查询方式

A/D 转换器有表明 A/D 转换完成的状态信号，如 ADC0809 的 EOC 端。因此可以用查询方式检测 EOC 的状态，即可确认 A/D 转换是否完成。

3）中断方式

把表明 A/D 转换完成的状态信号（EOC）作为中断请求信号，以中断方式进行数据传送。

中断方式是指单片机启动 A/D 转换后，单片机不等待转换结束而执行其他程序。ADC0809 转换结束后，EOC 变为高电平，EOC 通过反相器向单片机发出中断请求，单片机响应中断，进入中断服务程序，在中断服务程序中读入转换完毕的数字量。中断方式效率高，特别适合于转换时间较长的 A/D 转换器。

无论使用上述哪种方式，只要一旦确定 A/D 转换完成，即可通过指令进行数据传送。单片机首先要输出与 A/D 转换器接口的地址，再开始转换。转换结束后输出使能信号（OE），把转换后的数据读入。

3. ADC0809 与单片机接口

图 8-3 是 ADC0809 与 8051 单片机的典型接口电路图，其中 8 路模拟量的变化范围是 0～5V。ADC0809 的时钟由 8051 单片机输出的 ALE 信号经分频后提供。因为 ADC0809 的最高时钟频率为 640kHz，ALE 信号的频率是晶振频率的 1/6，如果晶振频率为 6MHz，则 ALE 的频率为 1MHz，所以 ALE 信号要经过分频后送给 ADC0809。若单片机的时钟频率符合要求，则可不加分频电路。

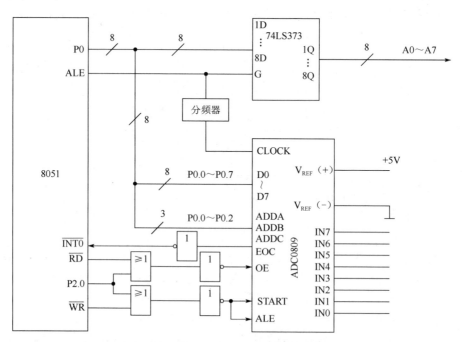

图 8-3　ADC0809 与 8051 单片机的典型接口电路图

模拟输入通道地址由单片机的 P0 口的低 3 位 P0.0～P0.2 直接提供。由于 ADC0809 的地址锁存器具有锁存功能，因此 P0.0～P0.2 可以不需要地址锁存器而直接与 ADC0809 的 ADDA、ADDB、ADDC 连接。

8051 单片机通过地址总线 P2.0 和读/写信号线（$\overline{RD}$、$\overline{WR}$）来控制 ADC0809 的地址锁存信号 ALE、启动信号 START、数据输出允许信号 OE。地址锁存信号 ALE 和启动信号 START 连接在一起，在锁存通道地址的同时进行转换。当 P2.0 和写信号（$\overline{WR}$）同时为低电平时，地址锁存信号 ALE 和启动信号 START 有效，通道地址送地址锁存器锁存，同时启动 ADC0809，开始转换。

当转换结束而要读取转换结果时，只要 P2.0 和读信号（$\overline{RD}$）同为低电平，且数据输出允许信号 OE 有效，转换的数字量就通过 D0～D7 输出。ADC0809 的 EOC 转换结束标志信号接 8051 单片机的外部中断 0（使用中断方式）；也可采用查询方式，与单片机的任意一个 I/O 口连接。

电路连接主要涉及两个问题，一个是 8 路模拟信号的通道选择，另一个是 A/D 转换完成后转换数据的传送。注意：图 8-3 中使用的是线选法，OE 由 P2.0 确定，该 ADC0809 的通道地址不唯一。若无关位都取 0，则 8 路通道 IN0～IN7 的地址分别为 0000H～0007H；若无关位都取 1，则 8 路通道 IN0～IN7 的地址分别为 FEF0H～FEF7H。当然，通道地址也可以由单片机的其他 I/O 端口线提供，或者由几根 I/O 端口线经过译码后提供，这样，通道地址也就有所不同。

ADDA、ADDB、ADDC 分别接地址锁存器提供的低 3 位地址，只要把这 3 位地址写入 ADC0809 的地址锁存器，就可实现模拟通道选择。对单片机系统来说，地址锁存器是一个输出口，为了把这 3 位地址写入，还要提供对应的外部端口地址。

4．ADC0809 的 A/D 转换应用程序举例

接下来举个例子，采用查询方式控制 ADC0809 进行 A/D 转换，原理电路如图 8-4 所示。输入给 ADC0809 的模拟电压可通过调节电位器 RV1 来实现，ADC0809 将输入的模拟电压转换成二进制数，并通过 P1 口输出，控制 LED 的亮与灭，以此来显示转换结果的二进制数字量。

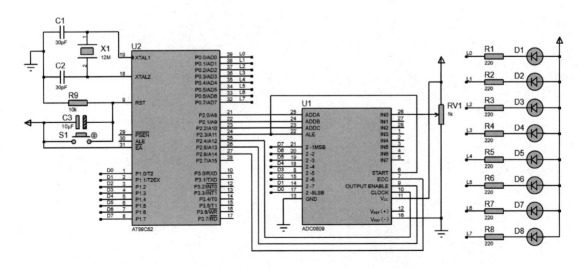

图 8-4 单片机控制 ADC0809 进行 A/D 转换的原理电路

ADC0809 转换一次约需要 100μs，采用查询方式，即使用 P2.6 来查询 EOC 引脚的电平，判断 A/D 转换是否结束。如果 EOC 引脚为高电平，就说明转换结束，单片机从 P1 口读入转换的二进制数结果，并把结果从 P0 口输出给 8 个 LED，LED 被点亮的位对应转换结果"0"。

```c
#include "reg52.h"
#define uchar unsigned char
#define uint unsigned int
#define LED  P0
#define out  P1

sbit start = P2^3;      //启动转换控制
sbit OE = P2^5;         //输出使能控制
sbit EOC = P2^6;        //转换结束标志信号
sbit CLOCK = P2^4;      //转换时钟
sbit add_a = P2^0;      //通道地址位
sbit add_b = P2^1;      //通道地址位
sbit add_c = P2^2;      //通道地址位

void main(void)
{
  uchar temp;
  add_a = 0;
  add_b = 0;
  add_c = 0;            //选择ADC0809的通道0

  while(1)
  {
    start = 0;
    start = 1;
    start = 0;          //启动转换

    while(1)
    {
     CLOCK = !CLOCK;    //时钟控制
     if(EOC == 1)       //查询转换是否结束
        break;
    }
    OE = 1;             //允许输出
    temp = out;         //暂存转换结果
```

```
    OE = 0;                    //关闭输出
    LED = temp;                //采样结果通过 P0 口输出给 LED
  }
}
```

在进行 A/D 转换时，必须为 A/D 转换器加基准电压，单独用高精度稳压电源供给，其电压变化要小于 1LSB，这是保证转换精度的基本条件。否则，当被转换的输入电压不变，而基准电压变化大于 1LSB 时，也会引起 A/D 转换器输出的数字量变化。如果用中断方式读取结果，则可将 EOC 引脚与单片机 P2.6 引脚断开，EOC 引脚接反相器（如 74LS04）的输入，反相器输出接单片机外部中断请求输入端（$\overline{INT0}$ 或 $\overline{INT1}$ 引脚），转换结束时，向单片机发出中断请求信号。可对本例接口电路及程序进行修改，采用中断方式读取 A/D 转换结果。

8.2.2 ADC0804 及接口设计

ADC0804 是用 CMOS 集成工艺制成的逐次比较式单通道 A/D 转换芯片，分辨率为 8 位，转换时间为 100μs，输入电压为 0～5V。该芯片内有输出数据锁存器，当与计算机连接时，转换电路的输出可以直接连接在 CPU 数据总线上，无须附加逻辑接口电路。ADC0804 芯片外引脚图如图 8-5 所示。

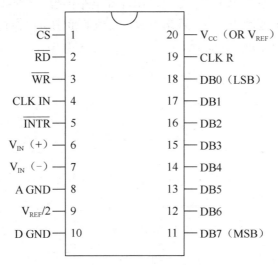

图 8-5 ADC0804 芯片外引脚图

1. ADC0804 的引脚功能

（1）$\overline{CS}$、$\overline{RD}$、$\overline{WR}$（引脚 1、2、3）：数字控制输入端，满足标准 TTL 逻辑电平。其中，$\overline{CS}$ 和 $\overline{WR}$ 用来控制 A/D 转换的启动信号，$\overline{CS}$ 和 $\overline{RD}$ 用来读取 A/D 转换结果，当它们同时为低电平时，输出数据锁存器 DB0～DB7 各端上出现 8 位并行二进制码。

（2）CLK IN（引脚 4）和 CLK R（引脚 19）：ADC0801～ADC0805 片内有时钟电路，只要在外部 CLK IN 和 CLK R 两端外接电阻电容对即可产生 A/D 转换所要求的时钟，其振荡频率为 $f_{CLK} \approx 1/(1.1RC)$，其典型应用参数为：$R=12k\Omega$，$C=120pF$，$f_{CLK} \approx 640kHz$，转换时间为 100μs。

若采用外部时钟,则外部 f_{CLK} 可从 CLK IN 端送入,此时,不接电阻电容对。允许的时钟频率为 100~1460kHz。

(3) $\overline{INTR}$ (引脚 5):转换结束标志信号输出端,输出跳转为低电平表示本次转换已经完成,可作为微处理器的中断或查询信号。如果将 $\overline{CS}$ 和 $\overline{WR}$ 端与 $\overline{INTR}$ 端相连,则 ADC0804 就处于自动循环转换状态。当 $\overline{CS}=0$ 时,允许进行 A/D 转换。当 $\overline{WR}$ 由低电平跳变到高电平时,A/D 转换开始,8 位逐次比较需要 8×8=64 个时钟周期,再加上控制逻辑操作,一次转换需要 66~73 个时钟周期。在典型应用 $f_{CLK}=640kHz$ 时,ADC0804 的转换时间为 103~114μs,当 f_{CLK} 超过 640kHz 时,ADC0804 的转换精度下降,超过极限值 1460kHz 时便不能正常工作。

(4) $V_{IN}(+)$(引脚 6)和 $V_{IN}(-)$(引脚 7):被转换的电压信号从 $V_{IN}(+)$ 和 $V_{IN}(-)$ 端输入,允许此信号是差动的或不共地的电压信号。如果输入电压的变化范围为 $0\sim V_{max}$,则芯片的 $V_{IN}(-)$ 端接地,输入电压加到 $V_{IN}(+)$ 端。由于该芯片允许差动输入,因此在共模输入电压允许的情况下,输入电压范围可以不从 0 开始,即从 V_{min} 至 V_{max}。此时,芯片的 $V_{IN}(-)$ 端应该接入等于 V_{min} 的恒值电压,而输入电压 V_{IN} 仍然加到 $V_{IN}(+)$ 端。

(5) A GND (引脚 8)和 D GND (引脚 10):A/D 转换器一般都有这两个引脚。模拟地 A GND 和数字地 D GND 分别设置引入端,使数字电路的地电流不影响模拟信号回路,以防止寄生耦合造成的干扰。

(6) $V_{REF}/2$(引脚 9):参考电压 $V_{REF}/2$ 可以由外部电路供给,从 $V_{REF}/2$ 端直接送入,$V_{REF}/2$ 端的电压值应是输入电压范围的 1/2。因此,输入电压的范围可以通过调整 $V_{REF}/2$ 端的电压加以改变,A/D 转换器的零点无须调整。

2. ADC0804 的工作时序

ADC0804 的工作时序如图 8-6 所示。

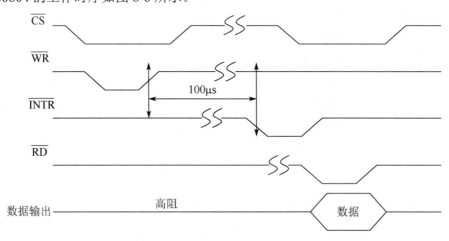

图 8-6 ADC0804 的工作时序

3. ADC0804 与单片机接口电路

与 ADC0809 不同的是,ADC0804 有自动时钟产生电路,不需要额外的时钟输入,因此其电路相对简单,如图 8-7 所示。

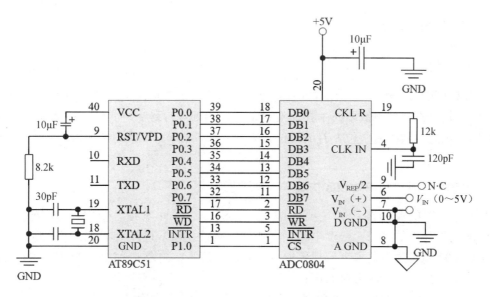

图 8-7　ADC0804 与单片机接口电路图

在图 8-7 中，ADC0804 的数据输出线与 AT89C51 的数据总线直接相连，AT89C51 的 $\overline{RD}$、$\overline{WR}$ 和 $\overline{INTR}$ 端直接连接于 ADC0804 的 $\overline{RD}$、$\overline{WR}$ 和 $\overline{INTR}$，由于这里用 P1.0 线来产生片选信号，故无须外加地址译码器。当 AT89C51 向 ADC0804 发送 $\overline{WR}$（启动转换）、$\overline{RD}$（读取结果）信号时，只要虚拟一个系统不占用的数据存储器地址即可。

8.3　项目训练：数字电压表设计

8.3.1　项目要求

用单片机设计一个数字电压表，要求能实现 0～50V 直流电压的采样，并通过 4 位数码管将电压值显示出来；画出原理图，焊接电路，并编程调试。通过制作数字电压表，学会 A/D 转换的接口技术，了解 A/D 采样原理；掌握常用采样芯片的使用方法与电路设计及编程；掌握采样数据与实际显示数据的转换。

8.3.2　项目分析

要设计数字电压表，首先要选择合适的 A/D 转换器，将输入的电压信号转换为数字信号。这里考虑到只需测量一路模拟信号，因此可以选用 ADC0804，而且它自带时钟产生电路，不需要额外的时钟输入，电路相对简单。任务要求实现最高 50V 的电压采样，但 ADC0804 的电压输入范围是 0～5V，故在输入端要采取电压分压处理措施。

其次要考虑显示控制部分，前面章节有用到数码管和 LCD 进行显示，它们有各自的优/缺点，数码管适用于显示简单的数字信息，价格便宜，使用方便；LCD 适用于显示复杂的信息，价格较高，使用相对复杂一些。由于本项目只显示电压值，因此可选用数码管，根据显示精度选用 4 位数码管，并采用动态显示方法实现多位数字的显示。

8.3.3 项目设计过程

1. 设计思路

本电路从测试端输入 0~50V 的电压，经 91kΩ 与 10kΩ 电阻的分压，ADC0804 输入电压 V_{in}（0~5V）大约只有测试端的 1/10，经过单片机的处理，最后将其显示在 4 位 7 段数码管上。数据显示到小数点后 2 位，若最高位数为 0，则不显示。如果测试端输入 4V 的电压，则显示"4.00"。

2. 原理图设计（用 Proteus 仿真）

数字电压表的原理图设计主要考虑 ADC0804 的时钟电路、模拟电压的输入，以及 ADC0804 与单片机的接口。显示电路采用 4 位数码管显示，可以参考第 3 章的电路。

ADC0804 的时钟电路参考芯片手册，外接阻容元件参数为 $R=12kΩ$，$C=120pF$，此时的频率为 $f_{CLK}≈640kHz$，转换时间为 100μs。

为了使输入电压可调，分压电路的下部分电阻采用电位器代替。

ADC0804 是并行数据输出口，可以直接与单片机的 P1 口连接。

采用 Proteus 仿真的电路如图 8-8 所示。

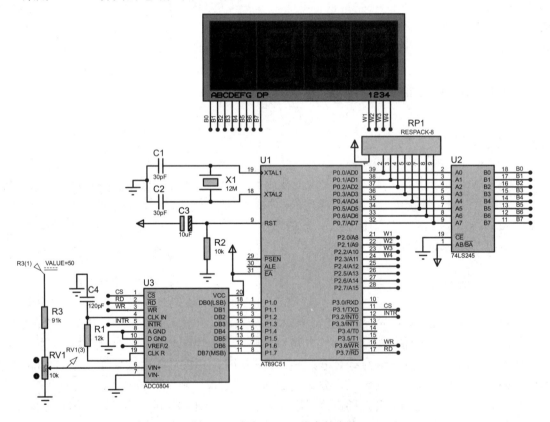

图 8-8 采用 Proteus 仿真的电路

3. 程序设计流程图

因为 A/D 转换需要一定的时间，所以单片机进行 A/D 采样时往往采用中断方式获取数据。因此，程序可分为两部分：主程序和中断服务程序。

主程序实现程序的初始化、中断的使能、启动 A/D 转换，以及数据的处理和显示，具体的流程如图 8-9（a）所示。

中断服务程序主要实现数据的读取，按照芯片的工作时序对其进行控制，如输出片选信号、读使能信号，之后读取数据。读取数据之后关闭片选信号和读使能信号，具体的流程如图 8-9（b）所示。

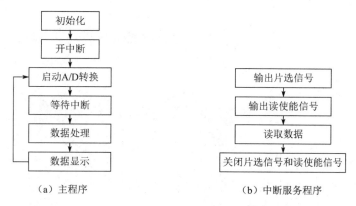

图 8-9　本项目主要的程序流程图

4．具体程序设计

（1）A/D 转换的控制。

A/D 转换的控制主要依据芯片的时序图来设计，因此，看懂时序图是控制芯片工作的前提条件。从时序图中可以看出，无论是启动转换还是读取数据，都需要使片选信号有效。数据转换是否结束可以通过延时一定的时间（>100μs）来判断，也可以通过中断来判断。

（2）A/D 采样数据与实际电压的转换。

A/D 采样得到的数据只有转换为电压值才能显示出来，因此二者的关系要通过一定的运算得到。因为该芯片的分辨率只有 8 位，所以可以表示的十进制数有 256 个，相当于把满量程电压（5V）分为 256 份，每份为(5/256)V，采样所得的数据乘上每份的值就得到实际的电压值。

设满量程电压为 V_{ref}，A/D 转换芯片的分辨率为 k 位，A/D 转换后得到的数值为 D_s，则转换得到的电压值为

$$V = \frac{D_s \cdot V_{ref}}{2^k}$$

通过上面公式计算出来的值是浮点数（带小数点）。浮点数占的数据存储空间较大，运算量较大，因此不适合在单片机上进行运算，那么，应如何避免使用浮点数呢？假设需要显示的数据精确到小数点后 2 位，则可以使数据乘以 100，这样数据就变成了整数，运算起来就快得多。需要显示时，只需在相应的位数上加上小数点即可。

在本项目中，检测的电压经过分压衰减了 10 倍，因此在计算实际电压时，还要乘以 10，只有这样才与实际的电压值相等。

在实际工程项目中，采样得到的值一般不会直接用来转换为实际值，因为这样得到的数据很不稳定，误差较大。究其原因，主要是在实际电路中存在各种干扰，导致采样的数据波动较大，因此只有经过数据处理后才可用。数据处理也叫软件滤波，一般有算术平均值滤波

法、限幅滤波法、中位值滤波法、滑动平均滤波等,它们的具体用法可参考其他资料。

此外,即使经过软件滤波,得到的数据与实际的数据也存在一定的误差,此时应该怎么办?接下来要做的事情就是标定,也叫整定,目的是使滤波后的数据与实际数据一致。标定的方法也有多种,如果采样得到的数据是线性变化的,则可以乘上一个误差系数;如果采样得到的数据不是线性变化的,则可以分段进行标定,也可以采用查表法,如 PT100 的测温电路经常用到。

(3)电压值的显示。

通过计算得到实际的电压值后,需要将其送到数码管中进行显示。数据被送到数码管中进行显示的方法可以参考第 3 章的相关内容。

(4)部分参考程序。

```c
#include<reg51.h>
//函数声明
void ADStart(void);                        //A/D采样程序
void display(void);                        //显示函数
void delayms(unsigned char i)              //延时程序

sbit AD_RD = P3^7;                         //A/D读控制
sbit AD_WR = P3^6;                         //A/D写控制
sbit CS = P3^1;                            //片选控制
sbit W1 = P2^0;                            //千位控制
sbit W2 = P2^1;                            //百位控制
sbit W3 = P2^2;                            //十位控制
sbit W4 = P2^3;                            //个位控制
unsigned char j,k;
unsigned long ADvalue;                     //采样得到的A/D值
unsigned char code table1[] = {0x3f,0x06,0x5b,0x4f,0x66,0x6d,0x7d,0x07,
                    0x7f, 0x6f};    //0~9
unsigned char code table2[] = {0xbf,0x86,0xdb,0xcf,0xe6,0xed,0xfd,0x87,
                    0xff, 0xef};    //带小数点

void main()                                //主程序
{
    IT0 = 1;                               //外部中断边沿触发
    EX0 = 1;                               //运行外部中断0
    EA = 1;                                //打开全局中断

    while(1)
    {
        ADStart();                         //启动A/D采样
        display();                         //数据处理与显示
```

```c
    }
}

/****************************************************************
*函数功能:启动 A/D 采样程序
****************************************************************/
void ADStart(void)
{
    CS = 0;                     //选通 A/D 转换器
    AD_WR = 0;                  //给 A/D 转换器写入一个低电平,开始转换
    _nop_();                    //空操作
    AD_WR = 1;
    CS = 1;                     //关闭 A/D 转换器
    delayms(1);                 //延时
}

/****************************************************************
*函数功能:A/D 中断服务程序,读取采样值
****************************************************************/
void AD_ISR() interrupt 0 using 2
{
    P1 = 0xff;                  //在读取 P1 口前,先给其写全 1
    CS = 0;                     //选通 A/D 转换器
    AD_RD = 0;                  //A/D 读使能
    ADvalue = P1;               //从 P1 口读取 A/D 数据
    AD_RD = 1;                  //关闭 A/D 读取信号
    CS = 1;                     //关闭 A/D 转换器
}

/****************************************************************
*函数功能:数据处理与显示
****************************************************************/
void display(void)
{
    unsigned int voltage, temp, D1, D2, D3, D4;
    Voltage = (ADvalue*50*100)/256;     //扩展 10×100 倍,显示小数点后两位
    D1 = voltage/1000;                  //分离出千位、百位、十位和个位上的数
    temp = voltage%1000;
    D2 = temp/100;
    temp = temp%100;
```

```
    D3 = temp/10;
    D4 = temp%10;

    if(D1!=0)                              //千位为0不显示
    {
      P0 = table1[D1];                     //显示千位
      W1 = 0;
      delayms(10);
      W1 = 1;
    }

    P0 = table2[D2];                       //显示百位,带小数点
    W2 = 0;
    delayms(10);
    W2 = 1;
    P0 = table1[D3];                       //显示十位
    W3 = 0;
    delayms(10);
    W3 = 1;
    P0 = table1[D4];                       //显示个位
    W4 = 0;
    delayms(10);
    W4 = 1;
}
```

5. 拓展训练

（1）A/D 采样值的存储变量 ADvalue 为何要定位为 unsigned long 数据类型呢？能否定义为 unsigned int 或 unsigned char 数据类型呢？

（2）如果不采用中断方式而采用延时方式读取 A/D 采样值，该如何实现？

8.4 本章小结

A/D 转换可用专用的 A/D 转换集成芯片完成，是单片机应用系统前向通道接口技术中的重要环节。A/D 转换技术的主要内容是合理选择 A/D 转换器及其外围器件，实现与单片机的正确连接及接口软件设计。A/D 转换器类型有逐次比较式、双积分式、量化反馈式和并行式等。逐次比较式 A/D 转换器通常为二进制码输出，其数据输出符合微处理器数据总线的要求，与微处理器接口的兼容性好，具有软件简单、转换精度高、转换速度较高等优点，是目前单片机应用系统中应用最广的 A/D 转换器之一。

常见的单片机 A/D 转换器有内部和外部两种类型。内部 A/D 转换器在单片机内部集成，与其他模块的连接简单，但转换精度较低；外部 A/D 转换器需要外接，但转换精度较高。

A/D 转换接口电路设计需要根据具体的要求选择合适的 A/D 转换器和外围电路，包括模拟信号滤波、参考电压采样、采样时序、数据缓冲等。

学习本章内容后要掌握 A/D 转换芯片和单片机的硬件连接原理、A/D 采样的软件控制方法，以及数据的处理和显示方法。此外，为了提高数据的准确度和稳定性，还应该了解一些必要的软件滤波方法。

8.5 本章习题

1．A/D 转换器的两个最重要的技术指标是什么？
2．什么是采样率？它对 A/D 转换有何作用？
3．常见的软件滤波方式有哪些？
4．A/D 转换器与单片机接口设计需要考虑哪些内容？
5．假设 A/D 转换器的分辨率为 10 位，基准电压为 5V，测得的采样数据为 0x1E0，则换算成电压应该是多少（单位为 V）？

第 9 章　单片机串行总线通信设计

在单片机的通信技术中，串行通信技术扮演着重要的角色。本书第 6 章中介绍的单片机串口数据通信就属于串行通信技术。串口是单片机内部的资源，它与外部进行通信时不需要用到 I/O 口的时序控制，使用起来非常方便。除串口数据通信之外，单片机与外部进行通信常用到 I2C 总线、SPI 总线等，它们都属于标准的串行总线通信技术，有的单片机内部已经包含了这些接口，不需要使用 I/O 口来模拟这些接口的时序逻辑控制脉冲。然而，也有很多芯片、设备并不具备标准的接口，而是提供了接口的协议和控制时序，需要单片机通过 I/O 口来模拟这些接口的时序逻辑控制脉冲，从而对这些设备进行读/写控制。本章主要讲述如何利用单片机 I/O 口来模拟产生时序逻辑控制脉冲，对数字温度传感器 DS18B20 和时钟芯片 DS1302 进行读/写控制。

9.1　单片机 I/O 口时序控制方法

单片机 I/O 口时序控制主要有 3 个作用：①控制 I/O 口作为输入或输出；②脉冲宽度的控制和检测；③数据的串行和并行之间的转换。控制 I/O 口作为输入或输出已在第 3 章中进行了描述，脉冲宽度的控制和检测已在第 5 章中进行了说明，本节重点讲解串行数据与并行数据的转换。

9.1.1　并行数据转串行数据

单片机内部的数据通常以字节为单位，而单片机与外围设备的通信需要通过 I/O 口将单片机内部的数据发送出来，这就需要经过并行到串行的数据转换，把 8 位数据按位展开，一位接一位地把数据发送出去，即把并行数据转为串行数据。在通信接口的设计中，除需要一根数据总线（以下如果没有特殊说明，提到的总线均指数据总线）外，通常还需要一根时钟线（并不是必需的）作为数据的时间基准。

图 9-1 所示为一种并行数据转串行数据的时序，其中，S 是起始位，为低电平；D0 是 1 字节里的最低位，D7 是 1 字节里的最高位。在时钟信号的作用下，在时钟上升沿将数据一位接一位地传送到 I/O 口。

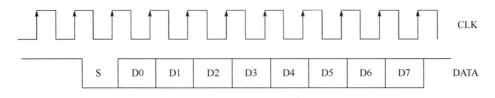

图 9-1　一种并行数据转串行数据的时序

要用单片机的 I/O 口实现如图 9-1 所示的时序，需要两个 I/O 口来相互配合，一个作为时钟信号的输出,一个作为串行数据的输出。下面主要讲解如何实现并行数据在时钟的控制下转为串行数据并输出。

1. 时钟输出

时钟的波形是一个方波,方波的输出在第 5 章介绍过,可以用定时器来实现。但是这里的方波需要和数据输出进行配合,定时器的输出方式不适合这样的操作。因此,可以采用延时方式来实现,延时时间根据时序参数的要求设定即可。

2. 串行数据输出

串行数据输出是重点,它是指把 1 字节的数据变为 8 位数据顺序输出。

设要输出的串行数据为 0x56,其二进制数是 01010110,把二进制数由低位到高位拆分出来,需要用到与运算和移位运算。算法解释如下。

(1) 把二进制数和 0x01(二进制数为 0000001)进行与运算,即

$$\begin{array}{r} 1010110 \\ \& \ 0000001 \\ \hline 0000000 \end{array}$$

得到 00000000,把它送到某个 I/O 口,因为一个 I/O 口只能存储一位数,因此,该 I/O 口只保留最后一位数"0"。

(2) 把二进制数右移一位,得到 00101011,再和 00000001 进行与运算,得到 00000001,把它送到 I/O 口,I/O 口得到的数据为"1"。

(3) 以此类推,即可把 1 字节的数据按位拆开送到 I/O 口,从而实现由并行数据转串行数据的操作。程序算法通过一条语句来实现:

```
DATA = (send_data>>i) & 0x1;           //i 从 0 到 7 递增
```

以上实现了串行数据低位在前、高位在后的串行移位输出。如果要求高位在前、低位在后的输出顺序,则以上算法的各位改为:

```
DATA = (send_data<<i) & 0x80;          //i 从 0 到 7 递增
```

3. 合并操作

把时钟输出和串行数据输出合并,就可以实现类似图 9-1 所示的时序,即先把时钟置 1(初始为 0),产生时钟上升沿脉冲并延时;然后做与运算和移位运算,把结果输出并延时;最后把时钟置 0 并延时。算法示例程序如下:

```
for(i=0;i<8;i++)
    {
        CLK =1;                        //时钟上升沿
        延时;
        DATA = (send_data>>i) & 0x01;  //将 send_data 的第 i 位赋给 DATA
        延时;
        CLK =0;                        //时钟下降沿
        延时;
    }
```

下面通过一个案例来说明并行数据转串行数据的用法。

【例 9-1】 如图 9-2 所示，将并行数据 0xa3 转换为串行数据并输出。其中，P1.0 为 CLK，P1.1 为 DATA。

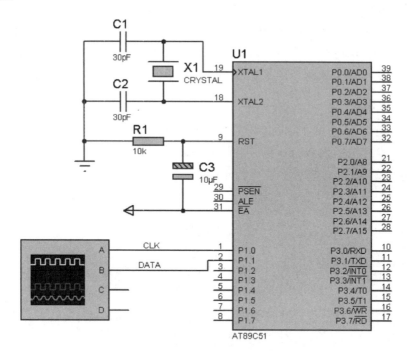

图 9-2 并行数据转串行数据的电路原理图

具体实现程序如下：

```c
#include <reg51.h>
#include <intrins.h>

sbit CLK  = P1^0;
sbit DATA = P1^1;

//****************************************************************
//函数功能：延时函数
//参数：t 为定时时间，延时时间约为 t×15μs，晶振频率为 12MHz
//****************************************************************
void delayxus15(unsigned int t)
{
    for(t;t>0;t--)
    {
        _nop_();_nop_();_nop_();_nop_();
    }
    _nop_(); _nop_();
}
```

```c
//**********************************************************************
//函数功能：主函数
//参数：无
//**********************************************************************
void main(void)
{
    unsigned char send_data = 0xa3;
    int i;

    CLK =0;
    DATA = 1;
    while(1)
    {
        CLK =1;                              //时钟上升沿
        delayxus15(1);
        DATA = 0;                            //起始位
        delayxus15(3);
        CLK =0;                              //时钟下降沿
        delayxus15(4);

        for(i=0;i<8;i++)
        {
            CLK =1;                          //时钟上升沿
            delayxus15(1);
            DATA = (send_data>>i) & 0x1;     //将send_data的第i位赋给DATA
            delayxus15(3);
            CLK =0;                          //时钟下降沿
            delayxus15(4);
        }

        CLK =1;                              //时钟上升沿
        delayxus15(1);
        DATA = 1;                            //数据端口变为高电平
        delayxus15(3);
        CLK =0;
        delayxus15(4);
        delayxus15(20);
    }
}
```

图 9-3 所示为并行数据转串行数据的调试结果，其中，黄色信号为 CLK，蓝色信号为 DATA，说明实现了将 0xa3 由并行数据转串行数据的功能。

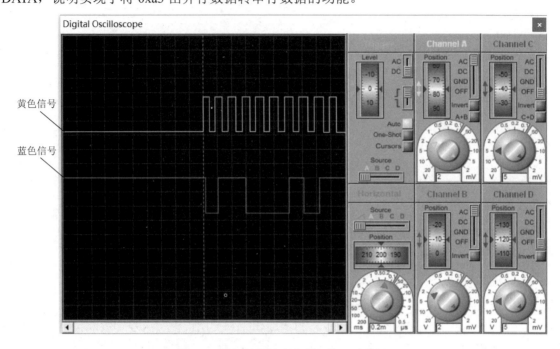

图 9-3　并行数据转串行数据的调试结果

9.1.2　串行数据转并行数据

当单片机从 I/O 口读取数据，并将数据转换为字节数据进行存储时，经常需要用到串行转并行的操作。下面仍以图 9-1 所示的时序为例来说明串行转并行的操作。这里主要讲解如何实现检测时钟信号与数据信号的时序关系，从而实现串行数据转并行数据。

1．时钟上升沿检测

程序中是通过 while(1) 来循环检测 CLK 的状态的，当检测到上一次的 CLK 的状态 clk_history 为 0，并且当前 CLK 的状态 clk_get 为 1 时，即认为检测到一个时钟上升沿。

```
while(1)
{
    clk_get = CLK;                          //在一次循环中，只检测一次CLK端口
    if((clk_history == 0) && (clk_get ==1))  //时钟上升沿
    {
        ...（略）                             //起始位检测及有效数据读取
    }
    clk_history = clk_get;
}
```

后面的起始位检测及有效数据读取均在检测到时钟上升沿时进行。

2. 起始位检测

使用一个关键变量 state 来表示单片机程序当前的工作状态，当 state 为 0 时，表示当前处于起始位检测状态；当 state 为 1 时，表示当前处于有效数据读取状态。state 的初始值为 0，当检测到时钟上升沿有效且 DATA 的数据为 0 时，认为检测到起始位，将 state 置 1。

3. 有效数据读取

当 state 为 1 时，进行有效数据读取。通过变量 cnt 来表示当前读取的串行数据位是接收数据 data_receive 的第几位，cnt 的数值范围为 0~7。从 I/O 口读进来的数据是一个接一个的二进制数，需要把它们组合成 1 字节的数据，这里需要用到左移和或运算。算法原理如下：在时钟上升沿到来时读取一位 I/O 口（DATA）的数据（data_get），左移 cnt（cnt 的初始值为 0）位后，将其和变量 data_receive 进行或运算，并将结果存储到 data_receive 中，依次循环执行类似的操作，便可将串行的位数据组合成 1 字节的数据。算法实现如下：

```
data_receive |= (data_get << cnt);
```

当有效数据全部读取完后（时钟上升沿有效，state 为 1，cnt 为 7），将 cnt 置 0、state 置 0，并将最终读取的并行数据赋给 P0 口显示。

【例 9-2】图 9-4 所示为串行数据转并行数据的电路原理图，将例 9-1 的串行数据转换为并行数据，并输出到 P0 口。其中，P1.0 为 CLK，P1.1 为 DATA，P0 口与 8 个 LED 相连。

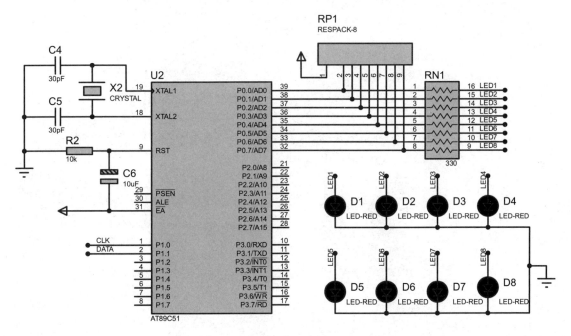

图 9-4 串行数据转并行数据的电路原理图

具体的实现程序如下：

```
#include <reg51.h>
#include <intrins.h>
```

```c
sbit CLK  = P1^0;
sbit DATA = P1^1;

//*******************************************************************
//函数功能：主函数
//参数：无
//*******************************************************************
void main(void)
{
    unsigned char data_receive ;      //表示最后收到的字节数据
    unsigned char clk_history=1;      //CLK 的历史数据
    //state 为 0 表示当前处于等待接收起始位状态，为 1 表示处于接收有效数据状态
    unsigned char state=0;
    unsigned char clk_get;
    unsigned char data_get;           //当时钟上升沿到来时，采集到的 DATA 端口的数据
    unsigned char cnt =0;             //表示当前接收的数据是字节中的第几位

    CLK =1;                           //给 CLK 端口置 1，表示 CLK 端口作为输入端口使用
    DATA = 1;
    while(1)
    {
        clk_get = CLK;                //在一次 while 循环中，只检测一次 CLK 端口
        if((clk_history == 0) && (clk_get ==1))    //时钟上升沿
        {
            data_get = DATA;          //在一次 while 循环中，只检测一次 DATA 端口
            switch(state){
                case 0:
                    if(data_get == 0)                //检测到起始位
                    {
                        state = 1;
                        cnt = 0;
                        data_receive = 0;
                    }
                    break;
                case 1:
                    //将 data_get 赋给 data_receive 的第 cnt 位
                    data_receive |= (data_get << cnt);
                    //当 cnt 为 7 时，表示当前数据 data_get 为字节数据的最后一位
                    if(cnt ==7)
                    {
```

```
                    cnt =0;
                    state = 0;
                    //将接收的数据输出到 P0 口，以驱动 LED
                    P0=data_receive;
                }
                else
                    cnt ++;
                break;
            default:
                break;
        }
    }
    clk_history = clk_get;
}
}
```

图 9-5 所示为串行数据转并行数据的调试结果，可以看出，P0 的数值为 0xa3，实现了由 DATA 端口的串行数据转化为并行数据。

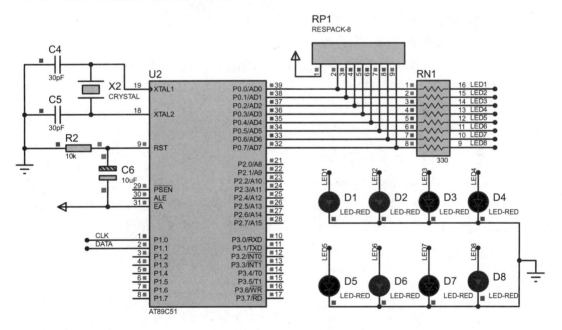

图 9-5　串行数据转并行数据的调试结果

9.2　DS18B20（数字温度传感器）通信

9.2.1　DS18B20 基本知识

DS18B20 的封装与引脚如图 9-6 所示。

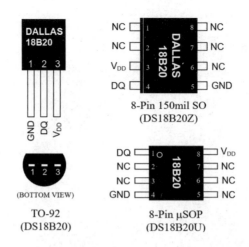

图 9-6 DS18B20 的封装与引脚

DS18B20 是 DALLAS 公司生产的单总线器件（1-Wire），具有线路简单、体积小的特点。因此用它组成的测温系统具有线路简单的优点。而且它输出的是数字信号，与单片机接口连接非常方便，不需要经过 A/D 转换。在一根通信线上，可以挂载很多这样的数字温度传感器。

1．DS18B20 产品结构特点

- 一个端口即可实现通信。
- 其中的每个器件都有独一无二的序列号。
- 在实际应用中，不需要任何外部元器件即可测温。
- 测量温度范围为 −55～+125℃。
- 用户可以从 9 位到 12 位中选择其分辨率。
- 内部有温度上/下限（高温阈值和低温阈值）告警设置。

2．DS18B20 的 4 个主要数据部件

（1）64 位序列号：可用来区分多个连接在同一总线上的 DS18B20。

（2）温度数值：最高 12 位，用 16 位符号扩展的二进制补码读数形式提供，以 0.0625℃/LSB 的形式表达。DS18B20 的温度值格式如图 9-7 所示，其中 S 为符号位。

图 9-7 DS18B20 的温度值格式

该温度值存储在 DS18B20 的两个 8 位的 RAM 中，二进制序列中的前 5 位是符号位（S），如果测得的温度值大于 0，那么这 5 位为 0，只要将测得的温度值乘以 0.0625 即可得到实际温度；如果测得的温度值小于 0，那么这 5 位为 1，测得的温度值需要取反加 1 再乘以 0.0625，这样可得到实际温度，如 +125℃的数字输出为 07D0H、+25.0625℃的数字输出为 0191H、−25.0625℃的数字输出为 FE6FH、−55℃的数字输出为 FC90H。

（3）配置寄存器。如图 9-8 所示，该字节各位的含义：低 5 位一直都是 1，TM 是测试模

式位,用于设置 DS18B20 是在工作模式下还是在测试模式下(在 DS18B20 出厂时,该位被设置为 0,用户不要改动);R1 和 R0 用来设置温度分辨率,具体如表 9-1 所示(DS18B20 出厂时被设置为 12 位)。

图 9-8 配置寄存器数据格式

表 9-1 温度分辨率设置表

R1	R0	分 辨 率	温度最大转换时间
0	0	9 位	93.75ms
0	1	10 位	187.5ms
1	0	11 位	375ms
1	1	12 位	750ms

(4)内部存储器。DS18B20 的内部存储器包括一个高速暂存 RAM 和一个非易失性的且可电擦除的 EEPROM,后者用于存储高温限值和低温限值的触发器 TH、TL 与配置寄存器。

高速暂存 RAM 共有 9 字节,其分布如表 9-2 所示。当温度转换命令发布后,经转换所得的温度值以 2 字节补码形式存储在高速暂存 RAM 的第 0、1 字节中。单片机可通过单线接口读到该数据,读取时低位在前、高位在后,数据格式如图 9-7 所示。对应的温度计算方法如下:当符号位 S 为 0 时,直接将二进制形式转换为十进制形式;当符号位 S 为 1 时,先将补码变为原码,再计算其十进制值。

表 9-2 DS18B20 的高速暂存 RAM 的分布

内 容	字 节 地 址
温度值低位(LSByte)	0
温度值高位(MSByte)	1
高温限值(TH)	2
低温限值(TL)	3
配置寄存器	4
保留	5
保留	6
保留	7
CRC 校验值	8

3. DS18B20 控制指令

(1)复位。

根据 DS18B20 的通信协议,主机(单片机)控制 DS18B20 完成温度转换必须经过以下 3 个步骤。

① 每次读/写前都要对 DS18B20 进行复位操作。
② 复位成功后发送一条 ROM 指令(见表 9-3)。
③ 发送 RAM 指令(见表 9-4)。

表 9-3　ROM 指令表

指　令	代　码	功　能
读 ROM	33H	读 DS18B20 的 ROM 中的编码（64 位序列号）
匹配 ROM	55H	发出此指令之后，发出 64 位序列号，在单总线上访问与该编码相对应的 DS18B20，使之做出响应，为下一步对该 DS18B20 的读/写做准备
搜索 ROM	F0H	用于确定挂接在同一总线上的 DS18B20 的个数和识别 64 位序列号。为操作各器件做好准备
跳过 ROM	CCH	忽略 64 位 ROM 地址，直接向 DS18B20 发送温度转换指令，适用于单个芯片工作的情况
告警搜索命令	ECH	执行此指令后，只有温度值超过设定值上限或下限的 DS18B20 芯片才做出响应

表 9-4　RAM 指令表

指　令	代　码	功　能
温度转换	44H	启动 DS18B20 进行温度转换，12 位分辨率的最长转换时间为 750ms（9 位为 93.75ms），并将结果存入片内 RAM 中
读暂存器	BEH	读片内 RAM 中的内容
写暂存器	4EH	发出向片内 RAM 的第 3、4 字节写上、下限温度值指令，紧跟该指令的是传送 2 字节的数据
复制暂存器	48H	将片内 RAM 中第 3、4 字节的内容复制到 EEPROM 中
重调 EEPROM	B8H	将 EEPROM 中的内容恢复到片内 RAM 的第 3、4 字节中
读供电方式	B4H	寄生供电时，DS18B20 发送"0"；外接电源供电时，DS18B20 发送"1"

只有经过上述步骤后，才能对 DS18B20 进行预定的操作。在复位时，要求主 CPU 将总线下拉至少 480μs 后释放。当 DS18B20 收到信号后，等待 15～60μs，发出 60～240μs 的低电平脉冲，主 CPU 收到此信号表示复位成功。程序如下：

```
bit RST_DS18B20(void)
{
    bit ret=1;
    DQ=0;                    //拉低总线
    delayxus15(33);          //延时 495μs
    DQ=1;                    //释放总线，DS18B20 检测到上升沿后会发送存在脉冲
    delayxus15(4);           //需要等待 15～60μs，这里延时 60μs
    ret=DQ;
    delayxus15(14);          //延时 210μs，让 DS18B20 释放总线
    DQ=1;                    //释放总线
    return(~ret);            //返回 1 表示复位成功，返回 0 表示复位失败
}
```

（2）写操作时序。

DS18B20 写操作时序如图 9-9 所示。主机写入 0 时，把总线拉低并持续 60μs 后拉高；主机写入 1 时，把总线拉低至少 1μs，在拉低总线后，主机必须在 15μs 内释放总线。所有的写操作时隙最少有 60μs 的持续时间，相邻两个写操作时隙最少有 1μs 的恢复时间。

第9章 单片机串行总线通信设计

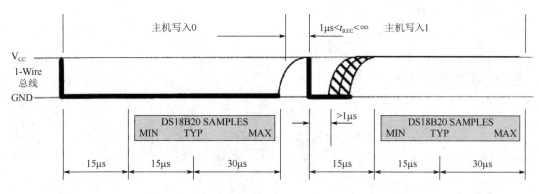

图 9-9 DS18B20 写操作时序

写 1 位数的程序：

```
void WR_Bit (bit i)
{
    DQ = 0;              //拉低总线，产生写时序
    _nop_();
    _nop_();             //拉低总线的持续时间要长于 1μs
    DQ = i;              //写数据
    delayxus15 (3);      //延时 45μs，等待 DS18B20 采样和读取
    DQ = 1;              //释放总线，即拉高总线
}
```

（3）读操作时序。

主机在读总线数据时，只有先发出读指令（如读暂存器指令 BEH），才能进入读模式。所有的读操作时隙至少有 60μs 的持续时间。相邻两个读操作时隙最少有 1μs 的恢复时间。进行读操作时先拉低总线，持续至少 1μs 后释放总线。之后，DS18B20 开始发送 0 或 1 到总线。DS18B20 以让总线保持高电平的方式表示发送 1，以拉低总线的方式表示发送 0。DS18B20 输出的数据在产生下降沿（下降沿产生读操作时隙）后的 15μs 内有效。因此，主机释放总线和采样总线等动作要在 15μs 内完成。DS18B20 读操作时序如图 9-10 所示。

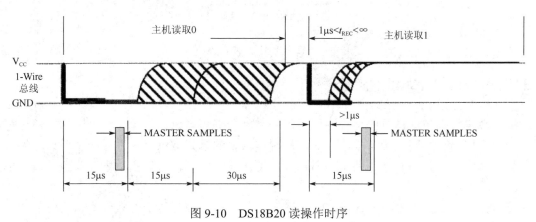

图 9-10 DS18B20 读操作时序

读 1 位数的操作程序：

```c
unsigned char Read_Bit()
{
    unsigned char readb;
    DQ=0;                    //拉低总线
    _nop_(); _nop_();
    DQ=1;                    //释放总线
    _nop_(); _nop_();
    _nop_(); _nop_();
    readb = DQ;              //读操作时隙产生 7μs 后读取总线数据
    delayxus15(3);           //延时 45μs，满足读操作时隙的时间要求
    DQ = 1;                  //释放总线
    return readb ;           //返回读取的数据
}
```

4．控制 DS18B20 的流程

控制 DS18B20 主要按照前面介绍的 3 个步骤来操作，即先进行复位操作；然后发出一条 ROM 指令（如跳过查找 ROM 地址的指令 0xCC，单个传感器时用）；最后发出启动温度转换的指令，等待温度转换结束，温度转换结束后发出读取温度值的指令，具体如图 9-11 所示。

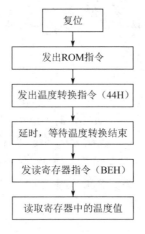

图 9-11　控制 DS18B20 的流程图

9.2.2　单片机与计算机的串行通信

要实现单片机与计算机的串行通信，需要借助一些串口调试助手。这是因为目前计算机只有一个串口，有些甚至没有串口，而在进行本项目的模式调试时，需要一个串口，如果需要用到仿真软件，就需要用到两个串口。为了解决这一问题，可以借助串口模拟软件来模拟串口。

这里介绍一款虚拟串口软件 VSPD。将其打开，左边列表第 1 行是计算机实际的物理串口，下面是虚拟串口，在没有设置前，虚拟串口是空的，如图 9-12 所示。此时，可直接单击

"添加端口"按钮，如果添加成功，就会在左边列表中出现两个串口 COM1、COM2（即虚拟串口对），如图 9-13 所示。利用这款软件将计算机的虚拟串口 1 和虚拟串口 2 连接起来。此时，这两个串口就可以进行通信了。在计算机上利用串口调试助手就可以实现计算机与单片机之间的串行通信。

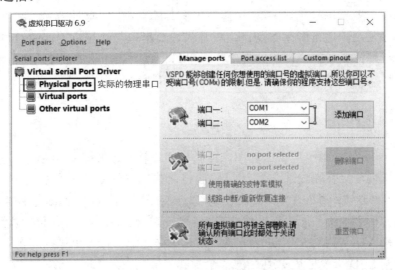

图 9-12 虚拟串口软件界面

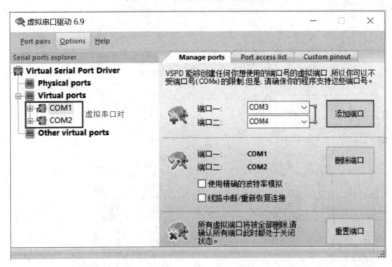

图 9-13 串口模拟

9.3 项目训练一：温度采集系统设计

9.3.1 项目要求

利用 DS18B20 实现温度的采集，并将采集的数据发送给计算机，要求每秒传送一次。计算机可以根据不同的温度对单片机进行控制，从而实现计算机和单片机的串行通信。要求利用 Proteus 软件来模拟实现。

9.3.2 项目分析

温度采集系统利用 DS18B20 来采集温度，并通过单总线技术实现与单片机之间的通信，DS18B20 的使用要点已在 9.2.1 节进行了讲解，这里不再赘述。单片机将 DS18B20 采集的数据发送给计算机，要求每秒传送一次。这里的每秒可以用软件延时来实现，也可以用硬件延时来实现，本书采用软件延时来实现。当单片机通过串口与计算机进行通信时，注意双方串口的模式及波特率需要一致，可考虑将单片机串口设置为工作于方式 1，波特率为 2400bit/s。计算机通过串口对单片机进行控制，可以使用 LED 显示。

9.3.3 原理图设计

先利用 Proteus 软件画出电路原理图，再添加串口软件，如图 9-14 所示。需要注意的是，串口已经将发送端与接收端内部交叉，因此，在将计算机与单片机连接时，只需将串口的 TXD 和 RXD 端口分别与单片机的 TXD 和 RXD 端口连接即可。因为 Proteus 软件中的串口与虚拟串口采用相同的标准电平，所以无须将 TTL 电平转为 RS-232 电平，而在实际应用中需要加上电平转换芯片（如 MAX232）进行转换，只有这样才能与计算机进行连接。计算机控制单片机可以用 3 个 LED 来模拟机实现。

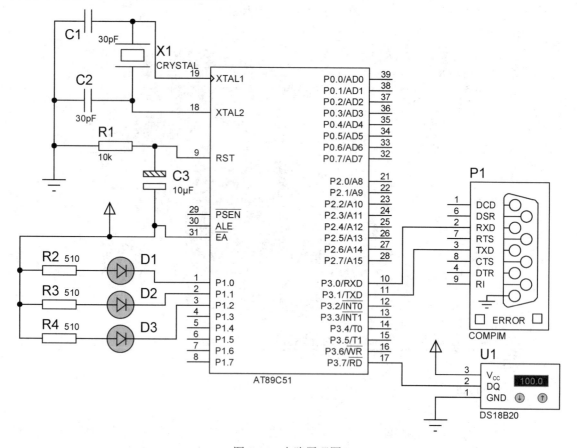

图 9-14 电路原理图

9.3.4 编写单片机与计算机串行通信的程序

（1）编写程序的总流程图如图 9-15 所示。

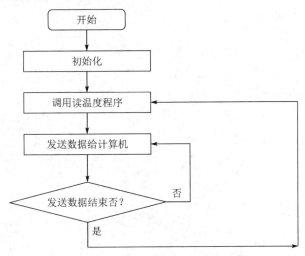

图 9-15 编写程序的总流程图

（2）具体程序如下：

```c
#include <reg51.h>
#include <intrins.h>
//**************************************************************
//程序功能：变量定义
//**************************************************************
unsigned char code table[]={0xc0,0xf9,0xa4,0xb0,
                            0x99,0x92,0x82,0xf8,
                            0x80,0x90,0x88,0x83,
                            0xc6,0xa1,0x86,0x0e};   //0~F 共阳极接法数码管编码表

sbit LED1 = P1^0;
sbit LED2 = P1^1;
sbit LED3 = P1^2;
sbit DQ   = P3^7;
//**************************************************************
//程序功能：函数的声明
//**************************************************************
void delayms(unsigned int ms);            //延时 n×1ms
void delayxus15(unsigned int t);          //延时 t×15μs
void serialInit(void);                    //串口初始化
void sentData(unsigned char sd);          //串口发送数据
bit RST_DS18B20(void);                    //DS18B20 复位
```

```c
void WR_Bit(bit i);                          //写1位数据
void WR_Byte(unsigned char dat);             //写1字节数据
unsigned char Read_Bit(void);                //读1位数据
void Start_DS18B20(void);                    //启动DS18B20
int Read_Tem(void);                          //读暂存器温度值

void main(void)
{
  int temper;
  unsigned char temph,templ;
  serialInit();                              //串口初始化
  while(1)
    {
        Start_DS18B20();                     //启动温度转换
        delayms(800);                        //延时,等待转换完毕
        temper=Read_Tem();                   //读温度转换数值,未转换为实际温度
        templ=temper;                        //分离出低位
        temph=temper>>8;                     //分离出高位
        sentData(temph);                     //发送高位
        delayms(10);                         //延时,等待发送完毕
        sentData(templ);                     //发送高位
    }
}

//*********************************************************************
//函数功能:DS18B20延时函数
//参数:t为定时时间,延时时间约为t×15μs,晶振频率为12MHz
//*********************************************************************
void delayxus15(unsigned int t)
{
   for(t;t>0;t--)
   {
       _nop_();_nop_();_nop_();_nop_();
   }
   _nop_(); _nop_();
}

//*********************************************************************
//函数功能:复位DS18B20,读取存在脉冲并返回结果
```

```c
//返回值：1表示复位成功，0表示复位失败
//说明：至少拉低总线480μs；可用于检测DS18B20工作是否正常
//*****************************************************************
bit RST_DS18B20(void)
{
    bit ret=1;
    DQ=0;                      //拉低总线
    delayxus15(33);            //延时495μs
    DQ=1;                      //释放总线，DS18B20检测到上升沿后会发送存在脉冲
    delayxus15(4);             //需要等待15~60μs，这里延时60μs
    ret=DQ;
    delayxus15(14);            //延时210μs，让DS18B20释放总线
    DQ=1;                      //释放总线
    return(~ret);              //返回1表示复位成功，返回0表示复位失败
}


//*****************************************************************
//函数功能：向DS18B20写1位数据
//*****************************************************************
void WR_Bit(bit i)
{
    DQ=0;                      //产生写操作时序
    _nop_();
    _nop_();                   //总线拉低持续时间要长于1μs
    DQ=i;                      //写数据
    delayxus15(3);             //延时45μs，等待DS18B20采样和读取
    DQ=1;                      //释放总线
}


//*****************************************************************
//函数功能：DS18B20写1字节函数，先写最低位
//参数：dat为待写的字节数据
//*****************************************************************
void WR_Byte(unsigned char dat)
{
    unsigned char i=0;
    while(i++<8)
    {
        WR_Bit(dat&0x01); //从最低位写起
```

```c
            dat>>=1;        //注意不要写成 dat>>1
    }
}

//***************************************************************
//函数功能：向 DS18B20 读 1 位数据
//***************************************************************
unsigned char Read_Bit(void)
{
    unsigned char ret;
    DQ=0;                   //拉低总线
    _nop_(); _nop_();
    DQ=1;                   //释放总线
    _nop_(); _nop_();
    _nop_(); _nop_();
    ret=DQ;                 //读操作时隙产生 7μs 后读取总线数据
    delayxus15(3);          //延时 45μs，满足读操作时隙的时间要求
    DQ=1;                   //释放总线
    return ret;             //返回读取的数据
}


//***************************************************************
//函数功能：DS18B20 读 1 字节函数，先读最低位
//***************************************************************
unsigned char Read_Byte(void)
{
    unsigned char i;
    unsigned char dat=0;
    for(i=0;i<8;i++)
    {
        dat>>=1;            //先读最低位
        if(Read_Bit())
            dat|=0x80;
    }
    return(dat);
}


//***************************************************************
//函数功能：启动温度转换，复位后写 44H 指令
//***************************************************************
```

```c
void Start_DS18B20(void)
{
DQ=1;
RST_DS18B20();
WR_Byte(0xcc);                          //跳过 ROM 指令
WR_Byte(0x44);                          //启动温度转换
}


//*********************************************************************
//函数功能：读取温度，复位后写 BE 指令
//*********************************************************************
int Read_Tem(void)
{
   unsigned char temp_low,temp_high;
   unsigned int temper;
   RST_DS18B20();
   WR_Byte(0xcc);                       //跳过 ROM 指令
   WR_Byte(0xbe);                       //发出读取指令
   temp_low=Read_Byte();                //读出温度低 8 位
   temp_high=Read_Byte();               //读出温度高 8 位
   temper=((int)temp_high<<8)|temp_low; //组合成 1 位整数
   return temper;
}


//*********************************************************************
//程序功能：串口初始化
//串口波特率的计算方法：
//晶振频率×2$^{smod}$×(定时器 1 的溢出率)/32,即晶振频率×2$^{smod}$/(256-定时器 1 的初值)/32
//*********************************************************************
void serialInit(void)
{
   TMOD = 0x20    ;    //将定时器 1 设置为工作于方式 2（自动重载 8 位定时/计数器）
   SCON = 0x50 ;       //方式 1，允许接收
   PCON = 0x00 ;       //将 SMOD 设置为 0
   IE = 0X00;
   ES   = 1;           //允许串口中断
   EA   = 1;
   //TH1 = 0xFD ;      //9600bit/s，晶振频率为 11.0592MHz
   //TL1 = 0xFD ;
   TH1 = 0xF3;         //2400bit/s，晶振频率为 12MHz
```

```c
    TL1 = 0xF3;
    TR1 = 1;
}


//*********************************************************************
//程序功能：串口接收数据，采用中断方式接收
//*********************************************************************
void SerialISR(void) interrupt 4 using 1
{
unsigned char rcdata=0;              //存储接收数据（收到的数据）
  if(RI)
  {
    REN = 0;                         //禁止接收
    RI = 0;                          //清除接收完成标志
    rcdata=SBUF;                     //读取SBUF（接收）中的数据
    P0=table[rcdata];                //显示接收数据
    switch(rcdata)                   //根据接收数据控制单片机
      {
        case 1 : LED1=0; break;      //模拟控制单片机的LED
        case 2 : LED2=0; break;
        case 3 : LED3=0; break;
        default: P1=0xff;break;
      }

    SBUF=rcdata+1;                   //将接收数据加1后发送给计算机
    REN=1;                           //允许接收
  }
  else if(TI)
  {
    TI=0;
  }
}
//*********************************************************************
//程序功能：串口发送数据
//*********************************************************************
void sentData(unsigned char sd)
{
    SBUF=sd;                         //将数据送往SBUF（发送）
}
```

```
void delayms(unsigned int ms)   //延时程序,延时 n×1ms
{
   unsigned int j,k;
   for(j=ms;j>0;j--)
      for(k=120;k>0;k--);
}
```

9.3.5 调试程序

打开串口调试助手,修改串口为 COM1,波特率为 2400bit/s,无奇偶校验位,数据位 8 位,停止位 1 位。用 Proteus 打开仿真电路文件,设置 AT89C51 的属性,晶振频率为 12MHz。打开串口 COMPIM 的属性对话框,如图 9-16 所示,在"Physical port"下拉列表中选择"COM2"选项,波特率为 2400bit/s,校验位为"NONE",数据位 8 位,停止位 1 位。如果需要用到波特率 9600bit/s,则需要将晶振频率改为 11.0592MHz。

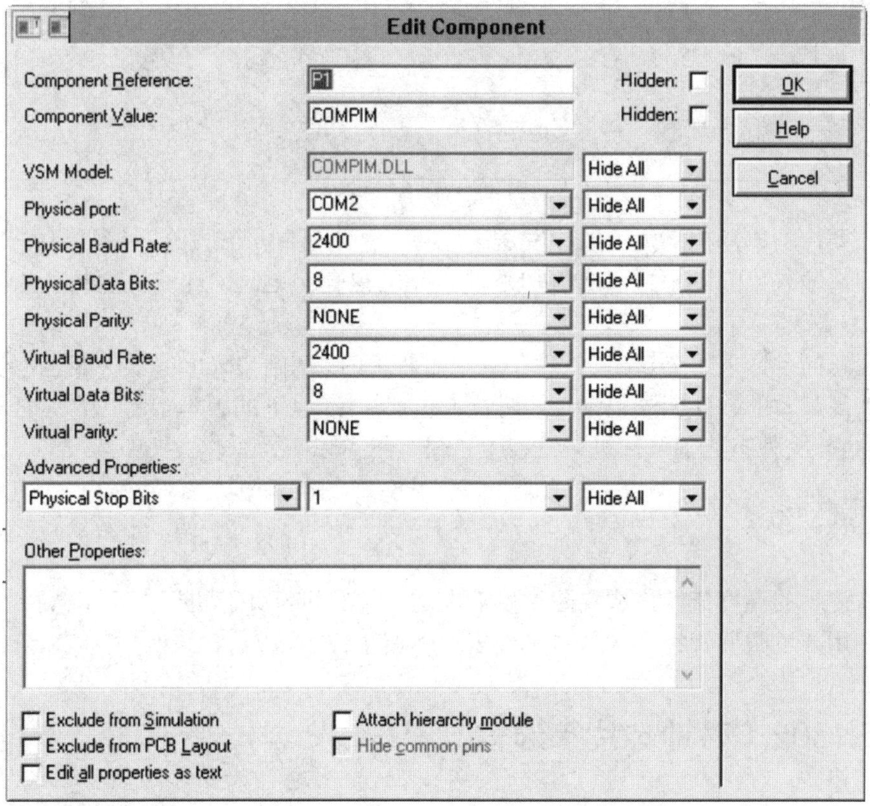

图 9-16 Proteus 中串口 COMPIM 的属性设置

设置好后,启动仿真就可以实现计算机与单片机串口通信的仿真了。首先打开串口调试助手,接收数据选择十六进制形式;然后运行仿真软件,如果将 DS18B20 的温度值设置为"100",则接收区每隔 1s 左右就会收到"06 40"两个十六进制数值(0x0640),该数值是没有转换为实际温度的数值,如果将该数值乘以 0.0625,就会得到 100℃,与 DS18B20 显示的一致,如图 9-17 所示。

图 9-17 串口接收

如果需要控制单片机，则可以在发送区选择以十六进制形式发送。输入"01"，D1 将被点亮。同理，输入"02""03"，D2 和 D3 将分别被点亮。至此，计算机控制单片机的功能就实现了。

需要注意的是，采用 Proteus 软件仿真以上程序时，由于 Proteus 软件兼容性较差，因此会导致有些高版本的软件无法正常运行程序。目前，7.8 以下的版本都能正常运行程序。将以上程序的 HEX 文件下载到单片机开发板上，单片机可以正常工作。

9.3.6 拓展训练

（1）将测得的温度值转换成实际温度后发送给计算机，计算机以文本格式接收。
（2）利用 4 位数码管将温度值显示出来（保留 1 位小数）。

9.4 DS1302（时钟芯片）通信

9.4.1 DS1302 基本知识

DS1302 是 DALLAS 公司推出的一种高性能、低功耗、带 RAM 的实时时钟电路，它可以对年、月、日、周、时、分、秒进行计时，具有闰年补偿功能，工作电压为 2.5～5.5V。它采用三线接口与 CPU 进行同步通信，并可采用突发方式一次传送多字节的时钟信号或 RAM 数据。DS1302 内部有(31×8)字节的用于临时存储数据的 RAM。DS1302 是 DS1202 的升级产品，与 DS1202 兼容，但增加了主电源/后备电源双电源引脚，同时提供了对后备电源进行涓细电流充电的能力。

DS1302 的引脚功能图和应用电路图如图 9-18 所示。

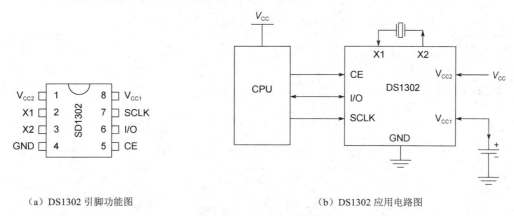

(a) DS1302 引脚功能图　　　　　　(b) DS1302 应用电路图

图 9-18　DS1302 的引脚功能图和应用电路图

（1）V_{CC1} 为后备电源，V_{CC2} 为主电源。在主电源关闭的情况下，DS1302 也能保持时钟的连续运行。DS1302 由 V_{CC1} 和 V_{CC2} 两者中的较大者供电。也就是说，当 $V_{CC2}>(V_{CC1}+0.2)$V 时，由 V_{CC2} 给 DS1302 供电；当 $V_{CC2}<V_{CC1}$ 时，由 V_{CC1} 给 DS1302 供电。

（2）X1 和 X2 是时钟振荡源，外接频率为 32.768kHz 的晶振。

（3）CE 是复位/片选线，通过把 CE 输入驱动置高电平来启动所有的数据传送功能。CE 有两种功能：首先，CE 接通控制逻辑，允许地址/命令序列送入移位寄存器；其次，CE 提供终止单字节或多字节数据的传送手段。当 CE 为高电平时，所有的数据传送都被初始化，允许对 DS1302 进行操作。如果在传送过程中将 CE 置为低电平，则会终止此次数据传送，I/O 引脚变为高阻态。上电运行时，在 $V_{CC}\geqslant 2.5$V 之前，CE 必须保持低电平。只有在 SCLK 为低电平时，才能将 CE 置为高电平。I/O 为串行数据输入/输出端（双向），SCLK 始终是输入端。

9.4.2　DS1302 的控制字节

DS1302 的控制字节如图 9-19 所示。控制字节的最高有效位（位 7）必须是逻辑 1，如果它为 0，则不能把数据写入 DS1302。位 6 如果为 0，则表示存取日历时钟数据；为 1 表示存取 RAM 数据。位 5 至位 1 指示操作单元的地址。最低有效位（位 0）如果为 0，则表示要进行写操作；为 1 表示进行读操作。控制字节总从最低有效位开始输出。

7	6	5	4	3	2	1	0
1	RAM/$\overline{CK}$	A4	A3	A2	A1	A0	RD/$\overline{WR}$

图 9-19　DS1302 的控制字节

9.4.3　DS1302 的寄存器

DS1302 有 12 个寄存器，其中有 7 个寄存器与日历、时钟相关，存储的数据位为 BCD 码形式，其日历、时间寄存器及其控制字如表 9-5 所示。其中，表身第 1 行的 CH 表示时钟暂停控制位，置1表示时钟暂停，置0表示时钟静止；表身第8行的WP表示Write Protect（写保护），置1表示写入操作无效；表身第9行的TCS用于控制涓细电流充电，一般不进行设置。

表9-5 DS1302的日历、时间寄存器及其控制字

READ	WRITE	BIT 7	BIT 6	BIT 5	BIT4	BIT3	BIT2	BIT1	BIT0	RANGE
81H	80H	CH	10 Seconds			Seconds				00~59
83H	82H		10 Minutes			Minutes				00~59
85H	84H	0:24 1:12	0	10 0:AM 1:PM	Hour	Hour				1~12/ 0~23
87H	86H	0	0	10 Date		Date				1~31
89H	88H	0	0	0	10 Month	Month				1~12
8BH	8AH	0	0	0	0	0	Day			1~7
8DH	8CH	10Year				Year				00~99
8FH	8EH	WP	0	0	0	0	0	0	0	—
91H	90H	TCS	TCS	TCS	TCS	DS	DS	RS	RS	—

此外，DS1302还有与RAM相关的寄存器，分为两类：一类是单个RAM单元，共31个，每个RAM单元组态为一个8位的字节，其命令控制字为C0H~FDH，其中奇数代表读操作，偶数代表写操作；另一类为突发方式下的RAM寄存器，在此方式下，可一次性读/写所有RAM的31字节，命令控制字为FEH（写）、FFH（读）。

9.4.4 DS1302的读/写时序

图9-20所示为DS1302的读/写时序，也为SPI接口协议。在命令控制字输入后的下一个SCLK时钟的上升沿，数据被写入DS1302，数据输入从低位开始。同样，在紧跟8位的命令控制字后的下一个SCLK脉冲的下降沿处读出DS1302的数据，读出数据时从低位（位0）到高位（位7）进行。

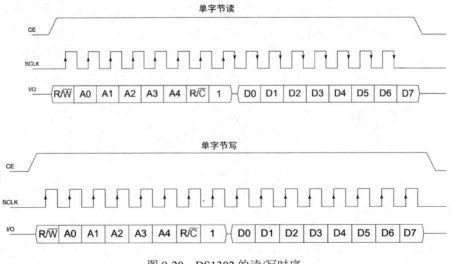

图9-20 DS1302的读/写时序

9.5 项目训练二：精准数字钟设计

9.5.1 项目要求

利用单片机读取 DS1302 的时钟数据，并将其时、分、秒数据显示在 8 位数码管上。

9.5.2 项目分析

单片机通过 SPI 接口与 DS1302 时钟芯片进行通信，由于 8051 单片机内部没有 SPI 硬件接口，因此需要通过 I/O 口模拟来实现 SPI 时序，具体实现过程可参考 9.4 节。数字钟需要将其时、分、秒数据显示在 8 位数码管上，一般采用的是动态扫描显示方法。所谓动态扫描显示，就是指轮流向各位数码管送出段码和相应的位控制码，利用 LED 的余晖和人眼视觉暂留作用，使人感觉各位数码管好像同时在显示。动态扫描显示的难点在于段码及位控制码的配合，通常用软件延时或硬件延时来实现。

9.5.3 原理图设计

用 Proteus 软件画出精准数字钟电路原理图，如图 9-21 所示。电路中包含 AT89C51、74LS138、DS1302 和 8 位 8 段共阴极数码管。通过 74LS138 实现 3-8 译码功能，以驱动共阴极数码管的位选信号。74LS138 可以减少单片机 I/O 口的占用。

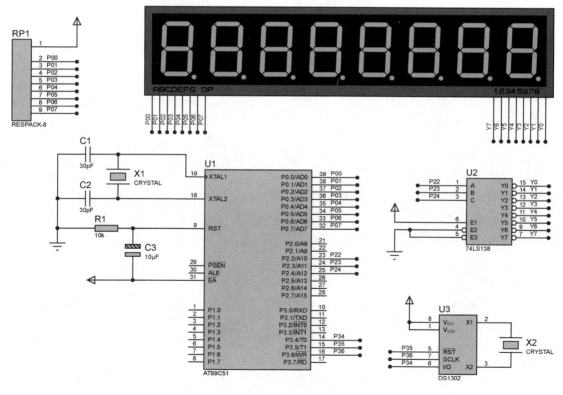

图 9-21 精准数字钟电路原理图

9.5.4 编写精准数字钟的程序

由于程序的内容较多,为了工程文件管理的方便,这里按照相对独立的原则把程序分为两大部分,即 DS1302 读/写控制程序 ds1302.c 和主程序 main.c。为了在主程序中调用 DS1302 读/写控制程序,需要把 DS1302 读/写控制程序中的变量、函数声明放在一个头文件 ds1302.h 中。因此程序共有 3 个文件,分别是 ds1302.h、ds1302.c 和 main.c。

1. DS1302 的头文件

在 DS1302 的头文件中对数据类型进行重定义,并定义 DS1302 使用的 I/O 口,进行函数的声明。因为主程序中要用到读取的时间数据 TIME[7],所以需要将其声明为 extern 全局变量。

```c
/*******************************************************************
*文件名:ds1302.h
*******************************************************************/
#ifndef __DS1302_H_
#define __DS1302_H_

//---包含头文件---//
#include <reg51.h>
#include<intrins.h>
//---重定义数据类型---//
#ifndef uchar
#define uchar unsigned char
#endif
#ifndef uint
#define uint unsigned int
#endif

//---定义 DS1302 使用的 I/O 口---//
sbit DSIO=P3^4;
sbit RST=P3^5;
sbit SCLK=P3^6;

//---函数声明---//
void Ds1302Write(uchar addr, uchar dat);
uchar Ds1302Read(uchar addr);
void Ds1302Init();
void Ds1302ReadTime();

//---加入全局变量--//
```

```c
extern uchar TIME[7];                //加入全局变量

#endif
```

2. DS1302 读/写控制程序

ds1302.c 文件主要实现对 DS1302 的初始化、读/写时序控制和数码管的动态显示。各个函数的功能描述及实现如下。

```c
/**************************************************************
*文件名：ds1302.c
**************************************************************/

#include"ds1302.h"

//---DS1302读取和写入时、分、秒、日、月、周、年的地址指令，最低位为读写位---//
uchar code READ_RTC_ADDR[7] = {0x81, 0x83, 0x85, 0x87, 0x89, 0x8b, 0x8d};
uchar code WRITE_RTC_ADDR[7] = {0x80, 0x82, 0x84, 0x86, 0x88, 0x8a, 0x8c};

//---DS1302时钟初始化为2023年5月7日星期日12点00分00秒---//
//---存储顺序是秒、分、时、日、月、周、年，存储格式为BCD码---//
uchar TIME[7] = {0, 0, 0x12, 0x07, 0x05, 0x19, 0x23};

/**************************************************************
* 函数名：Ds1302Write()
* 函数功能：向 DS1302 写指令（地址+数据）
* 输入：addr 和 dat
* 输出：无
**************************************************************/
void Ds1302Write(uchar addr, uchar dat)
{
    uchar n;
    CE = 0;
    _nop_();

    SCLK = 0;                        //将SCLK置为低电平
    _nop_();
    CE = 1;                          //将CE置为高电平
    _nop_();

    for (n=0; n<8; n++)              //开始传送8位地址指令
    {
```

```c
        DSIO = addr & 0x01;              //数据从低位开始传送
        addr >>= 1;
        SCLK = 1;                        //数据在上升沿时,DS1302读取数据
        _nop_();
        SCLK = 0;
        _nop_();
    }
    for (n=0; n<8; n++)                  //写入8位数据
    {
        DSIO = dat & 0x01;
        dat >>= 1;
        SCLK = 1;                        //数据在上升沿时,DS1302读取数据
        _nop_();
        SCLK = 0;
        _nop_();
    }

    CE = 0;                              //传送数据结束
    _nop_();
}

/*******************************************************************
* 函数名: Ds1302Read()
* 函数功能: 读取一个地址的数据
* 输入: addr
* 输出: dat
*******************************************************************/
uchar Ds1302Read(uchar addr)
{
    uchar n,dat,dat1;
    CE = 0;
    _nop_();

    SCLK = 0;                            //将SCLK置为低电平
    _nop_();
    CE = 1;                              //将CE置为高电平
    _nop_();

    for(n=0; n<8; n++)                   //开始传送8位地址指令
```

```c
    {
        DSIO = addr & 0x01;              //数据从低位开始传送
        addr >>= 1;
        SCLK = 1;                        //数据在上升沿时,DS1302读取数据
        _nop_();
        SCLK = 0;                        //DS1302下降沿时,放置数据
        _nop_();
    }
    _nop_();
    for(n=0; n<8; n++)                   //读取8位数据
    {
        dat1 = DSIO;                     //从最低位开始接收
        dat = (dat >>1);                 //将dat向右移一位
        dat = dat |(dat1 <<7);           //将dat1赋给dat的第7位
        SCLK = 1;
        _nop_();
        SCLK = 0;                        //DS1302下降沿时,放置数据
        _nop_();
    }

    CE = 0;
    _nop_();                             //以下为DS1302复位的稳定时间所必需的
    SCLK = 1;
    _nop_();
    DSIO = 0;
    _nop_();
    DSIO = 1;
    _nop_();
    return dat;
}

/*******************************************************************
* 函数名:Ds1302Init()
* 函数功能:初始化DS1302
* 输入:无
* 输出:无
*******************************************************************/
void Ds1302Init()
{
```

```c
    uchar n;
    Ds1302Write(0x8E,0X00);        //禁止写保护,就是关闭写保护功能
    for (n=0; n<7; n++)//写入7字节的时钟信号：分、秒、时、日、月、周、年
    {
        Ds1302Write(WRITE_RTC_ADDR[n],TIME[n]);
    }
    Ds1302Write(0x8E,0x80);        //打开写保护功能
}
/*******************************************************************
* 函数名：Ds1302ReadTime()
* 函数功能：读取时钟信息
* 输入：无
* 输出：无
*******************************************************************/
void Ds1302ReadTime()
{
    uchar n;
    for (n=0; n<7; n++)            //读取7字节的时钟信号：分、秒、时、日、月、周、年
    {
        TIME[n] = Ds1302Read(READ_RTC_ADDR[n]);
    }
}
/*******************************************************************
*文件名：main.c
*******************************************************************/
/*******************************************************************
*DS1302数字钟主程序
*实现现象：下载程序后，数码管显示时钟数据
*******************************************************************/
#include <reg51.h>                 //此文件中定义了单片机的一些SFR
#include"ds1302.h"

typedef unsigned int u16;          //对数据类型进行定义
typedef unsigned char u8;
sbit LSA=P2^2;
sbit LSB=P2^3;
sbit LSC=P2^4;
char num=0;
u8 DisplayData[8];
```

```c
u8 code smgduan[10]={0x3f,0x06,0x5b,0x4f,0x66,0x6d,0x7d,0x07,0x7f,0x6f};

/*******************************************************************
*函数名: delay()
*函数功能: 延时函数, 当i=1时, 大约延时10μs
*******************************************************************/
void delay(u16 i)
{
    while(i--);
}

/*******************************************************************
* 函数名: datapros()
* 函数功能: 时间读取、处理、转换函数
* 输入: 无
* 输出: 无
*******************************************************************/
void datapros()
{
    Ds1302ReadTime();
    DisplayData[0] = smgduan[TIME[2]/16];    //时
    DisplayData[1] = smgduan[TIME[2]&0x0f];
    DisplayData[2] = 0x40;
    DisplayData[3] = smgduan[TIME[1]/16];    //分
    DisplayData[4] = smgduan[TIME[1]&0x0f];
    DisplayData[5] = 0x40;
    DisplayData[6] = smgduan[TIME[0]/16];    //秒
    DisplayData[7] = smgduan[TIME[0]&0x0f];
}

/*******************************************************************
* 函数名: DigDisplay()
* 函数功能: 数码管显示函数
* 输入: 无
* 输出: 无
*******************************************************************/
void DigDisplay()
{
    u8 i;
```

```c
    for(i=0;i<8;i++)
    {
        switch(i)                                  //位选，选择点亮的数码管
        {
            case(0):
                LSA=0;LSB=0;LSC=0; break;          //显示第0位
            case(1):
                LSA=1;LSB=0;LSC=0; break;          //显示第1位
            case(2):
                LSA=0;LSB=1;LSC=0; break;          //显示第2位
            case(3):
                LSA=1;LSB=1;LSC=0; break;          //显示第3位
            case(4):
                LSA=0;LSB=0;LSC=1; break;          //显示第4位
            case(5):
                LSA=1;LSB=0;LSC=1; break;          //显示第5位
            case(6):
                LSA=0;LSB=1;LSC=1; break;          //显示第6位
            case(7):
                LSA=1;LSB=1;LSC=1; break;          //显示第7位
        }
        P0=DisplayData[7-i];                       //发送数据
        delay(100);                                //间隔一段时间扫描
        P0=0x00;                                   //消隐
    }
}
```

3. 主程序

因为采用多文件管理方式，具体的操作已经在各个程序的函数中实现了，所以主程序主要实现函数的调用，主要作用是对整个项目功能的实现所需的函数进行调用，包括调用DS1302的初始化函数、数据的处理函数、数码管显示函数等。

```c
/*******************************************************************
* 函数名：main()
* 函数功能：主函数
* 输入：无
* 输出：无
*******************************************************************/
void main()
{
    Ds1302Init();
```

```
    while(1)
    {
        datapros();                          //数据处理函数
        DigDisplay();                        //数码管显示函数
    }
}
```

4．程序的优化

执行以上程序，可以正常地在数码管中显示时、分、秒，但以上程序中的数码管驱动程序写得并不好，原因有以下两点。

（1）在 DigDisplay()函数中引入了软件延时 delay(100)会对其他任务的实时性产生影响。

（2）这种写法使得数码管的刷新率不容易控制，当系统任务较多时，很容易引起数码管闪烁。

基于以上原因，对 main.c 的写法进行改进，将数码管的驱动放在 Timer0 的中断服务程序中实现，这样可以克服上一版代码中存在的两个问题。

改进的 main.c 文件的内容如下。

```
/******************************************************************
主程序
实现现象：下载程序后，数码管显示时钟数据
******************************************************************/
#include <reg51.h>                           //此文件中定义了单片机的一些SFR
#include"ds1302.h"

typedef unsigned int u16;                    //对数据类型进行声明、定义
typedef unsigned char u8;
sbit LSA=P2^2;
sbit LSB=P2^3;
sbit LSC=P2^4;
char num=0;
u8 DisplayData[8];
u8 code smgduan[10]={0x3f,0x06,0x5b,0x4f,0x66,0x6d,0x7d,0x07,0x7f,0x6f};
/******************************************************************
* 函数名：datapros()
* 函数功能：时间读取、处理、转换函数
* 输入：无
* 输出：无
******************************************************************/
void datapros()
{
    Ds1302ReadTime();
```

```c
    DisplayData[0] = smgduan[TIME[2]/16];   //时
    DisplayData[1] = smgduan[TIME[2]&0x0f];
    DisplayData[2] = 0x40;
    DisplayData[3] = smgduan[TIME[1]/16];   //分
    DisplayData[4] = smgduan[TIME[1]&0x0f];
    DisplayData[5] = 0x40;
    DisplayData[6] = smgduan[TIME[0]/16];   //秒
    DisplayData[7] = smgduan[TIME[0]&0x0f];
}

/*******************************************************************
* 函数名：DigDisplay()
* 函数功能：数码管显示函数，在Timer0的中断服务程序里被调用
* 输入：无
* 输出：无
*******************************************************************/
void DigDisplay()
{
    static u8 seg_cnt =0;           //静态变量seg_cnt用来表示当前第几位数码管显示
    P0=0x00;                        //消隐
    LSA = seg_cnt & 0x1;            //取seg_cnt的第0位赋给LSA
    LSB = (seg_cnt >>1) & 0x1;      //取seg_cnt的第1位赋给LSB
    LSC = (seg_cnt >>2) & 0x1;      //取seg_cnt的第2位赋给LSC
    P0=DisplayData[7-seg_cnt];      //段选数据赋值
    if(seg_cnt ==7)                 //因为有8位数码管，所以seg_cnt的范围为0～7
        seg_cnt =0;
    else
        seg_cnt ++;
}

/*******************************************************************
* 函数名：Timer0Init()
* 函数功能：Timer0初始化函数
* 输入：无
* 输出：无
*******************************************************************/
void Timer0Init(void)               //3ms@12.000MHz
{
    TMOD &= 0xF0 ;                  //将Timer0的模式设置为模式1
```

```c
    TMOD |= 0x1;
    TL0 = 0x48;                    //设置定时器初值
    TH0 = 0xF4;                    //设置定时器初值
    TF0 = 0;                       //清除 TF0 标志
    EA=1;                          //总中断使能
    ET0=1;                         //T0 中断使能
    TR0 = 1;                       //启动 Timer0
}
/***************************************************************
* 函数名: main()
* 函数功能: 主函数
* 输入: 无
* 输出: 无
***************************************************************/
void main()
{
    Ds1302Init();
    Timer0Init();
    while(1)
    {
        datapros();                //数据处理函数
    }
}
/***************************************************************
* 函数名: Timer0_ISR()
* 函数功能: Timer0 的中断服务程序
* 输入: 无
* 输出: 无
***************************************************************/
void Timer0_ISR() interrupt 1
{
    TL0 = 0x48;                    //设置定时器 0 的初值
    TH0 = 0xF4;
    DigDisplay();                  //数码管显示
}
```

9.5.5 调试程序

图 9-22 所示为精准数字钟 Proteus 的调试结果，8 位数码管能准确显示时钟。图 9-23 所示为精准数字钟在开发板上的实现效果。

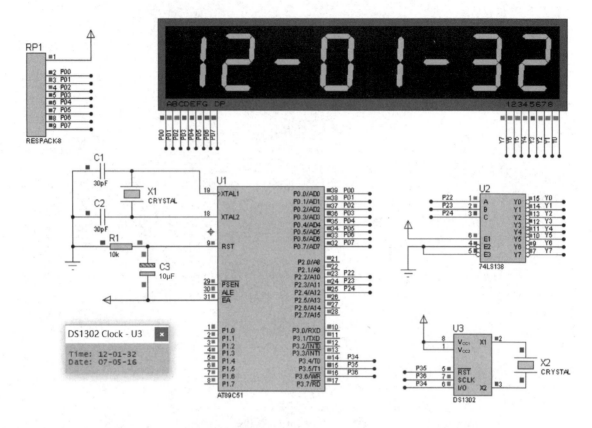

图 9-22　精准数字钟 Proteus 的调试结果

图 9-23　精准数字钟在开发板上的实现效果

9.6 本章小结

通信接口是单片机系统中的一个重要组成部分，是单片机与外围设备进行交互的通道。本章详细介绍了单片机 I/O 口时序控制方法、单总线、SPI 硬件接口及其典型器件。温度采集系统利用数字温度传感器 DS18B20 实现温度的采集，并将采集的数据发送给计算机，实现了串行总线通信设计和串口通信应用。精准数字钟系统利用单片机读取 DS1302 的时钟数据，并将其时、分、秒数据显示在 8 位数码管上，实现了 SPI 硬件接口设计和 8 位动态数码管显示。学习本章后要掌握利用单片机的 I/O 口实现串行总线通信的设计方法，数据的并行转串行和串行转并行的算法，以及 DS1302 的读/写控制时序的编程。

9.7 本章习题

1. 简述数据由并行转串行的算法原理。
2. 简述数据由串行转并行的算法原理。
3. DS18B20 的读/写控制主要有哪些步骤？
4. 简述 DS1302 的读/写控制时序。
5. 简述 DS1302 的控制字节的含义。

附录 A ASCII 码表

ASCII 码表如表 A-1 所示。

表 A-1 ASCII 码表

ASCII 值		控制/显示的字符	ASCII 值		控制/显示的字符	ASCII 值		控制/显示的字符	ASCII 值		控制/显示的字符
十进制	十六进制		十进制	十六进制		十进制	十六进制		十进制	十六进制	
0	0	NUL	32	20	(space)	64	40	@	96	60	`
1	1	SOH	33	21	!	65	41	A	97	61	a
2	2	STX	34	22	"	66	42	B	98	62	b
3	3	ETX	35	23	#	67	43	C	99	63	c
4	4	EOT	36	24	$	68	44	D	100	64	d
5	5	ENQ	37	25	%	69	45	E	101	65	e
6	6	ACK	38	26	&	70	46	F	102	66	f
7	7	BEL	39	27	'	71	47	G	103	67	g
8	8	BS	40	28	(	72	48	H	104	68	h
9	9	HT	41	29	)	73	49	I	105	69	i
10	0A	LF	42	2A	*	74	4A	J	106	6A	j
11	0B	VT	43	2B	+	75	4B	K	107	6B	k
12	0C	FF	44	2C	,	76	4C	L	108	6C	l
13	0D	CR	45	2D	-	77	4D	M	109	6D	m
14	0E	SO	46	2E	.	78	4E	N	110	6E	n
15	0F	SI	47	2F	/	79	4F	O	111	6F	o
16	10	DLE	48	30	0	80	50	P	112	70	p
17	11	DCI	49	31	1	81	51	Q	113	71	q
18	12	DC2	50	32	2	82	52	R	114	72	r
19	13	DC3	51	33	3	83	53	X	115	73	s
20	14	DC4	52	34	4	84	54	T	116	74	t
21	15	NAK	53	35	5	85	55	U	117	75	u
22	16	SYN	54	36	6	86	56	V	118	76	v
23	17	TB	55	37	7	87	57	W	119	77	w
24	18	CAN	56	38	8	88	58	X	120	78	x
25	19	EM	57	39	9	89	59	Y	121	79	y
26	1A	SUB	58	3A	:	90	5A	Z	122	7A	z
27	1B	ESC	59	3B	;	91	5B	[	123	7B	{
28	1C	FS	60	3C	<	92	5C	\	124	7C	|
29	1D	GS	61	3D	=	93	5D	]	125	7D	}
30	1E	RS	62	3E	>	94	5E	^	126	7E	~
31	1F	US	63	3F	?	95	5F	—	127	7F	DEL

反侵权盗版声明

　　电子工业出版社依法对本作品享有专有出版权。任何未经权利人书面许可,复制、销售或通过信息网络传播本作品的行为;歪曲、篡改、剽窃本作品的行为,均违反《中华人民共和国著作权法》,其行为人应承担相应的民事责任和行政责任,构成犯罪的,将被依法追究刑事责任。

　　为了维护市场秩序,保护权利人的合法权益,我社将依法查处和打击侵权盗版的单位和个人。欢迎社会各界人士积极举报侵权盗版行为,本社将奖励举报有功人员,并保证举报人的信息不被泄露。

举报电话:(010)88254396;(010)88258888
传　　真:(010)88254397
E-mail:dbqq@phei.com.cn
通信地址:北京市万寿路 173 信箱
　　　　　电子工业出版社总编办公室
邮　　编:100036